Gustrau

Hochfrequenztechnik

Bleiben Sie einfach auf dem Laufenden:
www.hanser.de/newsletter
Sofort anmelden und Monat für Monat
die neuesten Infos und Updates erhalten

Frank Gustrau

Hochfrequenztechnik

Grundlagen der mobilen Kommunikationstechnik

Mit 199 Bildern, 54 Beispielen und 39 Übungsaufgaben

Fachbuchverlag Leipzig
im Carl Hanser Verlag

Autor:
Prof. Dr.-Ing. Frank Gustrau
Fachhochschule Dortmund

Alle in diesem Buch enthaltenen Programme, Verfahren und elektronischen Schaltungen wurden nach bestem Wissen erstellt und mit Sorgfalt getestet. Dennoch sind Fehler nicht ganz auszuschließen. Aus diesem Grund ist das im vorliegenden Buch enthaltene Programm-Material mit keiner Verpflichtung oder Garantie irgendeiner Art verbunden. Autor und Verlag übernehmen infolgedessen keine Verantwortung und werden keine daraus folgende oder sonstige Haftung übernehmen, die auf irgendeine Art aus der Benutzung dieses Programm-Materials oder Teilen davon entsteht.

Die Wiedergabe von Gebrauchsnamen, Handelsnamen, Warenbezeichnungen usw. in diesem Werk berechtigt auch ohne besondere Kennzeichnung nicht zu der Annahme, dass solche Namen im Sinne der Warenzeichen- und Markenschutz-Gesetzgebung als frei zu betrachten wären und daher von jedermann benutzt werden dürften.

Bibliografische Information der Deutschen Nationalbibliothek
Die Deutsche Nationalbibliothek verzeichnet diese Publikation in der Deutschen Nationalbibliografie; detaillierte bibliografische Daten sind im Internet über http://dnb.d-nb.de abrufbar.

ISBN 978-3-446-42588-0

Fachbuchverlag Leipzig
im Carl Hanser Verlag

© 2011 Carl Hanser Verlag München
Internet: http://www.hanser.de

Lektorat: Mirja Werner, M.A.
Herstellung: Dipl.-Ing. Franziska Kaufmann
Korrektorat: Dipl.-Ing. Rainer Leverenz
Coverconcept: Marc Müller-Bremer, www.rebranding.de, München
Coverrealisierung: Stephan Rönigk
Druck und Bindung: Kösel, Krugzell
Printed in Germany

Vorwort

Das vorliegende Lehrbuch bietet Studierenden einen praxisnahen Einstieg in das Gebiet der Hochfrequenztechnik und der physikalischen Aspekte der Funkkommunikation. Drahtlose Techniken in den Bereichen Kommunikation (Datennetze, Mobiltelefon), Identifikation (RFID), Navigation (GPS) und Ortung (Radar) erfreuen sich zunehmender Verbreitung. Im Bereich der Funkanwendungen werden seit jeher vergleichsweise hohe Trägerfrequenzen verwendet, denn dies ermöglicht eine gute Ausnutzung des elektromagnetischen Spektrums und den Aufbau effizienter Antennen. Kostengünstige Herstellungsprozesse und rechnergestützte Entwurfswerkzeuge erschließen der Funktechnik immer neue Anwendungsgebiete und höhere Bandbreiten.

Im Bereich der Schaltungstechnik führen die Verwendung höherer Datenraten in Schaltungen und die damit verbundenen hochfrequenten Signalanteile zu neuen Anforderungen beim Schaltungsentwurf. Leitungen bedürfen plötzlich einer eingehenden Betrachtung, Verkopplungen zwischen benachbarten Komponenten treten deutlicher hervor und es kommt zu ungewollter Abstrahlung von elektromagnetischen Wellen. Beim Entwurf haben verteilte Strukturen zunehmend Vorteile gegenüber den klassischen konzentrierten Bauelementen. Auch Digitaltechniker kommen somit mit den Begriffen „Leitungswellenwiderstand" und „Antenne" in Berührung.

Vielfältige Funkanwendungen und hochdatenratige Kommunikation tauchen heute auch in technischen Produkten auf, die ehemals dem Maschinenbau zuzuordnen waren, wie zum Beispiel dem Automobil. Hochfrequenztechnik ist daher – in ihren Grundlagen – heute keine Spezialdisziplin mehr, sondern eine Basisdisziplin für alle Ingenieure der Fachrichtungen Elektro-, Informations- und Kommunikationstechnik sowie der angrenzenden Fachrichtungen Mechatronik und Fahrzeugelektronik.

Bei der gegebenen Breite des Faches Hochfrequenztechnik muss natürlich für die Darstellung in diesem Buch eine sinnvolle Beschränkung des Stoffes vorgenommen werden. Was die Hochfrequenztechnik zuallererst gegenüber der klassischen Elektrotechnik auszeichnet, ist der Umstand, dass die Abmessungen der Strukturen nicht mehr klein im Verhältnis zur Wellenlänge sind. Die damit einhergehenden Wellenausbreitungsvorgänge führen zu den typischen Hochfrequenzphänomenen. Dreh- und Angelpunkt des Buches sind daher die Wellenausbreitungsvorgänge, ihre Beschreibung, ihre Konsequenzen und ihre Nutzbarmachung in passiven Schaltungen und Antennenstrukturen.

Aktive elektronische Schaltungen und der gesamte Bereich der Hochfrequenzelektronik, wie der Entwurf von Verstärkern, Mischern und Oszillatoren, werden in diesem Buch weitestgehend ausgespart. Um dieses Themengebiet detailliert zu behandeln, müsste ein Zugang über die Grundlagen der Elektronik und Halbleiterbauteile gewählt werden.

Numerische Simulationen haben mittlerweile einen festen Platz im Entwicklungsprozess von HF-Komponenten und Antennen. Daher wurden zahlreiche Beispiele in diesem Buch mit Unterstützung moderner HF-Schaltungs- und Feldsimulatoren berechnet. Im Einzelnen wurden folgende Programmpakete eingesetzt:

- *ADS* (*Advanced Design System*) der Firma *Agilent Technologies*
- *Empire* der Firma *IMST GmbH*
- *EMPro* der Firma *Agilent Technologies*

Der Markt für diese Softwareprodukte entwickelt sich rasch, so dass dem Leser bei der Auswahl eines für ihn geeigneten Simulators eine eigene Recherche empfohlen wird.

Am Ende jedes Kapitels befinden sich Übungsaufgaben. Die Lösungen stellt der Autor auf der folgenden Website zur Verfügung:

http://www.fh-dortmund.de/gustrau_hochfrequenztechnik

An dieser Stelle bedanke ich mich bei allen Kollegen und Studierenden, die durch ihre Anregungen – sei es durch ihre Fragen in Lehrveranstaltungen, sei es durch das Probelesen einzelner Kapitel – zu diesem Buch beigetragen haben. Meiner Familie, die mich über die Entstehungszeit dieses Buches unterstützt hat, gilt mein ganz besonderer Dank.

Dortmund, im Frühjahr 2011   *Frank Gustrau*

Inhaltsverzeichnis

1 Einleitung

Dieses Kapitel gibt eine Übersicht über typische hochfrequenztechnische Anwendungen und Frequenzbereiche. Mit einem anschaulichen Beispiel zur Wellenausbreitung wollen wir uns motivieren, tiefer in die Theorie einzusteigen. Ein Überblick über die nachfolgenden Kapitel bietet dem Leser Orientierung und gestattet den gezielten Zugriff auf ausgewählte Themen.

1.1 Hochfrequenztechnik und ihre Anwendung

Jeder Einzelne nutzt heute bereits – ob unterwegs oder in seinem Zuhause – eine zunehmende Zahl von drahtlosen Techniken. Bild 1.1a zeigt eine Auswahl an drahtlosen Kommunikations-, Navigations-, Identifikations- und Ortungsanwendungen.

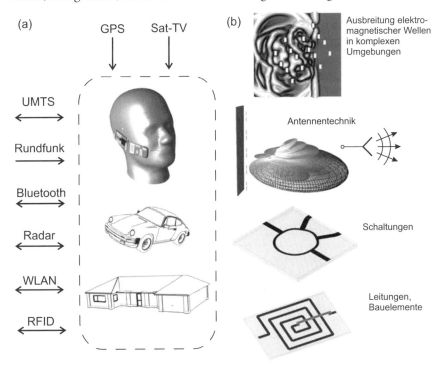

Bild 1.1 (a) Auswahl an Funkanwendungen und (b) HF-Komponenten und Ausbreitung elektromagnetischer Wellen

Die Zahl der technischen Anwendungen, die hochfrequenztechnische Komponenten und Systeme beinhalten, steigt auch in Zukunft weiter an. Um diese Systeme zu entwickeln und in Betrieb zu nehmen, bedarf es unter anderem breiter Kenntnisse des Hochfrequenzverhaltens von konzentrierten Bauelementen (z.B. Kapazitäten, Induktivitäten, Leitungen, Transistoren), Schaltungen (z.B. Filter, Verstärker), Komponenten (z.B. Antennen) und physikalischer Aspekte wie der elektromagnetischen Wellenausbreitung (Bild 1.1b).

Tabelle 1.1 Typische drahtlose Hochfrequenzanwendungen und zugehörige Frequenzbereiche

Zellularer Mobilfunk		
GSM 900	*Global System for Mobile Communication*	880 … 960 MHz
GSM 1800	*Global System for Mobile Communication*	1,71 … 1,88 GHz
UMTS	*Universal Mobile Telecommunications System*	1,92 … 2,17 GHz
Tetra	Bündelfunk	440 … 470 MHz
Drahtlose Netze		
WLAN	*Wireless Local Area Network*	2,45 GHz, 5 GHz
Bluetooth	Nahbereichsfunk	2,45 GHz
Navigation		
GPS	*Global Positioning System*	1,2 GHz, 1,575 GHz
Identifikation		
RFID	*Radiofrequency Identification*	13,56 MHz, 868 MHz, 2,45 GHz, 5 GHz
Rundfunk		
UKW-Rundfunk	Analoge Radiosender	87,5 … 108 MHz
DAB	*Digital Audio Broadcasting*	223 … 230 MHz
DVB-T	*Digital Video Broadcasting - Terrestrial*	470 … 790 MHz
Satelliten-Rundfunk	Satelliten-Rundfunk	10,7…12,75 GHz
Radar		
Nahbereichsradar	Nahbereichsradar	24 GHz
ACC	*Adaptive Cruise Control*, Abstandserfassung	77 GHz

Die Hochfrequenztechnik spielt jedoch nicht nur bei der Funktechnik eine entscheidende Rolle. Durch die zunehmende Verarbeitungsgeschwindigkeit digitaler Schaltungen tauchen hierbei hochfrequente Signalanteile auf, die dazu führen, dass auch bei schnellen Digitalschaltungen Entwurfsmethoden der Hochfrequenztechnik Anwendung finden.

Zudem reicht die Hochfrequenztechnik durch ihre Nähe zur elektromagnetischen Feldtheorie in den Bereich der Elektromagnetischen Verträglichkeit[1] hinein. Einerseits basieren die hier angewendeten Messaufbauten mit Leitungen und Antennen direkt auf hochfrequenz-

---

[1] Die Elektromagnetische Verträglichkeit (EMV) beschäftigt sich mit der Vermeidung von störenden Wechselwirkungen zwischen technischen Geräten. Hierbei werden Geräte in standardisierten Messaufbauten auf die Einhaltung von technischen Grenzwerten hin überprüft.

technischen Prinzipien. Andererseits ist bei Nichteinhalten von vorgegebenen Grenzwerten im Allgemeinen eine detaillierte Analyse der Situation erforderlich, um Verbesserungen zu erzielen. Hochfrequenztechnische Aspekte spielen dabei oft eine wesentliche Rolle.

In Tabelle 1.1 sind einige typische Hochfrequenz-Funkanwendungen und ihre zugehörigen Frequenzbereiche aufgeführt. Die Anwendungen umfassen unter anderem terrestrische Sprach- und Datenkommunikation, also den zellularen Mobilfunk und die drahtlosen Kommunikationsnetze, sowie Verteildienste (Rundfunk) sowohl terrestrisch als auch satellitenbasiert. Drahtlose Identifikationssysteme (RFID) in ISM-Bändern freuen sich im Warenverkehr und der Logistik wachsender Bedeutung. Im Bereich der Navigation ist das GPS-System hervorzuheben, welches mittlerweile in einer Vielzahl von Kraftfahrzeugen verbaut oder in mobilen Geräten im Einsatz ist. Im Automobilbereich finden wir als weitere HF-Anwendung Radarsysteme für die Umfeldüberwachung und als Sensoren für Fahrerassistenzsysteme.

1.2 Frequenzbereiche

Das elektromagnetische Spektrum ist zur besseren Orientierung in eine Reihe von Frequenzbändern unterteilt. In verschiedenen Staaten und geographischen Regionen haben sich dabei unterschiedliche Bezeichnungssysteme herausgebildet, die oft parallel verwendet werden. In Tabelle 1.2 ist eine übliche Einteilung des Frequenzbereiches von 3 kHz bis 300 GHz in acht Frequenzdekaden nach einer Empfehlung der ITU (*International Telecommunications Union*) [ITU00] dargestellt.

Tabelle 1.2 Bezeichnung der Frequenzbereiche nach ITU

Frequenzbereich	Internationale Bezeichnung	Deutsche Bezeichnung
3 … 30 kHz	VLF – *Very Low Frequency*	Längstwellen
30 … 300 kHz	LF – *Low Frequency*	Langwellen
300 kHz … 3 MHz	MF – *Medium Frequency*	Mittelwellen
3 … 30 MHz	HF – *High Frequency*	Kurzwellen
30 … 300 MHz	VHF – *Very High Frequency*	Ultrakurzwellen
300 MHz … 3 GHz	UHF – *Ultra High Frequency*	Dezimeterwellen
3 … 30 GHz	SHF – *Super High Frequency*	Zentimeterwellen
30 … 300 GHz	EHF – *Extremely High Frequency*	Millimeterwellen

Bild 1.2a zeigt die nach dem IEEE-Standard [IEEE02] (*Institute of Electrical and Electronics Engineers*) gebräuchliche Bezeichnung unterschiedlicher Frequenzbänder. Diese Bandbezeichnungen sind ebenfalls sehr weit verbreitet. Nachteilig ist die unsystematische Verwendung der Buchstaben und Bandbereiche, die in der historisch gewachsenen Struktur begründet liegt. Eine neuere Bezeichnungsweise gemäß NATO zeigt Bild 1.2b [Macn10] [Mein92]. Die Zuordnung der Buchstaben zu den Frequenzbereichen erfolgt hier systematischer. Allerdings sind die Bandbezeichnungen in der Praxis weniger gebräuchlich.

(a) Bezeichnung der Frequenzbänder nach IEEE Std. 521-2002

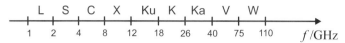

(b) Bezeichnung der Frequenzbänder nach NATO

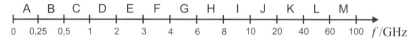

Bild 1.2 Bezeichnung der Frequenzbänder nach verschiedenen Standards

Der störungsarme Betrieb von Funkanwendungen wird durch eine Reihe rechtlicher und regulatorischer Maßnahmen sichergestellt. Die knappe Ressource „Frequenz" wird dabei minutiös aufgeteilt und verwaltet [CEPT09] [Bund08]. Bestimmte Frequenzbereiche des Spektrums sind für spezielle kommerzielle, medizinische und wissenschaftliche Anwendungen vorgesehen. Die Frequenzbereiche werden als ISM-Frequenzbänder (*Industrial, Medical, Science*) bezeichnet und sind in Tabelle 1.3 aufgelistet [Bund03]. Ein typisches Beispiel ist der Frequenzbereich bei 2,45 GHz, in dem Mikrowellenherde und WLAN-Systeme betrieben werden. Ein weiteres Frequenzband für nichtöffentliche Funkanwendungen geringer Reichweite für Datenübertragungen liegt im Bereich von 863 bis 870 MHz [Bund05].

Tabelle 1.3 Ausgewählte ISM-Frequenzbänder

13,553 … 13,567 MHz	40,66 … 40,70 MHz	2,4 … 2,5 GHz	24 … 24,25 GHz	122 … 123 GHz
26,957 … 27,283 MHz	433,05 … 434,79 MHz	5,725 … 5,875 GHz	61 … 61,5 GHz	244 … 246 GHz

1.3   Hochfrequenztechnische Erscheinungen

Wir wollen nun anhand zweier Beispiele das Augenmerk auf das Thema Hochfrequenztechnik richten. Zunächst einmal betrachten wir die einfache Schaltung in Bild 1.3a aus einer Spannungsquelle mit Innenwiderstand, die über eine (elektrisch kurze) Leitung mit einem Lastwiderstand verbunden ist. *Elektrisch kurz* bedeutet hierbei, dass die Leitungslänge ℓ deutlich kürzer als die Wellenlänge λ ist. Elektromagnetische Wellen breiten sich im Vakuum mit der Lichtgeschwindigkeit c_0 aus.

$$c_0 = 299\,792\,458\,\frac{\mathrm{m}}{\mathrm{s}} \approx 3 \cdot 10^8\,\frac{\mathrm{m}}{\mathrm{s}} \tag{1.1}$$

Die entsprechende (Freiraum-)Wellenlänge bei einer Frequenz f ist dann:

$$\lambda = \frac{c_0}{f} \gg \ell \quad . \tag{1.2}$$

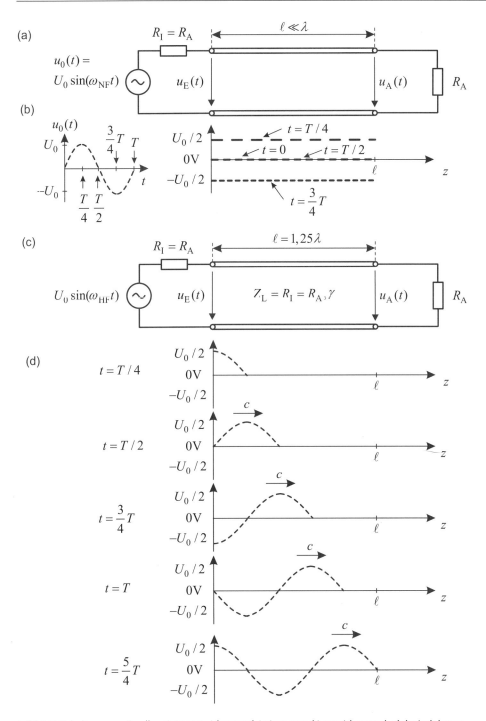

Bild 1.3 Schaltung aus Quelle mit Innenwiderstand, Leitung und Lastwiderstand: elektrisch kurze Leitung in (a) und (b) bzw. elektrisch lange Leitung mit Wellenausbreitung in (c) und (d)

Bei einer Frequenz von $f = 1$ MHz ergibt sich zum Beispiel eine Wellenlänge $\lambda \approx 300$ m. Eine Leitung von $\ell = 1$ m wäre dann als *elektrisch kurz* anzusehen. Wir nehmen weiterhin der Einfachheit[2] halber an, dass der Lastwiderstand R_A dem Innenwiderstand R_I der Quelle entspricht.

Alternativ können wir das Kriterium *elektrisch kurz* auch über die Laufzeit τ eines Signals über die Leitung formulieren. Breiten sich elektromagnetische Vorgänge mit der Lichtgeschwindigkeit c_0 aus, so benötigt ein Signal vom Anfang bis zum Ende der Leitung die Laufzeit τ mit:

$$\tau = \frac{\text{Strecke}}{\text{Geschwindigkeit}} = \frac{\ell}{c_0} \ll T = \frac{1}{f} \;\Leftrightarrow\; \frac{c_0}{f} \gg \ell \;. \tag{1.3}$$

Ist diese Zeit τ deutlich kleiner als die Periodendauer T des Sinussignals, so stellen sich die Signaländerungen der Quelle mit *kaum merklicher Verzögerung* zwischen Anfang und Ende der Leitung ein. Es ist also quasi so, als trete die Signaländerung der Quelle überall *gleichzeitig* ein. Signallaufzeiten längs der Leitung sind vernachlässigbar. Durch kurzes Umstellen erkennen wir, dass die beiden Formulierungen $\ell \ll \lambda$ und $\tau \ll T$ gleichwertig sind.

> Eine Leitung ist *elektrisch kurz*, falls die Leitungslänge deutlich kleiner als die Wellenlänge bei der Betriebsfrequenz ist bzw. falls die Laufzeit eines Signals längs der Leitung deutlich kleiner als die Periodendauer ist.

Wir betrachten nun Bild 1.3b und variieren die Spannung der idealen Spannungsquelle sinusförmig. Die Sinusschwingung beginnt mit dem Wert Null, erreicht nach einem Viertel der Periodendauer T den maximalen Wert, durchläuft nach der halben Periode erneut die Null und erreicht über einen minimalen Wert nach der Periodendauer T den Ausgangswert der Spannung. Dieser Durchlauf wiederholt sich periodisch. Aufgrund der vernachlässigbaren Signalverzögerung τ ist das Signal *längs der Leitung räumlich konstant*. Es entspricht aufgrund der Spannungsteilerregel gerade dem halben Wert der Spannungsquelle.

Als Nächstes erhöhen wir die Frequenz deutlich, so dass die Leitung nicht mehr elektrisch kurz ist. Wir wählen eine Frequenz f, so dass die Leitungslänge gerade eben fünf Viertel einer Wellenlänge entspricht: $\ell = 5/4 \cdot \lambda = 1{,}25\lambda$ (Bild 1.3c). Nun kann die Laufzeit τ gegenüber der Periodendauer T nicht mehr vernachlässigt werden. Bei Anregung mit einem sinusförmigen Signal erkennen wir die Wellenausbreitung längs der Leitung in Bild 1.3d. In dem Beispiel vergehen fünf Viertel Periodendauern, bevor das Signal das Ende der Leitung erreicht.

> Ist die Leitung *nicht* als elektrisch kurz anzusehen, so zeigt die Spannung längs der Leitung keinen konstanten Verlauf mehr: In dem sinusförmigen Verlauf ist die Wellennatur der elektromagnetischen Erscheinungen zu erkennen.

---

[2] Die genauen Zusammenhänge werden wir uns in Kapitel 3 über die Leitungstheorie erarbeiten.

Auch die Spannung $u_A(t)$ am Leitungsabschluss ist nun nicht mehr gleich der Spannung $u_E(t)$ am Leitungseingang. Zwischen beiden besteht eine Phasendifferenz.

> Zur vollständigen Beschreibung der Leitungseinflüsse muss die Leitung neben ihrer Länge durch zwei *zusätzliche Kenngrößen* charakterisiert werden: den Leitungswellenwiderstand Z_L und die Ausbreitungskonstante γ. Im Schaltungsentwurf sind diese mit zu berücksichtigen!

Sind Leitungswellenwiderstand und Abschlusswiderstand nicht gleich, so wird die Welle am Ende reflektiert. Diese Zusammenhänge werden im Kapitel 3 über die Leitungstheorie detailliert untersucht.

Als zweites Beispiel betrachten wir die geometrisch einfache Struktur in Bild 1.4a. Eine metallische Fläche mit der Kantenlänge ℓ befindet sich über einer durchgehenden metallischen Massefläche. Zwischen den beiden Metallflächen befindet sich ein Isolationsmaterial (Dielektrikum). Über zwei Klemmen kann die Struktur gespeist werden.

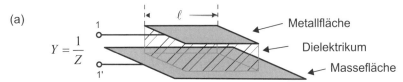

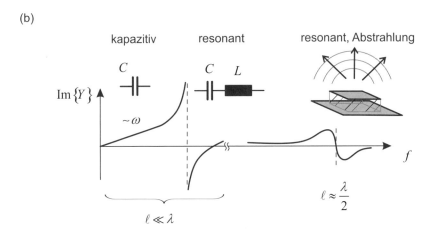

Bild 1.4 Verhalten einer geometrisch einfachen Struktur bei niedrigen und hohen Frequenzen: (a) Aufbau und (b) Frequenzverlauf des Imaginärteiles der Admittanz

Der geometrische Aufbau erinnert an einen Plattenkondensator, bei dem sich ein homogenes elektrisches Feld zwischen den Metallflächen einstellt. Folglich erhalten wir bei niedrigen Frequenzen (die geometrischen Ablassungen liegen deutlich unter der Wellenlänge) auch ein kapazitives Verhalten mit $Y=j\omega C$ (Bild 1.4b). Mit steigender Frequenz ergibt sich aufgrund der unvermeidbaren Induktivität der Zuleitungen ein resonantes Verhalten. Bei hohen Frequenzen taucht nun ein gänzlich neues Phänomen auf. Wenn die Kantenlänge in den Bereich einer halben Wellenlänge kommt, wird elektromagnetische Energie abgestrahlt. Die Struktur kann nun als Antenne (*Patch*-Antenne) verwendet werden.

Dieses Beispiel verdeutlicht, dass bei hohen Frequenzen auch geometrisch einfache Formen ein komplexes Verhalten zeigen können. Das Verhalten ist mit den Methoden der Netzwerktheorie nicht zu beschreiben.

1.4   Ausblick auf die folgenden Kapitel

Um die Funktionsweise passiver hochfrequenter Schaltungen zu verstehen, benötigen wir zunächst grundlegende Kenntnisse im Bereich der elektromagnetischen Feldtheorie und Wellenausbreitung. Die hier auftauchende mathematisch aufwendige Beschreibung in Kapitel 2 sollte den Leser jedoch nicht entmutigen, da sie in erster Linie bei Herleitungen benötigt wird. In der praktischen Arbeit werden die mathematischen Aufgaben von modernen Schaltungs- und Feldsimulationsprogrammen übernommen. Dennoch ist es für Ingenieure wichtig, auch diese mathematischen Grundlagen des Faches zu kennen. Nicht zuletzt, um gegenüber kommerziellen Softwareprodukten nicht die Integrität zu verlieren und die Ergebnisse in Hinsicht auf ihre Plausibilität und Genauigkeit bewerten zu können.

Leitungen sind ein wesentliches, allgegenwärtiges Element in hochfrequenten Schaltungen. Die im Grunde sehr einfache Leitungsstruktur zeigt erstaunlich vielfältige Einsatzmöglichkeiten. In Kapitel 3 werden wir Spannungs- und Stromwellen auf Leitungen kennenlernen und hieraus die zur Beschreibung notwendigen Zusammenhänge detailliert herleiten. Die elementaren Rechnungen lassen sich leicht nachvollziehen und legen so ein sicheres Fundament für den immer wiederkehrenden Umgang mit Leitungen. Eine kurze Einführung in das Smith-Diagramm als klassisches Darstellungsinstrument in der Hochfrequenztechnik schließt das Kapitel ab.

Nach den grundsätzlichen Leitungsbeschreibungen im vorhergehenden Kapitel werden in Kapitel 4 nun technisch bedeutsame Leitungstypen wie die Koaxialleitung, planare Leitungsstrukturen und Hohlleiter vorgestellt. Das Kapitel geht auch auf die für den Schaltungsentwurf von Filtern und Kopplern wichtigen Begriffe der Gleich- und Gegentaktsignale auf Leitungen ein.

In Kapitel 5 führen wir die Streuparameter ein, die verwendet werden, um das Verhalten hochfrequenter Schaltungen zu beschreiben. Streuparameter verknüpfen Wellengrößen an den Toren von HF-Schaltungen. Das Kapitel schließt somit inhaltlich an die Wellenphänomene aus Kapitel 3 an. Der Vorteil von Streuparametern gegenüber den bei niedrigen Frequenzen bevorzugten Impedanz- und Admittanzmatrizen liegt in der auch bei hohen Frequenzen direkten Messbarkeit mit Netzwerkanalysatoren.

Mit dem bisher erworbenen grundlegenden Wissen sind wir in der Lage, den Beschreibungen von wichtigen passiven Grundschaltungen der Hochfrequenztechnik in Kapitel 6 zu folgen. Wir werden sehen, dass sich durch überlegte Verschaltung von Leitungen Anpassschaltungen, Filter, Leistungsteiler und Koppler realisieren lassen. Von ausführlichen Herleitungen werden wir hier weitgehend absehen, vielmehr lernen wir wichtige Entwurfsverfahren kennen und vollziehen diese an Beispielen und Aufgaben nach. Die Beispiele werden mit

Schaltungs- und Feldsimulatoren durchgespielt und zeigen so den Umgang mit diesen Werkzeugen auf. In einem kurzen Abschnitt geben wir einen Ausblick auf elektronische Schaltungen, die in diesem Buch nicht im Detail behandelt werden, deren grundlegende Funktionsweise aber kurz dargestellt wird.

Bei der Funkkommunikation stellt die Antenne das Verbindungsglied zwischen den Wellen im freien Raum und den leitungsgebundenen Signalen in einer Schaltung dar. In Kapitel 7 werden zunächst technisch wichtige Kenngrößen zur Beschreibung des Strahlungsverhaltens von Antennen vorgestellt. Zur Vertiefung des physikalischen Verständnisses leiten wir die Funktionsweise eines elementaren Antennenelements mathematisch detailliert her. Im Folgenden werden wichtige praktische Einzel- und Gruppenstrukturen von Antennen betrachtet und Entwurfsregeln an Beispielen erprobt.

Bei der Bewertung von Funksystemen reicht es nicht aus, die Antennen isoliert zu betrachten, vielmehr müssen auch die Einflüsse der Umgebung auf die Wellenausbreitung zwischen den Antennen mit einbezogen werden. Kapitel 8 stellt dazu grundlegende Ausbreitungsphänomene und deren Auswirkung auf die Nachrichtenübertragung vor. Das Buch schließt mit einem kurzen Ausblick auf empirische und physikalische Modelle für die Funkfelddämpfung.

2 Elektromagnetische Felder und Wellen

In diesem Kapitel werden zunächst die elektromagnetischen Feldgrößen vorgestellt, wie sie für den statischen – also zeitunabhängigen – Fall definiert sind. Es wird der Zusammenhang zwischen den Feldgrößen und den Netzwerkgrößen wie Strom und Spannung verdeutlicht. Die Maxwellschen Gleichungen in Verbindung mit den Stetigkeitsbedingungen dienen dann der vollständigen Beschreibung des elektromagnetischen Verhaltens für zeit- und ortsvariante Feldgrößen. Schließlich werden einige wichtige Lösungen der Maxwellschen Gleichungen besprochen, die in nachfolgenden Kapiteln für das Verständnis der hochfrequenztechnischen Eigenschaften notwendig sind.

Detaillierte Darstellungen zum Thema der elektromagnetischen Feldtheorie sind in gut verständlicher Form in folgenden Büchern zu finden: [Blum88] [Kark10] [Klin03] [Leuc05] [Schw02] [Stra03] [Bala89].

2.1 Physikalische und mathematische Grundlagen

Im Folgenden rekapitulieren wir grundlegende feldtheoretische und mathematische Zusammenhänge, um eine erste anschauliche Vorstellung des elektrischen und magnetischen Feldes zu gewinnen.

2.1.1 Elektrostatische Feldgrößen

2.1.1.1 Elektrische Feldstärke und Spannung

Historisch hat man schon früh die Bedeutung von elektrischen *Ladungen* erkannt und festgestellt, dass sich Ladungen durch ihre Kraftwirkungen aufeinander auszeichnen. Man unterscheidet *positive* und *negative* Ladungen, wobei sich gleichnamige Ladungen abstoßen und ungleichnamige Ladungen anziehen. Die *Coulomb*-Kraft F_C zwischen zwei Ladungen Q_1 und Q_2, die sich im Abstand r zueinander befinden, kann mit nachfolgender Gleichung berechnet werden.

$$F_\mathrm{C} = \frac{1}{4\pi\varepsilon_0} \cdot \frac{Q_1 Q_2}{r^2} \tag{2.1}$$

Die Dielektrizitätskonstante ε_0 besitzt den Wert $8{,}854 \cdot 10^{-12}$ As/(Vm). Die Richtung der Kraft ergibt sich auf einer gedachten Verbindungsgeraden zwischen den Punktladungen, wobei die Kräfte bei ungleichnamigen Ladungen aufeinander zu zeigen und bei gleichnamigen

Ladungen voneinander weg zeigen (Bild 2.1). Falls mehr als zwei Landungen vorhanden sind, so können paarweise die Kräfte ermittelt und nach dem *Superpositionsprinzip* vektoriell überlagert werden.

Ladungen sind naturgemäß gequantelt und kommen nur in ganzzahligen Vielfachen der *Elementarladung* $e = 1{,}602 \cdot 10^{-19}$ C vor. Diese Quantelung spielt aber makroskopisch – also bei Vorhandensein einer ausreichend großen Anzahl von Ladungsträgern – keine Rolle, so dass wir im Folgenden von einer kontinuierlichen Ladungsmenge ausgehen wollen.

(a) Zwei gleichnamige Ladungen   (c) Superposition der Kräfte bei drei Ladungen

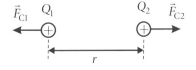

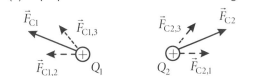

(b) Zwei ungleichnamige Ladungen

Bild 2.1 Coulomb-Kraft zwischen (a) zwei gleichnamigen Ladungen, (b) zwei ungleichnamigen Ladungen und (c) drei Ladungen

Bei den bislang betrachteten Ladungen handelte es sich um Punktladungen, bei denen die Ladungsmenge in einem singulären Raumpunkt angenommen wird. Bei kontinuierlich im Raum verteilten Ladungen verwendet man zur Beschreibung die *Raumladungsdichte* ρ (Einheit $[\rho] = \text{C/m}^3$). Die Gesamtladung Q erhalten wir dann durch die Integration über das ladungserfüllte Volumen V.

$$Q = \iiint_V \rho \, dv \tag{2.2}$$

Im Folgenden wollen wir uns vom Begriff der Kraft lösen, indem wir eine neue physikalische Größe einführen. Hierzu beziehen wir die auf die Ladung Q_2 wirkende Kraft auf die Ladung Q_2 selbst. Wir erhalten damit die *elektrische Feldstärke* E_1 der Ladung Q_1 am Ort der Ladung Q_2.

$$\vec{E}_1 = \frac{\vec{F}_2}{Q_2} \tag{2.3}$$

Die elektrische Feldstärke gibt also die Richtung der Kraftwirkung auf eine Probeladung Q_2 an, die sich in der Nähe einer Ladung Q_1 befindet. Obgleich hier rechentechnisch nur eine Quotientenbildung vorgenommen und damit eine von Q_2 unabhängige Größe geschaffen wird, bedeutet die neue Größe doch mehr als die Normierung einer Kraft.

Mathematisch wird die elektrische Feldstärke E nun als ein Vektorfeld interpretiert, welches jedem Raumpunkt einen Vektor zuweist. Das elektrische Feld E_1 einer Punktladung Q_1 im Ursprung ist damit in Kugelkoordinaten durch folgende Gleichung gegeben:

$$\vec{E}_1 = \frac{1}{4\pi\varepsilon_0} \cdot \frac{Q_1}{r^2} \vec{e}_r \,. \tag{2.4}$$

Ein solches Vektorfeld kann durch sogenannte *Feldlinienbilder* anschaulich dargestellt werden. Bild 2.2 zeigt Feldlinienbilder unterschiedlicher Ladungsverteilungen. Den Feldlinienbildern kann so anschaulich die Richtung und der Betrag entnommen werden: Die vektorielle Größe E ist dabei immer tangential zu den Feldlinien gerichtet und die Liniendichte deutet die Amplitude der Feldstärke an.

Wenn man sich den Verlauf der Feldlinien und damit die Richtung der Kraftwirkung auf eine positive Ladung in den Bildern ansieht, so fällt auf, dass diese immer von den positiven Ladungen weg- und zu den negativen Ladungen hinführen. Man könnte auch sagen, dass die positiven Ladungen die *Quellen* des elektrostatischen Feldes darstellen (hier entspringen die Feldlinien) und dass die negativen Ladungen die *Senken* sind (hier enden die elektrischen Feldlinien).

Die Feldlinien des elektrostatischen Vektorfeldes besitzen Anfang und Ende. Ein Vektorfeld, welches Quellen entspringt und in Senken endet, bezeichnet man als *Quellenfeld*.

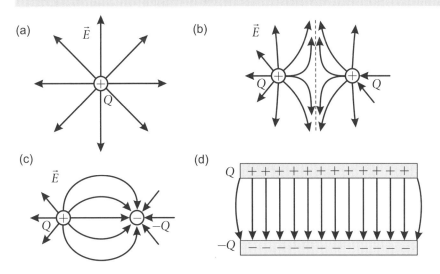

Bild 2.2 Elektrische Feldlinienbilder (a) einer positiven Punktladung, (b) zwischen zwei gleichnamigen Ladungen, (c) zwischen zwei ungleichnamigen Ladungen und (d) in einer Plattenkondensatoranordnung

Bewegen wir eine Ladung Q_2 nun im Feld einer anderen Ladung Q_1, so geschieht diese Bewegung unter Einfluss einer Kraft. Die Physik lehrt uns, dass hierbei *Arbeit* verrichtet wird. Für den Fall der Verschiebung einer Ladung vom Punkt A zum Punkt B kann die Arbeit W_{AB} berechnet werden.

$$W_{AB} = \int\limits_A^B \vec{F} \cdot d\vec{s} = \int\limits_A^B Q\vec{E} \cdot d\vec{s} = Q \underbrace{\int\limits_A^B \vec{E} \cdot d\vec{s}}_{U} = QU \; . \tag{2.5}$$

Zwischen der Kraft F und dem Wegelement ds steht das Skalarprodukt, so dass also stets nur der Kraftanteil in Richtung des Weges einen Betrag liefert. In Gleichung (2.5) kann die konstante Ladung Q aus dem Integral gezogen werden. Das Linienintegral über die elektrische Feldstärke E liefert nun ein neue Größe, die wir als *Spannung* bezeichnen.

$$U = \int\limits_A^B \vec{E} \cdot d\vec{s} \tag{2.6}$$

Die Spannung U ist im Gegensatz zur elektrischen Feldstärke E nun *keine Feldgröße* mehr, denn die Spannung ist zwischen zwei Punkten definiert und nicht an einem Raumpunkt.

Man kann nun aber in Anlehnung an den Spannungsbegriff eine neue Feldgröße definieren, indem man den Anfang oder den Endpunkt des Integrals als Referenzpunkt festhält. Dies führt zum Begriff des elektrostatischen *Potentials* ϕ. Das Potential ϕ bezogen auf den Referenzpunkt $\vec{r}_0$ können wir mit Hilfe folgender Gleichung schreiben:

$$\phi_{\vec{r}_0}(\vec{r}) = \int\limits_{\vec{r}}^{\vec{r}_0} \vec{E} \cdot d\vec{s} \; . \tag{2.7}$$

Das Potential stellt ein *Skalarfeld* dar, welches jedem Raumpunkt einen skalaren Potentialwert zuweist. Das Potential entspricht damit im statischen Fall der Spannung zwischen dem Raumpunkt $\vec{r}$ und dem Referenzpunkt $\vec{r}_0$.

Im Falle elektrostatischer Felder kann aus dem Potential auch direkt wieder die elektrische Feldstärke berechnet werden. Wir benötigen hierzu die Gradientfunktion, die sich in kartesischen Koordinaten als Summe der partiellen Ableitungen in die drei kartesischen Raumrichtungen schreiben lässt.

$$\vec{E} = -\operatorname{grad}\phi = -\left(\frac{\partial\phi}{\partial x}\vec{e}_x + \frac{\partial\phi}{\partial y}\vec{e}_y + \frac{\partial\phi}{\partial z}\vec{e}_z \right) \tag{2.8}$$

Die Gradientfunktion überführt das skalare Potentialfeld in ein Vektorfeld. Der Vektor $\operatorname{grad}\phi$ zeigt dabei in jedem Raumpunkt stets in Richtung der *größten Änderung* der Potentialfunktion. Aus diesem Grund wird die Gradientfunktion auch bei Optimierungen verwendet, denn auf der Suche nach einem Maximum oder Minimum kommt man in der Regel am schnellsten voran, wenn man sich in einer Richtung bewegt, in der die Funktionswerte sich besonders rasch ändern.

Interessant ist, dass es im Prinzip unendlich viele Potentialfelder gibt, da der Referenzpunkt $\vec{r}_0$ frei wählbar ist. Eine Verschiebung des Referenzpunktes verändert den Integrationsweg und hebt damit das Potential insgesamt an oder senkt es ab, führt also zu einer additiven Konstante. Das elektrische Feld E ist aber durch seine Kraftwirkung auf Ladungen definiert und damit stets *eindeutig*. Bei der Gradientfunktion werden nun nur Ableitungen des Potentials berücksichtigt, so dass eine additive Konstante der Potentialfunktion keine Auswirkung auf das elektrische Feld hat.

2.1.1.2 Polarisation und relative Dielektrizitätszahl

Bislang haben wir Ladungen im freien Raum betrachtet. Kommen nun aber Materialien hinzu, so ist die Definition von weiteren Größen hilfreich. Betrachten wir gemäß Bild 2.3 einen Plattenkondensator, auf dessen Platten sich die Ladungsmengen $+Q$ und $-Q$ befinden. Zwischen den Platten bildet sich ein homogenes Feld E_0 aus und wir können die Spannung U_0 bestimmen. Bringen wir nun ein Isoliermaterial (*Dielektrikum*) in den Plattenkondensator, so zeigt sich, dass die neue Spannung U_M zwischen den Platten gegenüber dem Fall ohne Isoliermaterial verringert ist. Entfernen wir das Isoliermaterial wieder, so erhalten wir den ursprünglichen Spannungswert U_0.

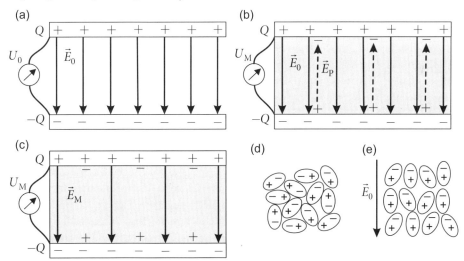

Bild 2.3 Zum Verständnis der Polarisation: (a) luftgefüllter Plattenkondensator, (b) dielektrisches Material im Kondensator (Entstehung eines Gegenfeldes), (c) dielektrisches Material im Kondensator (reduziertes elektrisches Feld im Dielektrikum), (d) ungeordnete polarisierte Teilchen im Dielektrikum, (e) Orientierung von polarisierten Teilchen im Dielektrikum unter Einfluss eines äußeren elektrischen Feldes

Durch Einbringen des Isolators in das elektrische Feld E_0 richten sich polarisierte Teilchen im Isolators in Feldrichtung aus. Im Inneren gleichen sich nun die Ladungen jeweils wieder aus, an der Oberfläche ergibt sich jedoch eine resultierende Oberflächenladungsverteilung. Durch diese Ladungen entsteht im Dielektrikum ein Gegenfeld E_P, welches sich dem ursprünglichen äußeren Feld E_0 überlagert. In der Materie herrscht ein abgeschwächtes Feld E_M.

$$E_M = E_0 - E_P \tag{2.9}$$

Dieser Effekt wird als *Polarisation*[1] bezeichnet. Wie gut Materie polarisierbar ist, hängt vom inneren Aufbau ab. Wie oben gezeigt tritt der Effekt bei polarer Materie auf. Er ist aber ebenso bei nicht polarer Materie zu beobachten. Stellen wir uns hierzu ein einfaches Modell eines unpolaren Teilchens vor: Um einen positiven Kern liegt eine negativ geladene Elektronenhülle; die Ladungsschwerpunkte von Kern und Elektronenhülle fallen dabei zusammen. Nach außen ist das Teilchen elektrisch neutral. Unter dem Einfluss eines äußeren Feldes wirken auf Kern und Hülle Kräfte in unterschiedlicher Richtung. Die Ladungsschwerpunkte wandern auseinander und es entsteht ein polares Teilchen.

Kehren wir zu unserem Gedankenexperiment mit dem Plattenkondensator zurück: Bei Füllung des Plattenkondensators mit dem Dielektrikum ergibt sich durch die verringerte elektrische Feldstärke im Medium eine reduzierte Spannung U_M.

$$U_M = \int_A^B \vec{E}_M \cdot d\vec{s} < U_0 \tag{2.10}$$

Am Anfang des Abschnitts haben wir beschlossen, uns nur mit makroskopischen Vorgängen zu beschäftigen, bei denen wir die Quantelung der Ladung vernachlässigen können und kontinuierliche Verteilungen annehmen. Nun beruht die vorherige anschauliche Interpretation der Polarisation auf mikroskopischen Überlegungen und ist somit wenig hilfreich, wenn wir den Effekt der Polarisation mathematisch einfach in einem makroskopischen Modell beschreiben wollen. Zur makroskopischen Beschreibung verwenden wir den Quotient zwischen der ursprünglichen und der reduzierten Spannung bzw. Feldstärke. Diese neue Größe nennen wir *relative Dielektrizitätszahl* ε_r.

$$\varepsilon_r = \frac{U_0}{U_M} = \frac{E_0}{E_M} \tag{2.11}$$

Die relative Dielektrizitätszahl ε_r ist eine dimensionslose Größe und für die meisten Materialien durch einen einfachen Zahlenwert größer als eins gegeben. Tabelle 2.1 listet relative Dielektrizitätszahlen für technisch wichtige Dielektrika auf. In der Praxis werden für erste Abschätzungen in der Regel idealisierte Materialien verwendet. Statt Luft und anderer Gase kann häufig vereinfachend von *Vakuum* ausgegangen werden.

Falls Materialien eine Richtungsabhängigkeit (Anisotropie) aufweisen, also für unterschiedliche Orientierungen des Materials im Kondensator sich verschiedene Spannungen ergeben, so erfolgt die Beschreibung durch eine Matrix.

Verhalten bei Wechselstrom

Bei Anlegen einer Wechselspannung wechselt die Ladung auf den Kondensatorplatten periodisch die Polarität. Die polaren Teilchen im Dielektrikum ändern daher mit der gleichen Frequenz ihre Lage. Mit zunehmender Frequenz sind die Teilchen nicht mehr in der Lage

---

[1] Unglücklicherweise wird im Zusammenhang mit Wellen ebenfalls der Begriff der *Polarisation* verwendet, der dort aber eine ganz andere Bedeutung hat. Wir kommen darauf in Abschnitt 2.5.2 zu sprechen.

dem anregenden Feld E_0 zu folgen. Die *feldschwächende Wirkung* lässt nach, so dass mit steigender Frequenz im Allgemeinen mit einem Abfall der relativen Dielektrizitätszahl gerechnet werden muss. Die Frequenzabhängigkeit $\varepsilon_r(\omega)$ vieler Materialien kann mathematisch über sog. Debye-Beziehungen beschrieben werden [Detl09]. Hierin gehen die statische relative Dielektrizitätszahl $\varepsilon_r(0)$ sowie der Grenzwert für sehr hohe Frequenzen $\varepsilon_r(\infty)$ und eine materialcharakteristische Größe (Relaxationszeit) ein. Viele technisch wichtige Dielektrika haben in ihrem technisch wichtigen Einsatzfrequenzbereich allerdings hinreichend konstante relative Dielektrizitätszahlen (Tabelle 2.1).

Mit der bei Wechselspannungen auftretenden ständigen Umorientierung der Teilchen sind Wärmeverluste verbunden. Wie wir in Abschnitt 2.2.4 noch genauer sehen werden, wird dieser Verlustmechanismus mit einem Verlustfaktor $\tan\delta_\varepsilon$ beschrieben. Aus Gründen der besseren Übersichtlichkeit sind die Verlustfaktoren bereits in Tabelle 2.1 mit enthalten [Mein92] [Goli08].

Tabelle 2.1 Relative Dielektrizitätszahl ε_r und Verlustfaktor $\tan\delta_\varepsilon$ wichtiger Isolationsmaterialien (im jeweils technisch wichtigen Frequenzbereich)

Material	ε_r	$\tan\delta_\varepsilon$	Typische Anwendung
Vakuum/Luft	1	0	Füllmaterial bei Präzisionsleitungen
Polytetraflourethylen (PTFE)	2,1	0,0002	Kabelisolationsmaterial
Glasfaserverstärktes Epoxharz (FR4)	3,6-4,5	0,02	Substrat für planare Schaltungen
Aluminiumoxid (Al_2O_3)	9,8	0,0001	Substrat für planare Schaltungen
Galliumarsenid (GaAs)	12,5	0,0004	Integrierte Mikrowellenschaltung (MMIC)

Dielektrische Verschiebungsdichte

Eine weitere wichtige Größe zur Beschreibung elektrischer Felder ist die *dielektrische Verschiebungsdichte D*, die auch als *elektrische Flussdichte* bezeichnet wird. Bei ihrer Definition taucht die zuvor eingeführte relative Dielektrizitätszahl wieder auf.

$$\vec{D} = \varepsilon_0 \varepsilon_r \vec{E} \tag{2.12}$$

Im Vakuum ist die dielektrische Verschiebungsdichte bis auf den konstanten Faktor ε_0 gleich der elektrischen Feldstärke. In Materialien kommt noch die relative Dielektrizitätszahl ε_r hinzu. Die Bedeutung dieser neuen Größe D erkennen wir, wenn wir einen Blick auf die physikalische Einheit werfen: $[D] = C/m^2$, also Ladung pro Fläche.

Integriert man die dielektrische Verschiebungsdichte über eine Fläche A, so erhält man den durch diese Fläche gehenden *elektrischen Fluss* ψ_e.

$$\Psi_e = \iint\limits_A \vec{D} \cdot d\vec{A} \tag{2.13}$$

Auf die Bedeutung des elektrischen Flusses kommen wir noch einmal im Zusammenhang mit den Maxwellschen Gleichungen in Integralform (Abschnitt 2.2.3) zurück. Dort erhalten wir auch eine anschauliche Interpretation.

2.1.1.3   Elektrische Feldenergie und Kapazität

Unter Verwendung der bislang eingeführten elektrischen Feldstärke E und der dielektrischen Verschiebungsdichte D können wir jedem Raumpunkt eine *elektrische Energiedichte* w_e zuweisen. Ist das felderfüllte Medium linear (d.h. die Materialgröße ε_r ist für große wie kleine Werte der elektrischen Feldstärke E gleich) und isotrop (d.h. richtungsunabhängig), so gilt:

$$w_e = \frac{1}{2}\vec{D}\cdot\vec{E} = \frac{1}{2}\varepsilon_0\varepsilon_r|E|^2 \quad . \tag{2.14}$$

Die Gesamtenergie W_e in einem Volumen V kann durch Integration über dieses Volumen bestimmt werden. Die gespeicherte elektrische Energie ist in der Netzwerktheorie von besonderer Bedeutung, da sie eng mit dem Begriff der *Kapazität* verknüpft ist.

$$W_e = \iiint_V w_e\,dv = \frac{1}{2}\iiint_V \vec{D}\cdot\vec{E}\,dv = \frac{1}{2}\iiint_V \varepsilon_0\varepsilon_r|E|^2\,dv = \frac{1}{2}CU^2 \tag{2.15}$$

Die Kapazität ist eine wichtige Größe, wenn es darum geht, die Fähigkeit der Ladungsspeicherung auszudrücken. Für einen mit einem Dielektrikum (ε_r) gefüllten Plattenkondensator mit der Plattenfläche A und dem Plattenabstand d gilt näherungsweise der einfache Zusammenhang:

$$C = \frac{Q}{U} \quad \text{(allgemein)} \qquad C = \varepsilon_0\varepsilon_r\frac{A}{d} \quad \text{(Plattenkondensator)} \; . \tag{2.16}$$

2.1.2   Stationäre elektrische Strömungsfelder und magnetische Felder

2.1.2.1   Stromdichte, Leistungsdichte und Widerstand

In den bisherigen Abschnitten haben wir ruhende Ladungen und die von ihnen erzeugten elektrischen Quellenfelder eingeführt. Nun untersuchen wir Ladungen, die ihre Lage im Raum ändern; wir werden sehen, dass es dann zur Entstehung von magnetischen Feldern kommt. Zunächst aber müssen wir wichtige Begriffe einführen, die die Bewegung von Ladungen beschreiben. Die Stromstärke I gibt die Ladungsmenge ΔQ an, die in einem Zeitintervall Δt durch eine Querschnittsfläche A fließt.

$$I = \frac{\Delta Q}{\Delta t} \tag{2.17}$$

Die Stromstärke I ist dabei eine *integrale* Größe (es wird über eine Fläche integriert), die auch vorzeichenbehaftet ist. Die Bewegungsrichtung der positiven Ladungsträger gibt die

positive Richtung der Stromstärke an. In einem elektrischen Leiter sind die negativ gelade-
nen Elektronen frei beweglich, so dass sich die positive Richtung des Stromes hier entgegen
der Bewegungsrichtung der Elektronen ergibt. Es können auch gleichzeitig positive und
negative Ladungsträger zum Strom beitragen. Die Anteile addieren sich dann (Bild 2.4a).

Wollen wir die räumliche Verteilung des Stromflusses durch eine Feldgröße erfassen, so
bietet sich die elektrische Stromdichte J an. Die Stromdichte J ist eine vektorielle Feldgröße,
die die Bewegung der Ladungsträger im Raum beschreibt. Durch Integration über eine Fläche erhält man die durch diese Fläche tretende Stromstärke I.

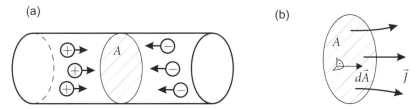

Bild 2.4 Stromstärke (a) beschrieben durch die Bewegung von Ladungsträgern und (b) in Abhängigkeit der elektrischen Stromdichte

Die Stromdichte ist eine *lokale* Größe (Vektorfeld) im Gegensatz zur Stromstärke, die
eine *integrale* Größe ist und immer in Beziehung zu einer Bezugsfläche steht (Bild 2.4b).

$$I = \iint_A \vec{J} \cdot d\vec{A} \tag{2.18}$$

Im leitfähigen Material ist die Stromdichte über die elektrische Leitfähigkeit mit der elektrischen Feldstärke verknüpft. Fließt durch einen idealen Leiter ($\sigma \rightarrow \infty$ S/m) ein Strom, so muss
die elektrische Feldstärke E verschwinden, damit die Stromdichte J endlich bleibt.

$$\vec{J} = \sigma \vec{E} \tag{2.19}$$

Bei endlicher Leitfähigkeit σ ergibt sich die Leistungsdichte p in jedem Raumpunkt als Produkt der elektrischen Stromdichte und der elektrischen Feldstärke.

$$p = \vec{J} \cdot \vec{E} = \sigma \left| \vec{E} \right|^2 \tag{2.20}$$

Die in einem stromdurchflossenen Volumen V umgesetzte Verlustleistung P erhalten wir
durch Integration über das Volumen.

$$P = \iiint_V \vec{J} \cdot \vec{E}\, dv \tag{2.21}$$

Mit Hilfe von Leistung und Strom können wir die aus der Netzwerktheorie wichtige Größe
des ohmschen Widerstandes R einführen.

$$R = \frac{P}{I^2} = \frac{1}{I^2} \iiint_V \vec{J} \cdot \vec{E}\, dv \tag{2.22}$$

Für einen zylindrischen Leiter mit der Querschnittsfläche A, der Länge ℓ und der elektrischen Leitfähigkeit σ ergibt sich *im Gleichstromfall*[2] der folgende Widerstand.

$$R = \frac{\ell}{\sigma A} \qquad\qquad (2.23)$$

Leitfähigkeitswerte σ für einige in der Hochfrequenztechnik wichtige metallische Leiter sind in Tabelle 2.2 zusammengestellt [Mein92]. Die Leitfähigkeitswerte sind temperaturabhängig, die Werte gelten bei Raumtemperatur. Für gute Leiter (Kupfer, Gold, Silber, Aluminium) wird für einfache Abschätzungen oft zunächst von einem *idealen elektrischen Leiter* ausgegangen (Englisch: PEC = *Perfect Electric Conductor*).

Tabelle 2.2 Elektrische Leitfähigkeit wichtiger elektrischer Leiter

Material	$\sigma / [10^7 \text{ S/m}]$	Typische Anwendung
Idealer Leiter (PEC)	∞	Nicht realisierbar; math. Modell für sehr gute Leiter
Kupfer (Cu)	5,7-5,8	Standardleitermaterial
Silber (Ag)	6,1-6,2	Leitermaterial
Gold (Au)	4,1	Bonddrähte
Aluminium (Al)	3,0-3,5	Leitermaterial

2.1.2.2 Magnetische Feldstärke und magnetisches Vektorpotential

In der Natur existieren Objekte aus magnetischen Materialien, die sich – je nach Orientierung zueinander – anziehen bzw. abstoßen. Man kann sich die Kraftwirkung solcher (Permanent-)Magnete aufeinander veranschaulichen, indem man einem Magneten zwei Pole (Nordpol und Südpol) zuordnet und sich magnetische Feldlinien vorstellt, die aus dem Nordpol austreten und im Südpol wieder in den Magneten eintreten (Bild 2.5a).

Zerbricht man einen Magneten, so stellt man fest, dass die Bruchstücke selbst wieder Nord- und Südpol besitzen. Es gibt keine isolierten Nord- bzw. Südpole. Dies drückt sich auch darin aus, dass magnetische Feldlinien immer geschlossen sind.

Magnetische Feldlinien sind stets geschlossen. Die Feldlinien besitzen keinen Anfang und kein Ende. Das magnetische Feld ist daher ein *Wirbelfeld*.

Wichtige Größen zur Beschreibung magnetischer Felder sind die magnetische Feldstärke H und die magnetische Flussdichte B (auch magnetische Induktion). Die Größen sind über folgende Beziehung miteinander verbunden:

$$\vec{B} = \mu_r \mu_0 \vec{H} \; . \qquad\qquad (2.24)$$

---

[2] Die Formel setzt voraus, dass die wandernden Ladungsträger sich gleichmäßig über die Querschnittsfläche verteilen, d.h. die Stromdichte konstant ist. Bei hohen Frequenzen ist dies aber nicht der Fall. In Abschnitt 2.4 lernen wir die Skintiefe als wichtige Größe zur Beschreibung kennen.

Hierbei sind $\mu_0=4\pi\cdot10^{-7}$ Vs/(Am) die Permeabilitätskonstante und μ_r die relative Permeabilitätszahl, die die Magnetisierbarkeit der Materie beschreibt.

Im Rahmen dieses Buches wollen wir uns nicht mit Permanentmagneten beschäftigen, sondern allein mit technisch erzeugten magnetischen Feldern. Man stellt fest, dass magnetische Felder in der Nähe von Strömen auftreten. Ströme – also bewegte Ladungen – sind die Ursachen von magnetischen Feldern. Dies gilt übrigens auch für Permanentmagnete: Hier sind es Kreisströme auf atomarer Ebene.

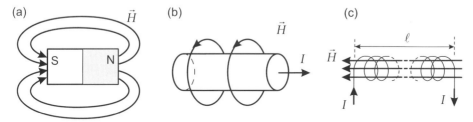

Bild 2.5 Magnetische Feldstärke (a) in der Umgebung eines Permanentmagneten, (b) um einen stromdurchflossenen Leiter und (c) im Innern einer langgestreckten Zylinderspule

Als einfaches Beispiel, auf das wir später detaillierter zurückkommen wollen, betrachten wir einen langen stromdurchflossenen Linienleiter. Dieser ist von kreisförmigen magnetischen Feldlinien umgeben (Bild 2.5b). Die Richtung des magnetischen Feldes ergibt sich durch die Rechte-Hand-Regel: Wird der Linienleiter mit der rechten Hand umgriffen und zeigt der Daumen dabei in Richtung des Stromes, so geben die anderen Finger den Umlaufsinn des magnetischen Feldes an.

Im Falle des elektrostatischen Feldes hatten wir eine skalare Potentialfunktion ϕ kennengelernt, aus der sich mittels Gradientbildung die räumliche Verteilung der elektrischen Feldstärke berechnen lies. Hier können wir ebenfalls eine Potentialfunktion, das *magnetische Vektorpotential A*, einführen. Hierbei handelt es sich um eine vektorielle Funktion, die keine unmittelbar anschauliche Bedeutung besitzt, jedoch als Hilfsgröße beim Lösen von mathematischen Feldproblemen vorteilhaft ist. Wir werden diesen Zusammenhang in Kapitel 7 bei der Berechnung von Antennenstrahlungsfeldern verwenden. Die magnetische Flussdichte B kann aus der Hilfsgröße A durch Rotation berechnet werden. Auf die anschauliche Interpretation der Rotation gehen wir in Abschnitt 2.1.3 ein.

$$\vec{B} = \operatorname{rot}\vec{A} \qquad (2.25)$$

Integriert man die magnetische Flussdichte über eine Fläche A, so erhält man den durch diese Fläche gehenden magnetischen Fluss ψ_m.

$$\Psi_m = \iint_A \vec{B}\cdot d\vec{A} \qquad (2.26)$$

Auf die Bedeutung des magnetischen Flusses kommen wir im Zusammenhang mit den Maxwellschen Gleichungen in Integralform (Abschnitt 2.2.3) zurück.

2.1.2.3   Magnetische Feldenergie und Induktivität

Wie im Fall des elektrischen Feldes E können wir auch bei der Betrachtung magnetischer Felder jedem Raumpunkt eine Energiedichte zuweisen. Ist das felderfüllte Medium wie zuvor linear und isotrop, so gilt für die magnetische Energiedichte:

$$w_{\mathrm{m}} = \frac{1}{2} \vec{B} \cdot \vec{H} = \frac{1}{2} \mu_0 \mu_{\mathrm{r}} \left| \vec{H} \right|^2 \quad . \tag{2.27}$$

Die Gesamtenergie W_{m} in einem Volumen V gewinnen wir durch Integration über dieses Volumen. Die gespeicherte magnetische Energie ist in der Netzwerktheorie von besonderer Bedeutung, da sie eng mit dem Begriff der Netzwerkgröße *Induktivität L* verknüpft ist.

$$W_{\mathrm{m}} = \iiint\limits_V w_{\mathrm{m}} dv = \frac{1}{2} \iiint\limits_V \vec{B} \cdot \vec{H} dv = \frac{1}{2} \iiint\limits_V \mu_0 \mu_{\mathrm{r}} \left| \vec{H} \right|^2 dv = \frac{1}{2} L I^2 \tag{2.28}$$

Die Induktivität ist eine wichtige Größe. Für eine langgestreckte Zylinderspule mit der Windungszahl n, der Länge ℓ und der Querschnittsfläche A (Bild 2.5c) gilt folgende Gleichung:

$$L = \mu_0 \mu_{\mathrm{r}} n^2 \frac{A}{\ell} \quad . \tag{2.29}$$

2.1.2.4   Lorentz-Kraft

Unsere Betrachtungen über elektrische Felder sind am Anfang von Abschnitt 2.1.1 von den Kräften (*Coulomb*-Kraft) zwischen Ladungen ausgegangen. Diese Kraftwirkung haben wir zur Einführung des elektrischen Feldstärkebegriffes verwendet. Auch magnetische Felder $B = \mu H$ üben eine Kraftwirkung auf Ladungen Q aus, allerdings nur, falls sich diese mit einer Geschwindigkeit v bewegen, die nicht parallel zu den Feldlinien verläuft. Es gilt die *Lorentz*-Kraft F_{L} nach folgender Gleichung.

$$\vec{F}_{\mathrm{L}} = Q \left(\vec{v} \times \vec{B} \right) \tag{2.30}$$

Falls statische elektrische und magnetische Felder gleichzeitig auftreten, so überlagern sich die Kräfte vektoriell und es gilt die Gesamtkraft F_{ges}.

$$\vec{F}_{\mathrm{ges}} = \vec{F}_{\mathrm{C}} + \vec{F}_{\mathrm{L}} = Q \vec{E} + Q \left(\vec{v} \times \vec{B} \right) \tag{2.31}$$

2.1.3   Vektoranalytische Operatoren

Zur anschaulichen Interpretation der im nächsten Abschnitt vorgestellten Maxwellschen Gleichungen benötigen wir noch die Kenntnis der vektoranalytischen Begriffe *Rotation* und *Divergenz*. Die Kenntnis der sonstigen mathematischen Elemente, wie Ableitungen, Integrale, Vektoren, wird an dieser Stelle vorausgesetzt und kann in der mathematischen Grundlagenliteratur (z.B. [Bron08]) nachgelesen werden.

Divergenz

Die *Divergenz* ist eine Operation, die auf ein Vektorfeld *V* angewendet wird und als Ergebnis ein Skalarfeld *S* liefert. Unter Verwendung kartesischer Koordinaten lässt sich die Divergenz folgendermaßen berechnen (die Berechnung in Zylinder- und Kugelkoordinatensystemen ist im Anhang A zu finden).

$$S = \operatorname{div} \vec{V} = \nabla \cdot \vec{V} = \frac{\partial V_x}{\partial x} + \frac{\partial V_y}{\partial y} + \frac{\partial V_z}{\partial z} \tag{2.32}$$

Das Symbol ∇ stellt den *Nabla-Operator* dar. In kartesischen Koordinaten beschreibt er folgende Rechenvorschrift.

$$\nabla = \frac{\partial}{\partial x}\vec{e}_x + \frac{\partial}{\partial y}\vec{e}_y + \frac{\partial}{\partial z}\vec{e}_z \tag{2.33}$$

Anschaulich gibt die Divergenz die *Quellendichte* des Vektorfeldes *V* im entsprechenden Raumpunkt an. Verschwindet die Divergenz in einem Raumpunkt r_0, so liegt hier weder eine Quelle noch eine Senke des Vektorfeldes vor. In den Raumbereichen, in denen die Divergenz von null verschieden ist, liegen die Quellen und Senken (d.h. die *Ursachen*) des Vektorfeldes *V*.

In Abschnitt 2.1.1 haben wir als Quellen und Senken des elektrostatischen Feldes die positiven und negativen Ladungen kennengelernt: Die Feldlinien entspringen den positiven Ladungen und enden in den negativen Ladungen. Wir erwarten also, dass die Divergenz in Raumpunkten, in denen sich Ladungen *Q* befinden oder eine Raumladungsdichte ρ vorhanden ist, von null verschieden ist.

Rotation

Die *Rotation* ist eine Operation, die auf ein Vektorfeld *V* angewendet wird und als Ergebnis ein Vektorfeld *W* liefert. Unter Verwendung kartesischer Koordinaten lässt sich die Rotation folgendermaßen berechnen (die Berechnung in Zylinder- und Kugelkoordinatensystemen ist in Anhang A zu finden).

$$\vec{W} = \operatorname{rot} \vec{V} = \nabla \times \vec{V} = \vec{e}_x\left(\frac{\partial V_z}{\partial y} - \frac{\partial V_y}{\partial z}\right) - \vec{e}_y\left(\frac{\partial V_z}{\partial x} - \frac{\partial V_x}{\partial z}\right) + \vec{e}_z\left(\frac{\partial V_y}{\partial x} - \frac{\partial V_x}{\partial y}\right) \tag{2.34}$$

Anschaulich gibt die Rotation die *Wirbeldichte* des Vektorfeldes *V* im entsprechenden Raumpunkt an. In den Raumbereichen, in denen die Rotation von null verschieden ist, liegen die *Ursachen* des Vektorfeldes *V*.

In Abschnitt 2.1.2 haben wir gesehen, dass Stromdichteverteilungen *J* zu einem magnetischen Wirbelfeld *H* führen. Die Feldlinien sind geschlossen und umlaufen die Stromdichte, die Ursache dieses Wirbelfeldes ist. Wir erwarten also, dass die Rotation in Raumpunkten, in denen sich Stromdichten befinden, von null verschieden ist.

Im elektrostatischen Fall haben wir es mit einem *reinen Quellenfeld* zu tun, d.h. es gibt Raumbereiche, in denen die Divergenz nicht verschwindet (hier liegen die Ursachen des Quellenfeldes, also die Ladungsverteilungen). Die Rotation verschwindet bei elektrostatischen Feldern hingegen im gesamten Raum.

2.2   Maxwellsche Gleichungen

Die Maxwellschen Gleichungen (MWG) liefern eine Beschreibung der makroskopischen elektromagnetischen Phänomene, also des Verhaltens von elektrischen und magnetischen Feldern und der Wechselwirkung mit der Materie. In diesen Gleichungen sind die auftretenden Feldgrößen Funktionen des Ortes $\vec{r}$ und der Zeit t. Diese Feldgrößen müssen neben den MWG noch Rand- und Anfangsbedingungen genügen, so dass sich insgesamt ein Anfangs-Randwert-Problem ergibt.

Die Maxwellschen Gleichungen können in differentieller und in integraler Form angegeben werden. In den nachfolgenden beiden Abschnitten wollen wir uns die Gleichungen genauer ansehen und ihre anschauliche Bedeutung erfassen.

2.2.1   Differentialform für allgemeine Zeitabhängigkeit

Die erste Maxwellsche Gleichung in Differentialform lautet:

$$\boxed{\operatorname{rot}\vec{H} = \vec{J} + \frac{\partial \vec{D}}{\partial t}} \qquad \text{(1. Maxwellsche Gleichung).} \tag{2.35}$$

Die Größe J entspricht der Stromdichte in einem leitfähigen Material und wird daher auch als *Leitungsstromdichte* J_{L} bezeichnet. Der Term $\partial D/\partial t$ hat die gleiche physikalische Einheit wie J, ist aber nicht an leitfähige Raumbereiche gebunden. Der Ausdruck trägt die Bezeichnung *Verschiebungsstromdichte* J_{V} und wir werden noch sehen, dass er für die Ausbreitung elektromagnetischer Wellen fundamental ist. Die Summe aus Leitungs- und Verschiebungsstromdichte wird als *wahre Stromdichte* bezeichnet.

$$\vec{J}_{\mathrm{ges}} = \vec{J}_{\mathrm{L}} + \vec{J}_{\mathrm{V}} = \vec{J} + \frac{\partial \vec{D}}{\partial t} = \sigma \vec{E} + \varepsilon_0 \varepsilon_{\mathrm{r}} \frac{\partial \vec{E}}{\partial t} \tag{2.36}$$

> Die erste Maxwellsche Gleichung besagt anschaulich, dass die Gesamtstromdichte – bestehend aus Leitungs- und Verschiebungsstromdichte – ein magnetisches Wirbelfeld verursacht. (Die Gesamtstromdichte ist die Wirbeldichte der magnetischen Feldstärke.)

Die zweite Maxwellsche Gleichung in Differentialform lautet:

$$\boxed{\operatorname{rot}\vec{E} = -\frac{\partial \vec{B}}{\partial t}} \qquad \text{(2. Maxwellsche Gleichung).} \tag{2.37}$$

Die zweite Maxwellsche Gleichung bedeutet, dass die zeitliche Änderung der magnetischen Flussdichte ein elektrisches Wirbelfeld hervorruft. (Die negative zeitliche Änderung der magnetischen Flussdichte ist die Wirbeldichte der elektrischen Feldstärke.)

In Raumgebieten, in denen die Leitfähigkeit und damit auch die Leitungsstromdichte J verschwinden, weisen die erste und zweite Maxwellsche Gleichung einen äquivalenten Aufbau auf: Auf der linken Seite der Gleichung steht der Rotationsoperator, auf der rechten Seite eine zeitliche Ableitung.

Die dritte Maxwellsche Gleichung in Differentialform lautet:

$$\boxed{\operatorname{div} \vec{D} = \rho} \quad \text{(3. Maxwellsche Gleichung)}. \tag{2.38}$$

Die dritte Maxwellsche Gleichung zeigt, dass die Raumladungsdichte die Ursache eines elektrischen Quellenfeldes ist. (Die Raumladungsdichte ist die Quellendichte der dielektrischen Verschiebungsdichte und damit des elektrischen Feldes.)

Die vierte Maxwellsche Gleichung in Differentialform lautet:

$$\boxed{\operatorname{div} \vec{B} = 0} \quad \text{(4. Maxwellsche Gleichung)}. \tag{2.39}$$

Die vierte Maxwellsche Gleichung bedeutet, dass es keine Ursachen für ein magnetisches Quellenfeld gibt. Damit ist das magnetische Feld immer quellenfrei und ein reines Wirbelfeld. (Die Quellendichte der magnetischen Flussdichte verschwindet.)

2.2.2 Differentialform für harmonische Zeitabhängigkeit

Aus der Wechselstromrechnung ist bekannt, dass für eine harmonische Zeitabhängigkeit der physikalischen Größen der Übergang auf eine komplexe Darstellung mathematische Vorteile bietet. Reellwertige Zeitfunktionen, die von drei räumlichen Variablen x, y, z und einer zeitlichen Variable t abhängen, werden dabei ersetzt durch komplexwertige Funktionen (Phasoren), die nur noch von den Ortskoordinaten abhängen. Die Zeitabhängigkeit tritt nicht mehr explizit auf. Von den Phasoren führt der Weg zurück zur physikalischen, zeitabhängigen Größe, indem der Phasor mit dem Term $e^{j\omega t}$ multipliziert und anschließend der Realteil gebildet wird.

Die Maxwellschen Gleichungen für zeitharmonische Vorgänge lauten damit:

$$\operatorname{rot} \vec{H} = \vec{J} + j\omega \vec{D} \tag{2.40}$$

$$\operatorname{rot} \vec{E} = -j\omega \vec{B} \tag{2.41}$$

$$\operatorname{div} \vec{D} = \rho \tag{2.42}$$

$$\operatorname{div} \vec{B} = 0 \quad . \tag{2.43}$$

Die bei der harmonischen Zeitabhängigkeit auftauchenden Feldgrößen sind nun *Phasoren*, also *komplexe* Amplitudenfaktoren. Wir werden sie in der Schreibweise *nicht* von den Zeitgrößen unterscheiden. Es ergibt sich immer aus dem Zusammenhang, ob die zeitliche Größe oder der Phasor betrachtet wird.

2.2.3 Integralform

Durch die Anwendung von Integralsätzen der Vektoranalysis können die Maxwellschen Gleichungen in ihre Integralform überführt werden. Wir wollen hier auf die Herleitung verzichten und uns nur die Resultate ansehen.

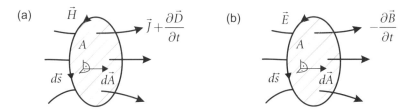

Bild 2.6 Veranschaulichung der 1. und 2. Maxwellschen Gleichung in Integralform

Die erste Maxwellsche Gleichung in Integralform wird auch als *Durchflutungsgesetz* oder als *Amperesches Gesetz* bezeichnet und lautet:

$$\oint_{C(A)} \vec{H} \cdot d\vec{s} = \iint_A \left(\vec{J} + \frac{\partial \vec{D}}{\partial t} \right) \cdot d\vec{A} \qquad \text{(1. Maxwellsche Gleichung).} \tag{2.44}$$

Auf der rechten Seite der Gleichung taucht im Integral die wahre Stromdichte auf. Diese wird über die Fläche in Richtung der Flächennormale $d\vec{A}$ integriert. Die Integration liefert also den Gesamtstrom I_{ges} durch die Fläche A. Auf der linken Seite der Gleichung muss das magnetische Feld auf einem geschlossenen Weg um die Fläche in Richtung des Wegelementes $d\vec{s}$ ausgewertet werden. Die Richtung der Flächennormale und der Umlaufsinn des Wegintegrals sind dabei über die Rechte-Hand-Regel miteinander verknüpft. In Bild 2.6a finden wir eine anschauliche Interpretation der vorkommenden Integrale. Wir können die mathematischen Zusammenhänge folgendermaßen sprachlich formulieren.

Das Umlaufintegral des magnetischen Feldes H um die Fläche A entspricht dem durch die Fläche tretenden Gesamtstrom. Der Gesamtstrom setzt sich zusammen aus der Summe von Leitungsstrom und Verschiebungsstrom. Leitungs- und Verschiebungsströme verursachen also magnetische Wirbelfelder.

Die zweite Maxwellsche Gleichung in Integralform heißt auch *Induktionsgesetz* oder *Faradaysches Gesetz*.

$$\oint_{C(A)} \vec{E}\cdot d\vec{s} = -\frac{d}{dt}\iint_{A} \vec{B}\cdot d\vec{A} \qquad \text{(2. Maxwellsche Gleichung)}. \qquad (2.45)$$

Das Integral auf der rechten Seite stellt den magnetischen Fluss ψ_m dar. In Bild 2.6b finden wir eine anschauliche Interpretation der vorkommenden Integrale. Wir können die mathematischen Zusammenhänge folgendermaßen sprachlich formulieren.

> Die negative zeitliche Änderung des magnetischen Flusses durch eine Fläche A entspricht dem Umlaufintegral des elektrischen Feldes um diese Fläche. Ein sich ändernder magnetischer Fluss verursacht also ein elektrisches Wirbelfeld.

(a) (b)

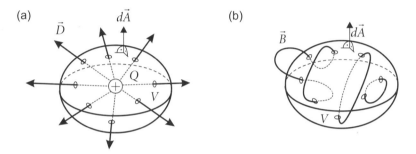

Bild 2.7 Veranschaulichung der 3. und 4. Maxwellschen Gleichung

Die dritte Maxwellsche Gleichung in Integralform ist auch bekannt als *Gaußsches Gesetz des elektrischen Feldes*.

$$\oiint_{A(V)} \vec{D}\cdot d\vec{A} = \iiint_{V} \rho\, dv = Q \qquad \text{(3. Maxwellsche Gleichung)} \qquad (2.46)$$

Das Integral auf der linken Seite stellt den elektrischen Fluss ψ_e durch die geschlossene Hüllfläche des Volumens V dar. Auf der rechten Seite finden wir die Integration über die Raumladungsdichte. Dies liefert uns die Ladungsmenge Q innerhalb des Volumens V (Bild 2.7a). Wir können also die dritte Maxwellsche Gleichung folgendermaßen ausdrücken:

> Der durch die geschlossene Hüllfläche eines Volumens gehende elektrische Fluss liefert die gesamte im Volumen eingeschlossene Ladungsmenge Q.

Die vierte Maxwellsche Gleichung in Integralform ist auch bekannt als *Gaußsches Gesetz des magnetischen Feldes*.

$$\oiint_{A(V)} \vec{B}\cdot d\vec{A} = 0 \qquad \text{(4. Maxwellsche Gleichung)} \qquad (2.47)$$

Das Integral auf der linken Seite stellt den magnetischen Fluss ψ_m durch die geschlossene Hüllfläche des Volumens V dar. Dieser ist offenbar immer null. Dies bedeutet, dass die magnetischen Feldlinien immer geschlossen sind (Bild 2.7b).

Der durch die geschlossene Hüllfläche eines Volumens gehende magnetische Fluss verschwindet.

2.2.4 Materialgleichungen

Neben den Maxwellschen Gleichungen gelten noch die sogenannten *Materialgleichungen*, die die elektrische und magnetische Feldstärkegröße E und H mit der elektrischen und magnetischen Flussdichte D und B sowie der elektrischen Leitungsstromdichte J verknüpfen.

$$\vec{B} = \mu_0 \mu_r \vec{H} \tag{2.48}$$

$$\vec{D} = \varepsilon_0 \varepsilon_r \vec{E} \tag{2.49}$$

$$\vec{J} = \sigma \vec{E} \tag{2.50}$$

Die elektromagnetischen Eigenschaften der Materie drücken sich dabei in der *relativen Dielektrizitätszahl* ε_r, der *relativen Permittivitätszahl* μ_r und der *elektrischen Leitfähigkeit* σ aus. Elektrische Eigenschaften technisch wichtiger Dielektrika und Leitermaterialien finden sich in Tabelle 2.1 und Tabelle 2.2.

Allgemein kann die Beschreibung des Materialverhaltens sehr komplex werden. Wir wollen daher zunächst wichtige Begrifflichkeiten klären.

Linearität: Ein Material ist *linear*, wenn die Materialeigenschaften ε_r, μ_r und σ unabhängig von den elektromagnetischen Feldgrößen sind, die im Material auftreten. Beispiel: Die relative Dielektrizitätszahl ändert sich nicht, wenn die das Material durchsetzende elektrische Feldstärke kleiner oder größer wird.

Zeitvarianz: Ein Material ist *zeitinvariant*, wenn die Materialeigenschaften zeitlich konstant sind.

Isotropie: Ein Material ist *isotrop*, wenn die Materialeigenschaften richtungsunabhängig sind.

Dispersion: Ein Material ist *dispersiv*, wenn die Materialeigenschaften abhängig von der Frequenz sind.

Homogenität: Ein Material ist *homogen*, wenn die Materialeigenschaften sich räumlich nicht ändern.

Viele in der Hochfrequenztechnik verwendeten Materialien können – wenigstens in bestimmten Frequenzbereichen – näherungsweise als linear, zeitinvariant, isotrop und nicht dispersiv betrachtet werden. Hingegen kann – wie wir noch sehen werden – eine inhomogene Verteilung von Materialien im Raum ein wesentliches Gestaltungselement bei Hochfrequenzkomponenten sein.

Für dispersive dielektrische Materialien existieren mathematische Modelle (Debye), die sich an physikalischen Überlegungen orientieren, hier aber nicht weiter vertieft werden sollen. Der interessierte Leser findet zu dem Thema weitere Ausführungen in der Literatur [Detl09].

Im Falle elektromagnetischer Felder mit harmonischer Zeitabhängigkeit werden die Feldgrößen bekanntlich durch komplexe Amplituden (Phasoren) beschrieben. Bei der Beschreibung der Materialeigenschaften ist es ebenso üblich, auf eine komplexe Darstellung überzugehen.

In Abschnitt 2.1.1.3 haben wir gesehen, dass wir die Kapazität eines Plattenkondensators im elektrostatischen Fall durch den Zusammenhang $C = \varepsilon_0 \varepsilon_r A / d$ beschreiben können, wobei die Plattengröße A, der Plattenabstand d und die relative Dielektrizitätszahl des Mediums ε_r sind. Die relative Dielektrizitätszahl ist dabei eine makroskopische Größe, die die Polarisierbarkeit der Materie (verursacht durch die Ausrichtung von polaren Teilchen) beschreibt.

Im zeitabhängigen Falle ändert sich die Feldorientierung im Kondensator, so dass die Dipole dem Feld folgen müssen. Man kann sich leicht vorstellen, dass diese Bewegung nun dazu führt, dass im Inneren des Mediums Wärme entsteht. Ganz offensichtlich reicht die relative Dielektrizitätszahl, die wir aus den statischen Überlegungen gewonnen haben, für eine vollständige Beschreibung nicht aus. Um die Erweiterung zu verstehen, betrachten wir eine harmonische Zeitabhängigkeit, bei der die Feldgrößen wieder durch komplexe Zeiger (Phasoren) repräsentiert werden.

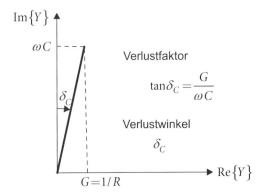

Bild 2.8 Admittanz einer verlustbehafteten Kapazität und Definition des Verlustwinkels

Aus der Wechselstromrechnung ist bekannt, dass die Admittanz Y einer Kapazität durch $Y = j\omega C$ gegeben ist. Eine solche Kapazität ist verlustlos, Strom und Spannung sind um 90° phasenverschoben. Zur Beschreibung der Verluste ergänzt man die Admittanz um einen Realteil, den Leitwert G (Bild 2.8), der die Erwärmungsverluste beschreibt.

$$Y = j\omega C + G \quad \text{mit} \quad G = \omega C \tan \delta_C \tag{2.51}$$

Der Ausdruck $\tan \delta_C$ wird als *Verlustfaktor* des Kondensators bezeichnet und drückt das Verhältnis von Real- und Imaginärteil der Admittanz am Kondensator aus. Falls der Kondensator vollständig mit Dielektrikum gefüllt ist, so können wir mit $C = \varepsilon_0 \varepsilon_r A / d$ schreiben.

$$Y = j\omega C + \omega C \tan\delta_C = j\omega\varepsilon_0\varepsilon_r\frac{A}{d}(1 - j\tan\delta_C) = j\omega\varepsilon_0\frac{A}{d}\underbrace{\varepsilon_r(1 - j\tan\delta_\varepsilon)}_{\substack{\text{komplexe relative}\\\text{Dielektrizitätszahl}}}. \tag{2.52}$$

Wir können also dem dielektrischen Material selbst eine komplexe relative Dielektrizitätszahl zuordnen und bezeichnen den Ausdruck $\tan\delta_\varepsilon$ als Verlustfaktor des Dielektrikums.

$$\underline{\varepsilon}_r = \varepsilon_r(1 - j\tan\delta_\varepsilon) \tag{2.53}$$

Zur besseren Unterscheidbarkeit haben wir die komplexe Größe hier unterstrichen. Im Weiteren wollen wir jedoch von der gesonderten Kennzeichnung komplexer Größen absehen.

2.2.5   Verhalten an Materialgrenzen

Zusätzlich zu den Maxwellschen Gleichungen müssen die Feldgrößen an Materialgrenzen noch den *Stetigkeitsbedingungen* genügen. Mit dem Index $i \in \{1,2\}$ wollen wir die Feldgröße unmittelbar vor der Grenzschicht im Medium i bezeichnen. Der Index n zeigt die NormalenKomponente senkrecht zur Oberfläche und der Index t die tangentiale Komponente parallel zur Grenzschicht an.

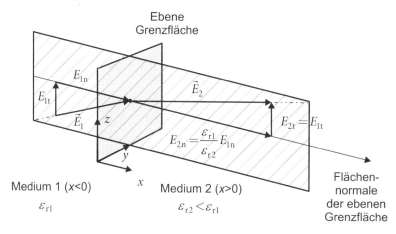

Bild 2.9 Verhalten der elektrischen Feldstärke beim Übergang von einem Dielektrikum (ε_{r1}) in ein zweites Dielektrikum ($\varepsilon_{r2} < \varepsilon_{r1}$)

Bei der elektrischen und magnetischen Flussdichte sind jeweils die Normalenkomponenten stetig.

$$D_{1n} = D_{2n} \tag{2.54}$$
$$B_{1n} = B_{2n} \tag{2.55}$$

Bei der elektrischen und magnetischen Feldstärke sind die tangentialen Komponenten stetig.

$$E_{1t} = E_{2t} \tag{2.56}$$
$$H_{1t} = H_{2t} \tag{2.57}$$

Die Zusammenhänge für das elektrische Feld sind in Bild 2.9 dargestellt. Falls an der Grenz-schicht eine Oberflächenladungsdichte ρ_F oder eine Oberflächenstromdichte J_F vorhanden sind, ändern sich die Gleichungen (2.54) und (2.57) wie folgt.

$$\left| D_{1\mathrm{n}} - D_{2\mathrm{n}} \right| = \left| \rho_\mathrm{F} \right| \tag{2.58}$$

$$\left| H_{1\mathrm{t}} - H_{2\mathrm{t}} \right| = \left| J_\mathrm{F} \right| \tag{2.59}$$

2.3   Einteilung elektromagnetischer Feldprobleme

Elektromagnetische Feldprobleme lassen sich vollständig durch die oben angegebenen Max-wellschen Gleichungen beschreiben. Für einige in der Praxis relevante Anwendungsfälle können die Maxwellschen Gleichungen zum Teil deutlich vereinfacht werden. Dies hat bei der Auffindung von Lösungen spürbare mathematische Vorteile gegenüber der Beschrei-bung durch die vollständigen Gleichungen.

Statische Felder

Die stärkste Vereinfachung ergibt sich für den Fall *zeitunabhängiger Felder*. Dies führt auf elektrostatische Probleme, in denen nur elektrische Feldgrößen auftreten, bzw. auf magneto-statische Probleme, in denen nur magnetische Felder auftreten. Magnetische und elektrische Felder sind im statischen Fall entkoppelt.

Bei statischen elektrischen Strömungsfeldern in Leitern tritt zwischen den elektrischen und magnetischen Feldgrößen ebenfalls *keine wechselseitige* Verkopplung auf. Es kann zunächst das elektrische Feldproblem *unabhängig* von magnetischen Feldgrößen gelöst werden. Erst in einem zweiten Schritt werden– ausgehend von den zuvor berechneten elektrischen Strom-dichten im Leiter – die magnetischen Felder ermittelt. Eine Rückwirkung auf die elektrischen Felder findet nicht statt.

Quasistatische Felder

Man spricht von quasistatischen bzw. *langsam veränderlichen* Feldern, wenn die endliche Ausbreitungsgeschwindigkeit der Felder vernachlässigt werden kann. Betrachten wir einen Plattenkondensator, so gilt im statischen Fall: $E = U/d$. Falls nun das elektrische Feld inner-halb des Plattenkondensators zu jedem Zeitpunkt dem elektrischen Feld entspricht, das im statischen Fall diesem augenblicklichen Spannungswert zugeordnet ist, falls also gilt $E(t) = U(t)/d$, so spricht man von quasistatischen Feldern. Die statische Lösung kann über-nommen und um einen Term für die Zeitabhängigkeit ergänzt werden. Damit mit diesem Lösungsansatz gearbeitet werden kann, muss die Laufzeit der Felder im Problembereich deutlich kleiner als die Periodendauer der Schwingung sein. Man kann auch sagen, dass der maximale Ausbreitungsweg der Felder deutlich kleiner als die Wellenlänge sein muss, also $s_\mathrm{max} \ll \lambda$.

Damit mit quasistatischen Lösungen gearbeitet werden kann, müssen die Bauteile mit zunehmender Frequenz (abnehmender Wellenlänge) immer kleiner werden. Quasistatische Lösungen werden bei der Berechnung von TEM-Wellenleitern verwendet, bei denen der Leiterquerschnitt klein gegen die Wellenlänge ist (siehe Kapitel 4).

Schnell veränderliche Felder

Bei hochfrequenten Feldern sind die Feldgrößen raschen zeitlichen Änderungen unterworfen. Die endliche Ausbreitungsgeschwindigkeit der Felder wirkt sich nun aus. Es kommt zu Signallaufzeiten, die sich bei harmonischer Zeitabhängigkeit in Phasenverschiebungen ausdrücken. Elektrische und magnetische Felder sind miteinander verkoppelt. Somit entstehen nicht vernachlässigbare Wechselwirkungen zwischen den elektrischen und magnetischen Feldern und es treten zwei für die Hochfrequenztechnik charakteristische Phänomene auf.

Stromverdrängung: Der Strom verteilt sich in guten Leitern nicht mehr gleichmäßig über den Leiterquerschnitt, sondern er verdrängt sich zunehmend an die Oberfläche (*Skineffekt*).

Wellenausbreitung: *Elektromagnetische Wellen* können sich im freien Raum – und geführt durch Leitungsstrukturen – ausbreiten.

Diese beiden Effekte sehen wir uns im Weiteren mathematisch genauer an.

2.4   Skineffekt

Zur Betrachtung des Skineffektes gehen wir von den ersten beiden Maxwellschen Gleichungen in Differentialform aus.

$$\operatorname{rot}\vec{H} = \vec{J} + \frac{\partial \vec{D}}{\partial t} \tag{2.60}$$

$$\operatorname{rot}\vec{E} = -\frac{\partial \vec{B}}{\partial t} \tag{2.61}$$

Wir interessieren uns für die Lösung in einem *metallischen Leiter* mit sehr hoher elektrischer Leitfähigkeit σ. In diesem Fall ist die Verschiebungsstromdichte $\partial D/\partial t$ gegenüber der Leitungsstromdichte J vernachlässigbar. Um einfache geometrische Verhältnisse zu haben, nehmen wir an, der Leiter fülle den Halbraum ($z \geq 0$) aus.

Wenden wir die Rotation auf Gleichung (2.61) an, so erhalten wir:

$$\operatorname{rot}\operatorname{rot}\vec{E} = -\operatorname{rot}\frac{\partial}{\partial t}\left(\mu\vec{H}\right). \tag{2.62}$$

Wir setzen nun Gleichung (2.60) und die Materialgleichung (2.50) ein. Ferner gehen wir von einem homogenen Medium aus und ziehen die konstanten Materialparameter σ und μ vor die Ableitung.

$$\text{rot rot } \vec{E} = -\mu\sigma\frac{\partial \vec{E}}{\partial t} \tag{2.63}$$

Als Nächstes nutzen wir die aus der Mathematik bekannte Beziehung

$$\text{rot rot } \vec{V} = \text{grad div } \vec{V} - \Delta\vec{V} \quad . \tag{2.64}$$

(a) Skineffekt beim leitfähigen Halbraum

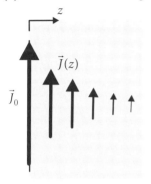
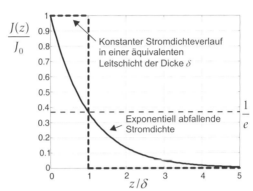

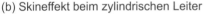

(b) Skineffekt beim zylindrischen Leiter

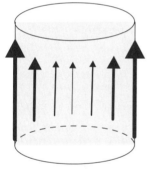
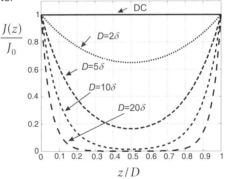

Bild 2.10 Eindringverhalten des elektrischen Feldes in den leitfähigen Halbraum und in einen zylindrischen Leiter (*D*=Durchmesser)

Da wir unsere Überlegungen auf einen elektrisch neutralen, guten Leiter beziehen (es gibt genauso viele positive wie negative Ladungen im Leiter), können wir zudem davon ausgehen, dass die Raumladungsdichte ρ verschwindet. Damit ist dann gemäß der 3. MWG $\text{div}\vec{E} = 0$. Damit wird aus Gleichung (2.63)

$$\boxed{\Delta\vec{E} = \mu\sigma\frac{\partial \vec{E}}{\partial t}} \quad \text{(Diffusionsgleichung)}. \tag{2.65}$$

Gleichung (2.65) ist vom Typus einer *Diffusionsgleichung* und gilt für leitfähige Gebiete. Wie der Name schon andeutet, beschreibt die Differentialgleichung diffusionsartige Ausbreitungsvorgänge (im Gegensatz zu wellenförmigen Ausbreitungsvorgängen, die wir später noch kennenlernen wollen).

Bei harmonischer Zeitabhängigkeit gilt entsprechend für Phasoren ($\partial/\partial t \rightarrow j\omega$):

$$\Delta \vec{E} = j\omega\mu\sigma\vec{E} \ . \tag{2.66}$$

Wir sehen uns nur eine elementare Lösung dieser Differentialgleichung an, um einen wichtigen Begriff, die Eindringtiefe oder Skintiefe, kennenzulernen. Im eindimensionalen Fall stellt folgende Funktion eine Lösung dar, wie durch einfaches Einsetzen in Gleichung (2.66) überprüft werden kann:

$$\vec{E}(z) = E_0 \cdot e^{-z/\delta} \cdot e^{-jz/\delta} \cdot \vec{e}_x = E_0 \cdot e^{-(1+j)z/\delta} \cdot \vec{e}_x \tag{2.67}$$

mit der Skintiefe

$$\boxed{\delta = \sqrt{\frac{2}{\omega\sigma\mu}}} \quad \text{(Skintiefe)}. \tag{2.68}$$

Bild 2.10a zeigt das Verhalten der Stromdichte $J(z) = \sigma E(z)$ für $z \geq 0$, also das Eindringen des elektrischen Feldes in den leitfähigen Halbraum. Die neue Größe stellt dabei die *Eindringtiefe* oder *Skintiefe* dar, also den Wert, bei dem der Betrag der elektrischen Feldstärke (und damit auch der Stromdichte) um den Faktor $1/e$ bezogen auf den maximalen Wert am Rand ($z = 0$) abgefallen ist. Mit anderen Worten: Nach wenigen Skintiefen – vom Rand des Leiters aus – ist die Stromdichte nahezu auf null abgefallen. (Beim Fünffachen der Skintiefe ist die Stromdichte kleiner als 1 % des maximalen Wertes am Rande.)

Beispiel 2.1 Skintiefe von Kupfer und Gold

Die Skintiefe von Kupfer (Cu) ($\sigma = 5{,}7 \cdot 10^7$ S/m) z.B. beträgt bei einer Frequenz von 100 MHz nur $\delta = 6{,}6$ µm. Bild 2.11 zeigt den Frequenzverlauf der Eindringtiefe für Kupfer und Gold im Frequenzbereich von 1 MHz bis 50 GHz. Mit zunehmender Frequenz wird die Skintiefe kleiner und der Strom fließt zunehmend an der Oberfläche.

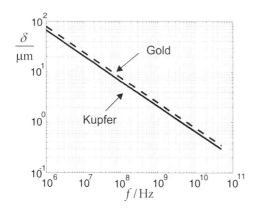

Bild 2.11 Frequenzabhängigkeit der Skintiefe für Kupfer und Gold

Die Skintiefe wird auch als äquivalente Leitschichtdicke bezeichnet, da sie bei der Berechnung des Widerstandes von Leitern, in denen der Skineffekt auftritt, von Bedeutung ist. Bild 2.10a zeigt die anschauliche Interpretation: Der Strom, der unter der Annahme einer konstanten Stromdichte in der Skintiefe fließen würde, ist genauso groß wie der Strom bei exponentiell abfallender Stromdichte im gesamten Halbraum. Man kann daher die Skintiefe bei der Berechnung des Widerstandes heranziehen, falls die für den Halbraum gemachten Annahmen eine gute Näherung für den realen Fall darstellen, also falls die Querabmessungen eines Leiters deutlich größer sind als die Skintiefe. In diesem Fall kann als Fläche, auf der sich der Strom (homogen) verteilt, das Produkt aus Skintiefe und Umfang des Leiters angesetzt werden.

Im Gleichstromfall gilt für den Widerstand eines zylindrischen Leiters mit einer homogenen Strombelegung bekanntlich

$$R = \frac{\ell}{\sigma A} = \frac{\ell}{\sigma \pi r^2} \quad . \tag{2.69}$$

Falls der Radius deutlich größer ist als die Skintiefe, so gilt im hochfrequenten Fall für den zylindrischen Leiter

$$R = \frac{\ell}{\sigma U \delta} = \frac{\ell}{\sigma 2 \pi r \delta} \quad . \tag{2.70}$$

Bild 2.10b zeigt das Eindringverhalten in einen zylindrischen Leiter für unterschiedliche Verhältnisse von Durchmesser und Skintiefe.

2.5 Elektromagnetische Wellen

2.5.1 Wellengleichung und ebene Wellen

Zur Betrachtung von Wellenausbreitungsphänomenen gehen wir von den ersten beiden Maxwellschen Gleichungen in Differentialform aus.

$$\text{rot}\,\vec{H} = \vec{J} + \frac{\partial \vec{D}}{\partial t} \tag{2.71}$$

$$\text{rot}\,\vec{E} = -\frac{\partial \vec{B}}{\partial t} \tag{2.72}$$

Wir interessieren uns dieses Mal für Lösungen in nichtleitenden Medien ($\sigma = 0$). In diesem Fall verschwindet die Leitungsstromdichte J und es bleibt lediglich die Verschiebungsstromdichte $\partial D / \partial t$ auf der rechten Seite in Gleichung (2.71). Wenden wir die Rotation auf Gleichung (2.72) an, so erhalten wir:

$$\text{rot}\,\text{rot}\,\vec{E} = -\text{rot}\,\frac{\partial}{\partial t}\left(\mu \vec{H}\right) . \tag{2.73}$$

Wir setzen nun Gleichung (2.71) und die Materialgleichung (2.49) ein. Ferner gehen wir von einem homogenen Medium aus und ziehen die konstanten Materialparameter ε und μ vor die Ableitung.

$$\text{rot rot } \vec{E} = -\mu\varepsilon \frac{\partial^2 \vec{E}}{\partial t^2} \tag{2.74}$$

Wir nutzen ferner die Beziehung

$$\text{rot rot } \vec{V} = \text{grad div } \vec{V} - \Delta \vec{V} \tag{2.75}$$

aus. Da die Raumladungsdichte ρ verschwindet, ist dann gemäß der 3. MWG div $E = 0$. Damit wird aus Gleichung (2.74)

$$\boxed{\Delta \vec{E} = \mu\varepsilon \frac{\partial^2 \vec{E}}{\partial t^2}} \quad \text{(Wellengleichung).} \tag{2.76}$$

Gleichung (2.76) ist vom Typus einer *Wellengleichung* (hier für nichtleitfähige Gebiete). Wie der Name schon andeutet, beschreibt die Differentialgleichung wellenförmige Ausbreitungsvorgänge.

Bei harmonischer Zeitabhängigkeit gilt entsprechend für Phasoren ($\partial/\partial t \rightarrow j\omega$):

$$\Delta \vec{E} = -\omega^2 \mu\sigma \vec{E} \quad . \tag{2.77}$$

Die einfachste Lösung der Wellengleichung stellt eine *homogene ebene Welle* (HEW) dar. Im Folgenden ist die Gleichung einer homogenen ebenen Welle gegeben, die sich in positive *x*-Richtung ausbreitet und in *z*-Richtung *polarisiert* ist (als Polarisationsrichtung bezeichnet man die Richtung des elektrischen Feldvektors).

$$\boxed{\vec{E}(x) = E_0 e^{-jkx} \vec{e}_z} \quad \text{(Homogene ebene Welle)} \tag{2.78}$$

Den zeitabhängigen reellen Feldstärkeverlauf erhalten wir durch Multiplikation des Phasors mit dem Exponentialterm $e^{j\omega t}$ und anschließende Realteilbildung zu

$$\vec{E}(x,t) = E_0 \cdot \cos(\omega t - kx) \cdot \vec{e}_z \quad . \tag{2.79}$$

Bild 2.12a stellt die zeit- und ortsabhängige Größe für einen festen Zeitpunkt t_0 dar. Betrachtet man den Verlauf der Funktionen für eine *feste Zeit* in einer Art Schnappschuss, so erkennt man im Raum einen cosinusförmigen Verlauf, der periodisch ist. Die *räumliche Periode*, nach der sich alles wiederholt, ist die *Wellenlänge*. Betrachtet man den Verlauf der Funktionen jedoch an einem *bestimmten Ort* x_0 (Bild 2.12b), so erkennt man auch hier einen cosinusförmigen Verlauf, der periodisch ist. Die *zeitliche Periode*, nach der sich alles wiederholt, ist die *Periodendauer T*.

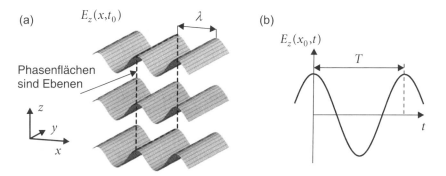

Bild 2.12 (a) Räumlicher Verlauf des elektrischen Feldes für einen ausgewählten Zeitpunkt t_0; Darstellung ebener Phasenflächen senkrecht zur Ausbreitungsrichtung; (b) zeitlicher Verlauf an einem festen Ort x_0

Die Größe k ist die *Wellenzahl* und berechnet sich aus der räumlichen Periode, also der *Wellenlänge* λ. Der *Wellenzahlvektor* entspricht vom Betrag der Wellenzahl und zeigt in Ausbreitungsrichtung der Welle. In unserem Beispiel also in x-Richtung.

$$\boxed{\vec{k} = k\vec{e}_x = \frac{2\pi}{\lambda}\vec{e}_x} \quad \text{(Wellenzahlvektor)} \tag{2.80}$$

Die Größe ω ist die *Kreisfrequenz* und berechnet sich aus der zeitlichen Periode, also der *Periodendauer* T mit

$$\omega = 2\pi f = \frac{2\pi}{T} \quad . \tag{2.81}$$

Kehren wir wieder zur Phasordarstellung des elektrischen Feldes in Gleichung (2.78) zurück und setzen diese in Gleichung (2.77) ein, so erkennen wir, dass offenbar gelten muss:

$$k^2 = \omega^2 \varepsilon\mu \quad . \tag{2.82}$$

Damit ergibt sich für die *Ausbreitungsgeschwindigkeit* die *Lichtgeschwindigkeit*, denn

$$\frac{\omega}{k} = \frac{\lambda}{T} = \frac{1}{\sqrt{\varepsilon\mu}} = c \quad . \tag{2.83}$$

Die Geschwindigkeit, mit der sich die Welle ausbreitet, ist

$$\boxed{c = \frac{\lambda}{T} = \lambda f = \frac{1}{\sqrt{\mu_0 \mu_r \varepsilon_0 \varepsilon_r}} = \frac{c_0}{\sqrt{\mu_r \varepsilon_r}}} \quad \text{(Ausbreitungsgeschwindigkeit)}. \tag{2.84}$$

Im Vakuum ist dies die *Lichtgeschwindigkeit* c_0:

$$\boxed{c_0 = \frac{1}{\sqrt{\mu_0 \varepsilon_0}} = 2,99792458 \cdot 10^8 \, \frac{\mathrm{m}}{\mathrm{s}} \approx 3 \cdot 10^8 \, \frac{\mathrm{m}}{\mathrm{s}}} \quad . \tag{2.85}$$

Die magnetische Feldstärke zur elektrischen Feldstärke in Gleichung (2.78) erhalten wir über die 2. Maxwellsche Gleichung (siehe Übung 2.5).

$$\boxed{\vec{H}(x) = -H_0 e^{-jkx} \vec{e}_y} \tag{2.86}$$

Falls sich die Welle in negative x-Richtung ausbreitet, so lauten die Zusammenhänge

$$\boxed{\vec{E}(x) = E_0 e^{jkx} \vec{e}_z} \quad \text{und} \quad \boxed{\vec{H}(x) = H_0 e^{jkx} \vec{e}_y} \, . \tag{2.87}$$

Das Verhältnis

$$Z_F = \frac{E_0}{H_0} = \sqrt{\frac{\mu_0 \mu_r}{\varepsilon_0 \varepsilon_r}} = Z_{F0} \sqrt{\frac{\mu_r}{\varepsilon_r}} \tag{2.88}$$

stellt den *Feldwellenwiderstand* dar. Dieser ist eine charakteristische Größe des Mediums, in dem sich die Welle bewegt. Für Vakuum (und näherungsweise Luft) ergibt sich der *Feldwellenwiderstand des freien Raumes* mit einem Wert von:

$$Z_{F0} = \sqrt{\frac{\mu_0}{\varepsilon_0}} = 120\pi\,\Omega \approx 377\,\Omega \, . \tag{2.89}$$

Homogene ebene Wellen können sich frei im Raum ausbreiten. Sie benötigen zu ihrer Ausbreitung keine Materie. Mit der Ausbreitung der Welle ist ein Energietransport verbunden. Der zeitliche Verlauf der Leistungsflussdichte S kann im Zeitbereich mit dem *Poynting-Vektor* berechnet werden.

$$\vec{S}(t) = \vec{E}(t) \times \vec{H}(t) \tag{2.90}$$

Der Poynting-Vektor zeigt in Ausbreitungsrichtung und gibt die pro Flächeneinheit transportierte Leistung an. Die Einheit ist $[S] = \text{W/m}^2$. Um den *Wirkleistungstransport* zu beschreiben, benötigt man den zeitlichen Mittelwert, der sich bei harmonischer Zeitabhängigkeit aus den Phasoren berechnen lässt.

$$\overline{\vec{S}(t)} = \overline{\vec{E}(t) \times \vec{H}(t)} = \text{Re}\left\{ \frac{1}{2} \vec{E} \times \vec{H}^* \right\} \tag{2.91}$$

Daher definiert man bei zeitharmonischen Größen einen komplexen Poynting-Vektor gemäß[3]:

$$\boxed{\vec{S} = \frac{1}{2} \vec{E} \times \vec{H}^*} \quad \text{(Komplexer Poynting-Vektor).} \tag{2.92}$$

Zum Schluss wollen wir noch einmal die wesentlichen Eigenschaften der homogenen ebenen Welle zusammenfassen:

1. Die elektrische Feldstärke E und die magnetische Feldstärke H sind *in Phase*, d.h. sie besitzen die gleiche Zeitabhängigkeit $\cos(\omega t - kx)$.

---

[3] Die Betrachtungen zum Poynting-Vektor erinnern stark an die aus den Grundlagen der Elektrotechnik bekannten Zusammenhänge bei der Leistungsdefinition. In Übung 2.5 werden diese Grundlagen aufgearbeitet.

2. Die elektrische Feldstärke E und die magnetische Feldstärke H sind *senkrecht zueinander* und auch *senkrecht zur Ausbreitungsrichtung*. (Es handelt sich um eine TEM-Welle (TEM: transversal elektromagnetisch).)

3. *Flächen konstanter Phase* sind *Ebenen* senkrecht zur Ausbreitungsrichtung und auf einer Phasenfläche ist der *Betrag* der Feldstärkewerte *konstant* (= homogen), daher auch der Name *homogene ebene Welle*.

Bild 2.13 zeigt anschaulich die Schwingungsebenen und die elektrischen und magnetischen Feldstärkevektoren zu einem festen Zeitpunkt ($t = t_0$).

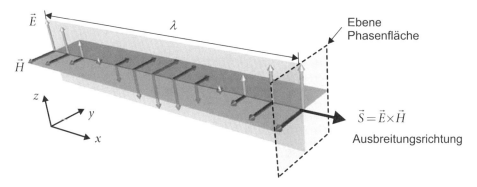

Bild 2.13 Darstellung der elektrischen und magnetischen Feldstärkevektoren zu einem festen Zeitpunkt

Homogene ebene Wellen, die den gesamten Raum ausfüllen, genügen zwar formal den Maxwellschen Gleichungen, können aber natürlich praktisch nicht erzeugt werden, denn dazu wäre unendlich viel Energie notwendig. In der Praxis haben sie aber eine hohe Bedeutung, wenn es darum geht, Wellenfelder im Fernfeld von Antennen kleinräumig zu beschreiben. Weit weg von der Quelle können die Wellenfelder als *lokal homogene ebene Wellen* angenommen werden.

2.5.2 Polarisation

Die Richtung des elektrischen Feldvektors bestimmt die *Polarisation* der elektromagnetischen Welle. Bei der homogenen ebenen Welle schwingt das elektrische Feld in einer Ebene, man spricht daher von *linearer Polarisation* (Bild 2.13 und Bild 2.14a).

Überlagern wir zwei homogene ebene Wellen mit gleicher Ausbreitungsrichtung, aber orthogonaler Orientierung des elektrischen Feldes, so kann es vorkommen, dass der Vektor des elektrischen Feldes nicht mehr nur in einer Ebene verläuft. Schauen wir uns die Fälle einmal im Einzelnen an. Dazu gehen wir zunächst von der Überlagerung der folgenden zwei homogenen ebenen Wellen aus.

$$\vec{E}_1(x) = E_1 e^{-j(kx+\varphi_1)}\vec{e}_y \tag{2.93}$$

$$\vec{E}_2(x) = E_2 e^{-j(kx+\varphi_2)}\vec{e}_z \tag{2.94}$$

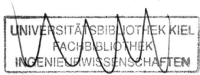

Das Gesamtfeld ist dann

$$\vec{E}(x) = \vec{E}_1(x) + \vec{E}_2(x) \tag{2.95}$$

und kann folgende Polarisationen annehmen [Gust06] [Kark10].

(a) Linear polarisierte Welle

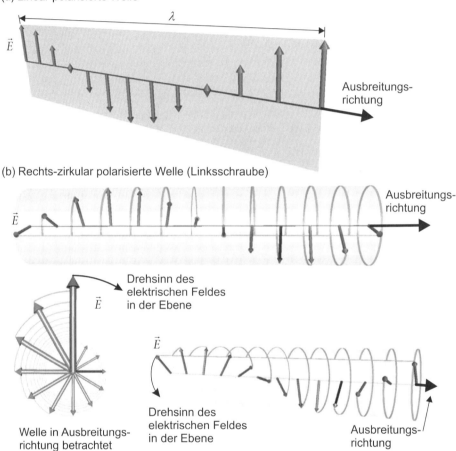

(b) Rechts-zirkular polarisierte Welle (Linksschraube)

Bild 2.14 Darstellung des elektrischen Feldes bei (a) einer linear polarisierten Welle und (b) einer zirkular polarisierten Welle zu einem festen Zeitpunkt t_0

Lineare Polarisation

Wenn die *Phasen* beider Wellen *gleich* sind ($\varphi_1 = \varphi_2$), so stellt sich wie im Falle einer einfachen homogenen ebenen Welle *lineare Polarisation* ein, d.h. der Vektor des elektrischen Feldes schwingt in einer Ebene. Die Richtung des Vektors ergibt sich aus der Summe der Vektoren, also $E_1\vec{e}_y + E_2\vec{e}_z$. Dieser Summenvektor spannt zusammen mit dem Vektor, der die Ausbreitungsrichtung angibt, eine Ebene auf, in der die elektrischen Feldvektoren liegen (siehe Bild 2.14a). Je nach Lage der Ebene im Raum spricht man auch von *vertikaler Polari-*

sation bei senkrecht orientierter Ebene bzw. von *horizontaler Polarisation* bei waagerecht liegender Ebene.

Zirkulare Polarisation

Wenn die Amplituden der beiden homogenen ebenen Wellen gleich sind ($E_1 = E_2$), aber die Phasen sich um 90° unterscheiden ($\varphi_1 = \varphi_2 \pm 90°$), so herrscht *zirkulare Polarisation* vor. Bei einer Momentaufnahme der elektrischen Feldstärkevektoren liegen diese auf der Mantelfläche eines Zylinders (siehe Bild 2.14b). Das elektrische Feld hat also eine konstante Amplitude, ändert aber ständig seine Richtung. Betrachten wir eine Ebene senkrecht zur Ausbreitungsrichtung, so dreht sich (in Ausbreitungsrichtung gesehen) der Vektor des elektrischen Feldes (je nachdem, ob die Phasendifferenz negativ oder positiv ist) rechts oder links herum im Kreis. Im Falle einer Drehung rechts herum (in Ausbreitungsrichtung gesehen) handelt es sich um *rechts-zirkulare Polarisation* (RHCP=*Right-Handed Circular Polarization*). Dreht sich der Feldstärkevektor links herum, so spricht man von *links-zirkularer Polarisation* (LHCP=*Left-Handed Circular Polarization*).

Elliptische Polarisation

Unterscheiden sich die Amplituden der beiden homogenen ebenen Wellen ($E_1 \neq E_2$), so handelt es sich um *elliptische Polarisation*. Bei einer Momentaufnahme der elektrischen Feldstärkevektoren liegen diese auf der Mantelfläche eines Körpers mit elliptischem Querschnitt.

Ist die Phasendifferenz – wie bei der zirkularen Polarisation – nach wie vor bei einem Wert von 90° ($\varphi_1 = \varphi_2 \pm 90°$), so fallen die Hauptachsen des elliptischen Querschnitts mit der *y*- bzw. *z*-Achse zusammen. Ist die Phasendifferenz ungleich 90°, so sind die Hauptachsen gedreht.

Je nach Vorzeichen der Phasendifferenz und damit des Drehsinns des elektrischen Feldes in der elliptischen Querschnittsebene können wir *rechts- und linksdrehende elliptische Polarisation* unterscheiden.

2.5.3 Reflexion und Brechung an ebenen Grenzflächen

Aus den Randbedingungen in Abschnitt 2.2.5 kann das Verhalten homogener ebener Wellen an ebenen dielektrischen Grenzflächen abgeleitet werden [Kark10]. Wir wollen die Ergebnisse hier übernehmen, weil wir in nachfolgenden Kapiteln die entsprechenden Zusammenhänge benötigen.

2.5.3.1 Senkrechter Einfall

Zunächst sehen wir uns den Spezialfall einer senkrecht auf eine Grenzschicht zweier Medien auftreffenden homogenen ebenen Welle an. Die Orientierungen der Felder sind in Bild 2.15 dargestellt.

Die einfallende Welle wird an der Grenzfläche mit dem Reflexionsfaktor r reflektiert und setzt sich mit dem Transmissionsfaktor t gewichtet hinter der Grenzschicht fort [Kark10]. Die Reflexions- und Transmissionsfaktoren setzen jeweils die elektrischen Feldanteile der reflektierten und transmittierten Feldanteile zur Amplitude des hinlaufenden elektrischen Feldanteils in Beziehung.

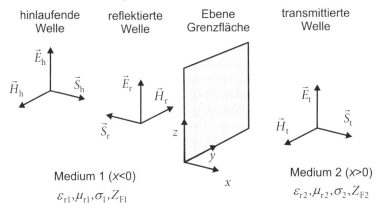

Bild 2.15 Senkrechter Einfall einer homogenen ebenen Welle auf eine Grenzschicht

$$r = \frac{E_r}{E_h} = \frac{Z_{F2} - Z_{F1}}{Z_{F2} + Z_{F1}} \quad \text{und} \quad t = \frac{E_t}{E_h} = \frac{Z_{F2}}{Z_{F2} + Z_{F1}} = 1 + r \tag{2.96}$$

Bei *verlustlosen* Materialien sind die Feldwellenwiderstände reell und es gilt

$$Z_{Fi} = \sqrt{\frac{\mu_0 \mu_{ri}}{\varepsilon_0 \varepsilon_{ri}}} = Z_{F0}\sqrt{\frac{\mu_{ri}}{\varepsilon_{ri}}} \in \mathbb{R} \quad \text{(Feldwellenwiderstand verlustloser Materialien)}.$$

Vor der Grenzfläche (in Medium 1) ergibt sich eine Überlagerung der hinlaufenden und der rücklaufenden Welle:

$$\vec{E}_1 = \underbrace{E_0 e^{-jkx} \vec{e}_z}_{\text{hinlaufend}} + \underbrace{r E_0 e^{jkx} \vec{e}_z}_{\text{reflektiert}} \quad \text{und} \quad \vec{H}_1 = \underbrace{-\frac{E_0}{Z_{F1}} e^{-jkx} \vec{e}_y}_{\text{hinlaufend}} + \underbrace{r \frac{E_0}{Z_{F1}} e^{jkx} \vec{e}_y}_{\text{reflektiert}}. \tag{2.97}$$

Hinter der Grenzfläche (in Medium 2) existiert eine transmittierte Welle.

$$\vec{E}_2 = \underbrace{t E_0 e^{-jkx} \vec{e}_z}_{\text{transmittiert}} \quad \text{und} \quad \vec{H}_2 = \underbrace{-t \frac{E_0}{Z_{F2}} e^{-jkx} \vec{e}_y}_{\text{transmittiert}} \tag{2.98}$$

Bei *verlustbehafteten* (leitfähigen) Materialien sind die Feldwellenwiderstände komplex und auch dann frequenzabhängig, wenn die Materialkenngrößen selbst nicht frequenzabhängig sind. Hier muss die elektrische Leitfähigkeit berücksichtigt werden.

$$Z_{Fi} = \sqrt{\frac{j\omega\mu_0\mu_{ri}}{\sigma_i + j\omega\varepsilon_0\varepsilon_{ri}}} \quad \text{(Feldwellenwiderstand verlustbehafteter Materialien)} \tag{2.99}$$

Beispiel 2.2 Reflexion und Transmission an einer ebenen dielektrischen Grenzschicht

In Bild 2.16a sind Reflexions- und Transmissionsfaktoren für den senkrechten Einfall einer homogenen ebenen Welle auf eine dielektrische Grenzschicht gezeigt. Es werden zwei Fälle betrachtet:

1. Die Welle fällt aus Richtung des Mediums 1 ein. Medium 1 besitzt die relative Dielektrizitätszahl $\varepsilon_{r1} = 1$. Die relative Permeabilitätszahl ε_{r2} des zweiten Mediums ist variabel und auf der x-Achse abgetragen. Die Kurven beginnen für $\varepsilon_{r2} = 1$ bei $r = 0$ und $t = 1$ und fallen dann ab. Mit zunehmendem Unterschied der Dielektrizitätszahlen steigt der Betrag des Reflexionsfaktors.
2. Nun fällt die Welle aus Richtung des Mediums 2 ein. Die Kurven beginnen wieder bei $r = 0$ und $t = 1$ und steigen dann an. Mit zunehmendem Unterschied der Dielektrizitätszahlen steigt der Betrag des Reflexionsfaktors.

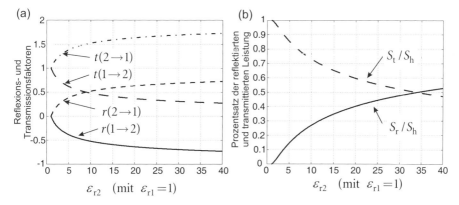

Bild 2.16 Reflexions- und Transmissionsfaktoren sowie Prozentsätze der Leistungsflussdichten beim senkrechten Einfall ($\varepsilon_{r1}=1$) (zu Beispiel 2.2)

Mit den einfallenden, reflektierten und transmittierten Wellen sind Leistungsflussdichten S_h, S_r und S_t verknüpft. In Bild 2.16b ist die auf die einfallende Welle normierte Leistungsflussdichte für unterschiedliche Werte von ε_{r2} dargestellt. Die Kurven beginnen für $\varepsilon_{r2} = 1$ bei $S_r/S_h = 0$ (keine reflektierte Welle) und $S_t/S_h = 1$ (volle Transmission). Die Kurven gelten für beide Einfallsrichtungen.

■

Beispiel 2.3 Senkrechter Einfall auf eine elektrische Wand (ideal leitender Halbraum)

Für den Fall des senkrechten Auftreffens auf einen ideal leitenden Halbraum ($\sigma_2 \to \infty$) ergibt sich ein Feldwellenwiderstand von $Z_{F2} = 0$ und damit ein Reflexionsfaktor von $r = -1$ sowie ein Transmissionsfaktor von $t = 0$. Das elektrische Feld hat an der Grenzfläche eine Nullstelle und das magnetische Feld erhält den doppelten Wert des einfallenden Feldes.

■

2.5.3.2   Schräger Einfall

Beim schrägen Einfall definiert man zunächst die Einfallsebene als die Ebene, die von der Flächennormale $\vec{n}$ und dem Wellenzahlvektor $\vec{k}$ der homogenen ebenen Welle aufgespannt wird. Die Welle wird in zwei linear polarisierte Anteile zerlegt [Zink00] [Geng98] [Kark10]: Beim ersten Anteil steht das elektrische Feld senkrecht ($\perp$) auf der Einfallsebene und beim zweiten Anteil liegt der elektrische Feldstärkevektor parallel ($\parallel$) zur Einfallsebene. Die beiden Anteile werden separat behandelt und anschließend wieder überlagert. Eine Definition der Richtungen ist in Bild 2.17 gegeben.

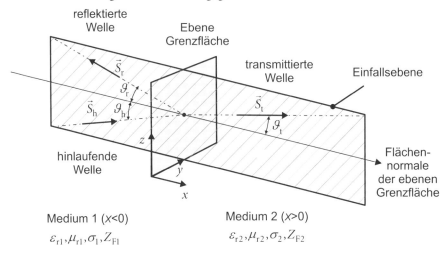

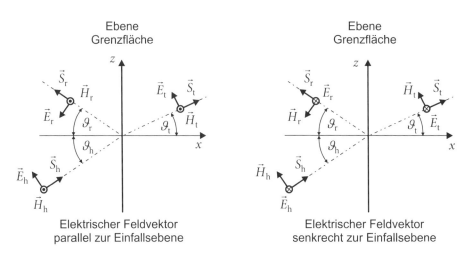

Bild 2.17 Schräger Einfall: Definition der Einfallsebene und Bezugsrichtungen für parallele und senkrechte Polarisation

Für die Winkel gelten die aus der Optik bekannten Zusammenhänge, die im Reflexions- und Brechungsgesetz ausgedrückt werden.

$$\boxed{\vartheta_h = \vartheta_r} \quad \text{und} \quad \boxed{\frac{\sin(\vartheta_h)}{\sin(\vartheta_t)} = \frac{n_2}{n_1} = \frac{\sqrt{\mu_{r2}\varepsilon_{r2}}}{\sqrt{\mu_{r1}\varepsilon_{r1}}}} \quad \text{(Reflexions- und Brechungsgesetz)} \quad (2.100)$$

Der Reflexionsfaktor für den Fall des senkrecht auf der Einfallsebene stehenden elektrischen Feldvektors lautet:

$$r_\perp = \frac{Z_{F2}\cos(\vartheta_h) - Z_{F1}\cos(\vartheta_t)}{Z_{F2}\cos(\vartheta_h) + Z_{F1}\cos(\vartheta_t)} \quad . \tag{2.101}$$

Der Transmissionsfaktor für den senkrechten Fall ist:

$$t_\perp = r_\perp + 1 = \frac{2Z_{F2}\cos(\vartheta_h)}{Z_{F2}\cos(\vartheta_h) + Z_{F1}\cos(\vartheta_t)} \quad . \tag{2.102}$$

Falls der elektrische Feldvektor innerhalb der Einfallsebene liegt (paralleler Fall) ist der Reflexionsfaktor gegeben mit:

$$r_\parallel = \frac{Z_{F2}\cos(\vartheta_t) - Z_{F1}\cos(\vartheta_h)}{Z_{F2}\cos(\vartheta_t) + Z_{F1}\cos(\vartheta_h)} \quad . \tag{2.103}$$

Für den Transmissionsfaktor gilt im parallelen Fall:

$$t_\parallel = \frac{Z_{F2}}{Z_{F1}}\left(1 - r_\parallel\right) = \frac{2Z_{F2}\cos(\vartheta_h)}{Z_{F2}\cos(\vartheta_t) + Z_{F1}\cos(\vartheta_h)} \quad . \tag{2.104}$$

Bild 2.18a zeigt den Einfall eines Wellenberges auf eine Grenzschicht. Der Vektor der elektrischen Feldstärke steht in dem Beispiel senkrecht zur Einfallsebene. An der Grenzschicht tritt Reflexion und Brechung auf. Im zweiten Medium breitet sich die Welle langsamer aus als im ersten Medium ($\varepsilon_{r1} < \varepsilon_{r2}$), woraus sich die Richtungsänderung der Welle im zweiten Medium ergibt.

Aus den Gleichungen (2.100) bis (2.104) können zwei technisch bedeutsame Sonderfälle abgeleitet werden [Kark10].

Sonderfall: Brewster-Winkel (Totaltransmission)

Wir betrachten eine dielektrische Grenzschicht mit dem Übergang von einem optisch dünneren zu einem optisch dichteren dielektrischen Medium ($\varepsilon_{r1} < \varepsilon_{r2}$; $\mu_{r1} = \mu_{r2} = 1$). Bei einem parallel zur Einfallsebene orientierten elektrischen Feldvektor verschwindet der Reflexionsfaktor $r_\parallel$ für einen Einfallswinkel von

$$\vartheta_{hB} = \arctan\left(\sqrt{\frac{\varepsilon_{r2}}{\varepsilon_{r1}}}\right) \quad \text{falls} \quad \varepsilon_{r1} < \varepsilon_{r2};\ \mu_{r1} = \mu_{r2} = 1 \quad \text{(Brewster-Winkel).} \tag{2.105}$$

Dieser Winkel wird als *Brewster-Winkel* bezeichnet. Die Welle wird in diesem Falle vollständig in das zweite Medium überführt (Totaltransmission).

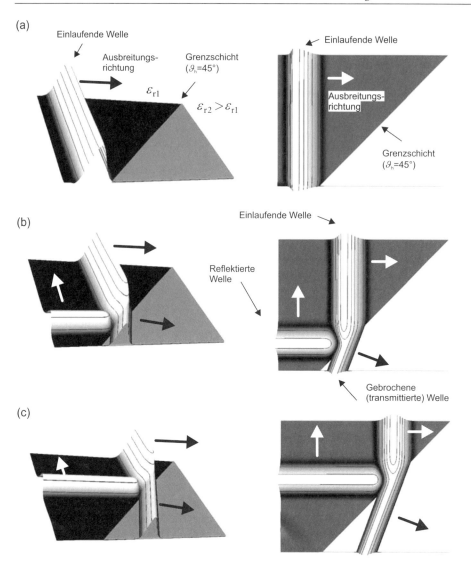

Bild 2.18 Reflexion und Brechung an einer Grenzschicht für den Fall $\varepsilon_{r1} < \varepsilon_{r2}$

Der Brewster-Winkel tritt bei dielektrischen Materialien nur beim Übergang vom optisch dünneren ins optisch dichtere Medium und nur bei parallel zur Einfallsebene verlaufendem elektrischen Feld auf.

Besteht das einfallende Feld aus der Überlagerung eines senkrechten und eines parallelen elektrischen Feldvektors, so tritt als reflektierter Anteil nur noch das senkrechte elektrische Feld auf. Auf diese Art kann aus einer elliptisch polarisierten einfallenden Welle nach der Reflexion eine linear polarisierte Welle gewonnen werden.

Sonderfall: Grenzwinkel der Totalreflexion

Wir betrachten – wie zuvor – eine dielektrische Grenzschicht, diesmal jedoch mit dem Übergang von einem optisch dichteren zu einem optisch dünneren dielektrischen Medium ($\varepsilon_{r1} > \varepsilon_{r2}$; $\mu_{r1} = \mu_{r2} = 1$). Nach dem Brechungsgesetz in Gleichung (2.100) ist der Transmissionswinkel ϑ_t immer größer als der Einfallswinkel ϑ_h. Für den Winkel

$$\vartheta_{hG} = \arcsin\left(\sqrt{\frac{\varepsilon_{r2}}{\varepsilon_{r1}}}\right) \text{ falls } \varepsilon_{r1} > \varepsilon_{r2}; \mu_{r1} = \mu_{r2} = 1 \text{ (Grenzwinkel der Totalreflexion)} \qquad (2.106)$$

wird der Transmissionswinkel ϑ_t gerade 90°. Die transmittierte Welle läuft also parallel zur Grenzschicht.

Eine mathematische Behandlung [Kark10] zeigt, dass es sich bei der Welle im zweiten Medium um eine *quer gedämpfte Welle* handelt, deren Amplitude quer zur Ausbreitungsrichtung (senkrecht zur Grenzschicht) exponentiell abfällt, die in Ausbreitungsrichtung (parallel zur Grenzschicht) jedoch keinen Amplitudenabfall und damit auch keine Dämpfung erfährt. Eine solche parallel zur Grenzschicht verlaufende Welle wird als *evaneszente Welle* bezeichnet. Da die Welle nicht weiter ins zweite Medium eindringt, spricht man auch von Totalreflexion und nennt den Winkel ϑ_{hG} *Grenzwinkel der Totalreflexion*. Er gilt gleichermaßen für senkrechte und parallele Orientierung des elektrischen Feldvektors relativ zur Einfallsebene. Für Einfallswinkel, die größer sind als dieser Grenzwinkel, liefert das Brechungsgesetz keine reellen Winkelwerte mehr, es tritt aber für diese Winkel ebenfalls das oben beschriebene Phänomen der Totalreflexion auf.

Die Totalreflexion bedeutet also nicht, dass es in dem zweiten Medium gar keine Wellenausbreitung gibt, sondern hier muss die evaneszente Welle ungestört ausbreitungsfähig sein. Damit dies möglich ist, muss bei praktischen Anwendungen die zweite Schicht eine ausreichende Dicke vorweisen.

Beispiel 2.4 Schräger Einfall

In Bild 2.19 sind die Reflexions- und Transmissionswinkel bei schrägem Einfall für den Fall vorgegebener relativer Dielektrizitätszahlen ($\varepsilon_{r1}=1$ und $\varepsilon_{r2}=6$ bzw. $\varepsilon_{r1}=6$ und $\varepsilon_{r2}=1$) gezeigt. Der Reflexionswinkel entspricht stets dem Einfallswinkel. Für den Übergang vom optisch dünneren Medium zum optisch dichteren Medium erfolgt die Brechung zum Lot, d.h. der Transmissionswinkel ist stets kleiner als der Einfallswinkel. Für den Übergang vom optisch dichteren Medium zum optisch dünneren Medium erfolgt die Brechung vom Lot weg, d.h. der Transmissionswinkel ist stets größer als der Einfallswinkel und erreicht irgendwann den Grenzwinkel der Totalreflexion. Für größere Winkel wird die Welle vollständig reflektiert und es existiert keine transmittierte Welle. Im zweiten Medium breitet sich lediglich eine evaneszente Welle aus.

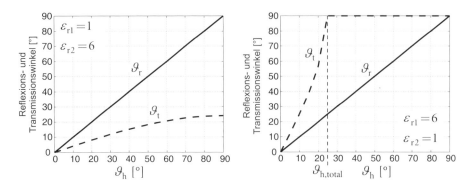

Bild 2.19 Reflexions- und Transmissionswinkel bei schrägem Einfall für das Beispiel 2.4 mit $\varepsilon_{r1}=1$ und $\varepsilon_{r2}=6$ bzw. $\varepsilon_{r1}=6$ und $\varepsilon_{r2}=1$

Für den Fall ($\varepsilon_{r1}=1$ und $\varepsilon_{r2}=6$) sind in Bild 2.20 die Reflexions- und Transmissionsfaktoren graphisch dargestellt. Unterschieden wird dabei je nach senkrechter und paralleler Orientierung des elektrischen Feldstärkevektors zur Einfallsebene. Für einen Einfallswinkel von $\vartheta = 0°$ (senkrechter Einfall) ergeben sich für die unterschiedlichen Orientierungen natürlich die gleichen Werte. Mit zunehmendem Einfallswinkel laufen sie auseinander. In dem Beispiel erkennen wir auch, dass bei Orientierung des elektrischen Feldes parallel zur Einfallsebene beim Brewster-Winkel der Reflexionsfaktor null ergibt.

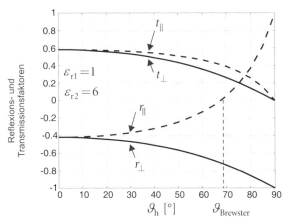

Bild 2.20 Reflexions- und Transmissionsfaktoren bei schrägem Einfall für das Beispiel 2.4 mit $\varepsilon_{r1}=1$ und $\varepsilon_{r2}=6$

2.5.4   Kugelwellen

Homogene ebene Wellen, die den *gesamten Raum* erfüllen, sind aufgrund der unendlichen Energie, die im Feld gespeichert ist, nicht möglich. Wellen, die sich *kugelförmig* ausbreiten und deren Feldamplitude hinreichend schnell abfällt, können jedoch im gesamten freien Raum existieren.

Befindet man sich sehr weit von einer endlich ausgedehnten Quelle entfernt, so kann man diese als punktförmig annehmen. Die von dieser Quelle auslaufenden Wellen haben (weit von der Quelle entfernt) immer einen Kugelwellencharakter, weisen also eine radiale Abhängigkeit mit dem Ausdruck

$$\boxed{g(r)=\frac{e^{-jkr}}{r}} \quad \text{(Skalarer Kugelwellenterm)} \tag{2.107}$$

auf. Mit zunehmender Entfernung nimmt der Betrag der Feldgröße umgekehrt proportional mit dem Radius ab und die Phase fällt linear mit wachsendem Abstand aufgrund der Laufzeit der Welle (Bild 2.21).

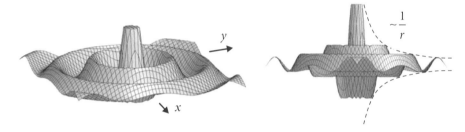

Bild 2.21 Amplitudenverlauf einer Kugelwelle in der *xy*-Ebene (Darstellung der Amplituden zu einem festen Zeitpunkt)

Im *Fernfeld* von realen Strahlungsquellen zeigt sich diese Abhängigkeit, wobei noch Abhängigkeiten von den Winkeln ϑ und φ hinzutreten [Kark10].

$$\vec{E}(r,\vartheta,\varphi)=\vec{E}_{\text{tr}}(\vartheta,\varphi)\cdot\frac{e^{-jkr}}{kr} \tag{2.108}$$

Der Term E_{tr} bezeichnet einen winkelabhängigen Term, wobei die Richtung hier immer *transversal* zur radialen Richtung steht. Bei Kugelwellen steht also das elektrische Feld auch immer senkrecht auf der Ausbreitungsrichtung. Für das magnetische Feld gilt der gleiche Zusammenhang, wobei der elektrische und magnetische Feldvektor senkrecht aufeinander stehen.

$$\vec{H}(r,\vartheta,\varphi)=\vec{H}_{\text{tr}}(\vartheta,\varphi)\cdot\frac{e^{-jkr}}{kr} \quad \text{mit} \quad \vec{E}_{\text{tr}} \perp \vec{H}_{\text{tr}} \tag{2.109}$$

Der komplexe Poynting-Vektor S, dessen Realteil den Wirkleistungstransport beschreibt, besitzt einen Amplitudenabfall mit dem Faktor $1/r^2$ und zeigt radial nach außen.

$$\vec{S}=\frac{1}{2}\vec{E}\times\vec{H}^{*}\sim\frac{1}{r^2}\vec{e}_r \tag{2.110}$$

Eine Kugeloberfläche um die Quelle weist aber nun gerade einen mit r^2 steigenden Wert auf: $O_{\text{Kugel}}=4\pi r^2$. Integriert man daher die Strahlungsleistungsflussdichte aus Gleichung (2.110) auf einer Kugeloberfläche, so sieht man, dass sich ein konstanter Wert für die durch die Oberfläche gehende Leistung P ergibt.

$$P = \oiint\limits_{A(\text{Kugel})} \vec{S} \cdot d\vec{A} = \text{const.} \tag{2.111}$$

Kugelwellen, die sich im freien Raum ausbreiten, stehen also nicht im Widerspruch zu einer endlichen Leistung, die bei realen Anwendungen naturgemäß gegeben ist. Die in Abschnitt 2.5.1 eingeführten homogenen ebenen Wellen können zwar aufgrund der dafür notwendigen unendlich großen Leistung nicht den gesamten Raum erfüllen. Jedoch hat man es in vielen Anwendungsfällen mit einer *lokalen* homogenen ebenen Welle zu tun. Bild 2.22 zeigt ein Feld mit radial von einer Quelle ablaufenden Wellen. Bei Betrachtung eines kleinräumigen Gebietes in größerer Entfernung von der Quelle ergibt sich näherungsweise das Verhalten einer homogenen ebenen Welle.

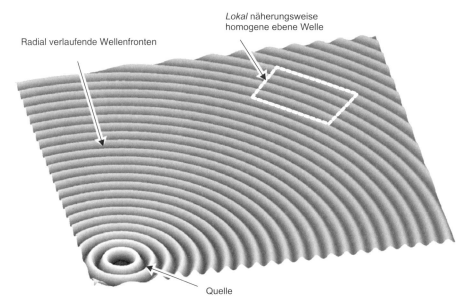

Bild 2.22 Kugelwelle und *lokale* homogene ebene Welle

In den Kapiteln über Funkfelder und Antennen werden wir dieser Abhängigkeit wieder begegnen.

2.6   Zusammenfassung

In Abschnitt 2.1 haben wir die wesentlichen Begriffe der Feldtheorie für den statischen Fall rekapituliert und ihre physikalische Bedeutung veranschaulicht. Wichtig war uns hierbei stets der Zusammenhang zwischen den *Feldgrößen* (wie elektrische Feldstärke E und magnetische Feldstärke H) und den *Netzwerkgrößen* (wie Spannung, Strom, Kapazität und Induktivität). Ergänzend haben wir eine anschauliche Interpretation der Differentialoperatoren Divergenz und Rotation als Quellen- und Wirbeldichte kennengelernt.

In Form der Maxwellschen Gleichungen aus Abschnitt 2.2 liegt uns eine mathematische Beschreibung für das Verhalten zeitvarianter elektromagnetischer Felder vor. Ergänzt werden diese um die Materialgleichungen und Randbedingungen für Materialübergänge. Dieses Instrumentarium erlaubt uns eine vollständige Beschreibung des elektromagnetischen Feldverhaltens für den makroskopischen Fall.

Lösungen der Maxwellschen Gleichung sind sehr schwierig zu finden. Für statische (zeitunabhängige) und quasistatische (langsam zeitveränderliche) Felder vereinfachen sich die Maxwellschen Gleichungen deutlich und damit auch ihre Lösbarkeit. Wie im Abschnitt 2.3 erläutert sind im Bereich der Hochfrequenztechnik diese Lösungen aber in der Regel nicht ausreichend und wir müssen die vollständigen Maxwellschen Gleichungen berücksichtigen.

Von besonderer Bedeutung sind hier zwei Phänomene: zunächst der in Abschnitt 2.4 abgeleitete Effekt der Stromverdrängung (Skineffekt) an die Oberfläche guter Leiter, sodann das Phänomen von sich ausbreitenden elektromagnetischen Wellen im freien Raum und auf Leitungen in Abschnitt 2.5. Mit der Wellenausbreitung auf Leitungen und den Konsequenzen für das Verhalten in Schaltungen wollen wir uns direkt im Anschluss in Kapitel 3 noch intensiv auseinandersetzen. Auf die Wellenausbreitung im freien Raum kommen wir in Kapitel 8 erneut zu sprechen.

Bei der Suche nach Lösungen von praktischen elektromagnetischen Feldproblemen erhält der Ingenieur heute Unterstützung durch kommerziell erhältliche und benutzerfreundliche *3D-EM-Simulationsprogramme*, die es unter einer CAD-Oberfläche erlauben, ein Modell des Problems zu erstellen und die mathematischen Näherungslösungen von geeigneten Algorithmen ermitteln zu lassen. Die Einsatzmöglichkeiten dieser Werkzeuge werden in Kapitel 6 bis 8 in Form von vielen Anwendungsbeispielen deutlich.

2.7 Übungsaufgaben

Übung 2.1

Gegeben ist eine Zweidrahtleitung aus zwei dünnen, unendlich langen und parallel verlaufenden Leitern im Abstand $d = 1$ cm. Die Ströme in jedem Leiter betragen $I_0 = 10$ mA und fließen in entgegengesetzter Richtung. Die Leiter verlaufen in y-Richtung und liegen in der Ebene $z = 0$.

a) Skizzieren Sie die Verteilung des magnetischen Feldes in einer Querschnittsebene.
b) Berechnen Sie die magnetische Feldstärke H auf der x-Achse.

Übung 2.2

Gegeben ist eine luftgefüllte Koaxialleitung mit folgenden Werten: Radius des Innenleiters $R_I = 2$ mm, innerer Radius des Außenleiters $R_A = 4$ mm und äußerer Radius des Außenleiters $R_0 = 5$ mm.

a) Berechnen Sie mit Hilfe des *Durchflutungsgesetzes* das magnetische Feld im Gleich-
   stromfalle ($f = 0$ Hz) im gesamten Raum. (Hinweis: Der Strom verteilt sich gleichmäßig über den Leiterquerschnitt.)

b) Berechnen Sie die Induktivität L_0 eines Leitungsstücks der Länge ℓ.

c) Berechnen Sie die Induktivität L_{HF} für den Hochfrequenzfall. Nehmen Sie hierzu an,
   dass der Strom nur auf dem Rand der Leiter in einer vernachlässigbar dicken Schicht
   (Skineffekt) fließt. Die Querabmessungen sollen weiterhin klein gegen die Wellenlänge sein.

Übung 2.3

Gegeben ist eine homogene ebene Welle (HEW), die sich in einem homogenen Dielektrikum ($\mu_r = 1$; $\varepsilon_r \neq 1$) ausbreitet. Die elektrischen und magnetischen Feldstärkevektoren lauten:

$$\vec{E}(x,t) = E_0 \cos(\omega t - kx)\vec{e}_y$$

$$\vec{H}(x,t) = 4\frac{A}{m}\cos(\omega t - kx)\vec{e}_z$$

mit $\omega = 2\pi 50\,\text{MHz}$ und dem Feldwellenwiderstand $Z_F = 300\,\Omega$.

a) Geben Sie die Amplitude E_0 der elektrischen Feldstärke an.

b) Bestimmen Sie die relative Dielektrizitätszahl ε_r des Mediums.

c) Wie groß ist die Wellenzahl k?

d) Berechnen Sie die Ausbreitungsgeschwindigkeit c der Welle.

Übung 2.4

Gegeben sei eine lange, mit einem magnetischen Material (relative Permeabilität
$\mu_r = 500$) gefüllte Zylinderspule (Länge $\ell = 7$ cm; Durchmesser $D = 0,2$ cm; Windungszahl $n = 100$), die vom Strom $I = 1$ A durchflossen werde. Es gelten die folgenden Annahmen: Das magnetische Feld im Innern der Zylinderspule sei konstant und verschwin-
de im Außenraum.

a) Berechnen Sie das magnetische Feld H_I im Innern der Zylinderspule.

b) Bestimmen Sie die gesamte magnetische Feldenergie W_m.

c) Geben Sie die Induktivität L der Spule an.

Übung 2.5

Gegeben ist der Vektor der elektrischen Feldstärke einer homogenen ebenen Welle mit

$$\vec{E}(x) = E_0 e^{-jkx}\vec{e}_z .$$

a) Berechnen Sie mit Hilfe der 2. Maxwellschen Gleichung den Vektor der magnetischen
   Feldstärke.

b) Berechnen Sie den Poynting-Vektor und geben Sie die durch eine Querschnittsfläche
   von $A = 1$ m² laufende Wirkleistung P an.

3   Leitungstheorie und Signale auf Leitungen

In diesem Kapitel leiten wir die wichtigen Beziehungen für die Beschreibung des elektrischen Verhaltens von Leitungen im Bereich der Hochfrequenztechnik her. Die mathematischen Zusammenhänge stellen wir bewusst ausführlich und anschaulich dar, da Leitungen wichtige Grundelemente der Hochfrequenztechnik sind. Wie wir in Kapitel 6 noch sehen werden, können mit Leitungen effizient und kostengünstig passive Anpassschaltungen, Koppler, Leistungsteiler und Filter realisiert werden.

Der Abschnitt 3.1 behandelt die Leitungstheorie, die eine sehr effiziente Darstellung von Leitungen für zeitharmonische Vorgänge liefert. In Abschnitt 3.2 ergänzen wir die gefundenen Zusammenhänge, um auch das Verhalten von Leitungen bei sprung- und impulsförmigen Anregungen zu verstehen.

3.1   Leitungstheorie

3.1.1   Strom- und Spannungswellen auf Leitungen

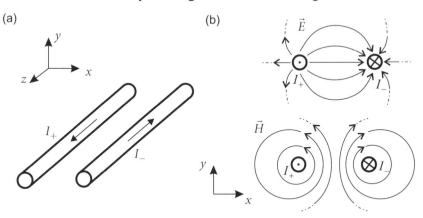

Bild 3.1 (a) Geometrie einer Paralleldrahtleitung und (b) Verteilung der transversalen elektrischen und magnetischen Feldstärke in einer Querschnittsebene

Wir wählen für unsere Betrachtungen eine Leitung, die aus einem Hin- und einem Rückleiter besteht und in einem homogenen Medium (zum Beispiel Luft) verläuft. Die Leitung sei ferner längshomogen, d.h. der Leitungsquerschnitt ändere sich über die Länge der Leitung nicht. Bild 3.1a zeigt als Beispiel einer solchen Leitung eine symmetrische Paralleldrahtleitung mit gegensinnig vom Strom durchflossenen Leitern. Zwischen den beiden Leitern bilden sich elektrische Felder aus und um die Leiter verlaufen magnetische Feldlinien.

Eine solche Leitung ist in der Lage, eine TEM-(Transversal-Elektromagnetische)-Welle zu führen [Zink00]. Die Welle enthält nur die in Bild 3.1b gezeigten *transversalen* Komponenten des elektrischen und magnetischen Feldes. Bei einer längshomogenen Zweileiteranordnung in einem homogenem Medium ist die TEM-Welle stets der Grund-Mode, der ab einer Frequenz von 0 Hz (Gleichstrom) ausbreitungsfähig ist.[1]

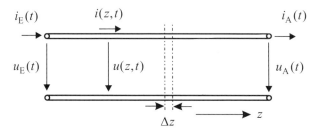

Bild 3.2 Definition von Strom und Spannung auf einer Leitung

Bild 3.2 zeigt die Festlegung zeitvarianter Ströme und Spannungen an Eingang (Index E) und Ausgang (Index A) der Leitung sowie an beliebigen Orten x längs der Leitung. Für die nachfolgenden Berechnungen werden wir auf die in der Wechselstromrechnung übliche Phasorschreibweise übergehen. Wir betrachten also eine harmonische Zeitabhängigkeit und beschreiben dies mathematisch durch komplexe Amplituden.

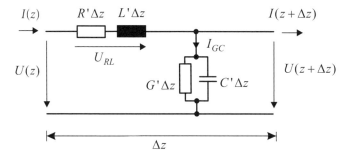

Bild 3.3 Ersatzschaltbild eines kurzen Leitungsstückes mit Leitungsbelägen

Ausgangspunkt unserer weiteren Überlegungen ist das *feldtheoretisch begründete* Ersatzschaltbild eines kurzen Leitungsstücks, wie es in Bild 3.3 gezeigt ist. Die beiden Leiter des Leitungsstücks werden gegensinnig vom Strom durchflossen und aufgrund des Durchflutungsgesetzes von einem magnetischen Feld umwirbelt. Die magnetische Feldenergie wird im Ersatzschaltbild durch eine Serien-Induktivität L berücksichtigt. Zwischen den Leitern existiert ein elektrisches Feld. Die elektrische Feldenergie berücksichtigen wir durch eine

---

[1] Abhängig von der Geometrie und den Materialeigenschaften existieren bei allgemeinen Zweileiteranordnungen weitere, sog. *höhere Wellentypen*, die auftreten können, falls die Querabmessungen der Leitung in die Größenordnung der Wellenlänge kommen und hier nicht betrachtet werden. Wir werden auf sie noch im Kapitel über Wellenleiter zu sprechen kommen.

Quer-Kapazität C. Die beiden Leiter der Leitung werden in der Realität aus einem Metall mit endlicher Leitfähigkeit bestehen und somit ohmsche Verluste aufweisen. Dies wollen wir im Ersatzschaltbild durch einen Serien-Widerstand R beschreiben. Ferner ist das homogene Füllmaterial der Leitung aufgrund von möglichen Leckströmen und dielektrischen Polarisationsverlusten verlustbehaftet. Daher führen wir einen Quer-Leitwert G ein.

Nun ist es unmittelbar einsichtig, dass alle vier Netzwerkelemente linear mit der Länge Δz des Leitungssegmentes ansteigen. Es ist daher sinnvoll, die oben eingeführten Schaltelemente auf die Länge des kurzen Leitungssegments zu beziehen, um damit längenunabhängige Kenngrößen zu erhalten. Diese sogenannten *Leitungsbeläge* lauten:

$$R' = \frac{R}{\Delta z} \qquad \text{(Widerstandsbelag} \leftrightarrow \text{ohmsche Verlustleistung im Leitermaterial)} \qquad (3.1)$$

$$L' = \frac{L}{\Delta z} \qquad \text{(Induktivitätsbelag} \leftrightarrow \text{magnetische Feldenergie)} \qquad (3.2)$$

$$G' = \frac{G}{\Delta z} \qquad \text{(Leitwertbelag} \leftrightarrow \text{dielektrische Verluste im homogenen Isolator)} \qquad (3.3)$$

$$C' = \frac{C}{\Delta z} \qquad \text{(Kapazitätsbelag} \leftrightarrow \text{elektrische Feldenergie).} \qquad (3.4)$$

3.1.2 Telegraphengleichung

Wir wollen nun sehen, welche Erkenntnisse sich aus dem Ersatzschaltbild in Bild 3.3 gewinnen lassen, und wenden die *kirchhoffschen Regeln* auf die Schaltung an. Mit der *Maschenregel* erhalten wir zunächst

$$U(z) = \underbrace{U_{RL}(z)}_{I(z)(R' + j\omega L')\Delta z} + U(z + \Delta z) \; . \qquad (3.5)$$

Wir stellen diese Gleichung um

$$\frac{U(z) - U(z + \Delta z)}{\Delta z} = I(z)(R' + j\omega L') \qquad (3.6)$$

und betrachten den Differenzenquotienten auf der linken Seite in Gleichung (3.6).

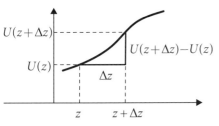

Bild 3.4 Zur Erläuterung von Differenzen- und Differentialquotient

Bild 3.4 zeigt graphisch, dass der Differenzenquotient gerade dem negativen Wert der mittleren Steigung der Funktion $U(z)$ zwischen den Orten z und Δz entspricht. Mit $\Delta z \rightarrow 0$ geht der Differenzenquotient nun über in den (negativen) Differentialquotienten (Ableitung) und wir erhalten als erstes wichtiges Zwischenergebnis die folgende Differentialgleichung.

$$-\frac{dU(z)}{dz} = I(z)\left(R' + j\omega L'\right) \tag{3.7}$$

Mit Hilfe der *Knotenregel* und dem Ersatzschaltbild in Bild 3.3 ergibt sich:

$$I(z) = \underbrace{I_{GC}(z)}_{U(z+\Delta z)(G'+j\omega C')\Delta z} + I(z+\Delta z) \quad . \tag{3.8}$$

Wir stellen auch diese Gleichung um

$$\frac{I(z) - I(z+\Delta z)}{\Delta z} = \underbrace{U(z+\Delta z)}_{\rightarrow U(z) \text{ für } \Delta z \rightarrow 0} \cdot \left(G' + j\omega C'\right) \tag{3.9}$$

und erhalten wie zuvor für $\Delta z \rightarrow 0$ aus dem Differenzenquotienten den (negativen) Differentialquotienten.

$$-\frac{dI(z)}{dz} = U(z)\left(G' + j\omega C'\right) \tag{3.10}$$

Wir wollen die Gleichungen (3.7) und (3.10) in einer Gleichung zusammenfassen. Hierzu lösen wir Gleichung (3.7) nach dem Strom $I(z)$ auf und setzen das Ergebnis

$$I(z) = -\frac{dU(z)}{dz} \cdot \frac{1}{R' + j\omega L'} \tag{3.11}$$

in Gleichung (3.10) ein. Es ergibt sich eine lineare, homogene Differentialgleichung 2. Ordnung, die *Telegraphengleichung*.

$$\boxed{\frac{d^2 U(z)}{dz^2} = U(z) \cdot \left(G' + j\omega C'\right)\left(R' + j\omega L'\right)} \quad \text{(Telegraphengleichung)} \tag{3.12}$$

Die beiden Klammerausdrücke, die die vier Ersatzschaltbildelemente L', C', R' und G' enthalten, fassen wir zu einer neuen Größe, der *Ausbreitungskonstanten* γ, zusammen:

$$\gamma^2 = \left(G' + j\omega C'\right)\left(R' + j\omega L'\right) \quad . \tag{3.13}$$

Die Ausbreitungskonstante ist eine komplexe Größe:

$$\boxed{\gamma = \alpha + j\beta = \sqrt{\left(G' + j\omega C'\right)\left(R' + j\omega L'\right)}} \quad \text{(Ausbreitungskonstante)} \tag{3.14}$$

wobei wir den Realteil als *Dämpfungskonstante* und dem Imaginärteil als *Phasenkonstante* bezeichnen.

$$\alpha = \text{Re}\{\gamma\} \quad \text{(Dämpfungskonstante)}^2 \tag{3.15}$$

$$\beta = \text{Im}\{\gamma\} \quad \text{(Phasenkonstante)} \tag{3.16}$$

---

[2] Die Dämpfungskonstante besitzt die Einheit 1/m bzw. Neper/m (unter Verwendung der Pseudo-Einheit Neper). In Datenblättern von realen Kabeln wird die Dämpfungskonstante meist in dB/m angegeben. Die Zahlenwerte lassen sich einfach ineinander umrechnen: 1/m=8,686 dB/m (siehe auch Anhang A).

Unter Verwendung der Ausbreitungskonstante können wir die Telegraphengleichung übersichtlicher schreiben:

$$\frac{d^2U(z)}{dz^2} - \gamma^2 U(z) = 0 \ .$$ (3.17)

Die Telegraphengleichung ist eine Differentialgleichung vom Typ einer eindimensionalen *Wellengleichung*, wie wir sie bereits im ersten Kapitel im Zusammenhang mit den Maxwellschen Gleichungen kennengelernt haben. Die Lösungen der Wellengleichung sind Spannungswellen, die sich sowohl in positiver als auch in negativer z-Richtung längs der Leitung ausbreiten können.

Im Allgemeinen gibt es also eine Überlagerung von *hinlaufenden* (Index h) und *rücklaufenden* (Index r) Spannungswellen auf der Leitung:

$$U(z) = U_h e^{-\gamma z} + U_r e^{\gamma z}$$ (3.18)

mit den komplexen Amplitudenfaktoren U_h und U_r.

$$U_h = |U_h| e^{j\varphi_h} \quad \text{und} \quad U_r = |U_r| e^{j\varphi_r}$$ (3.19)

Durch Einsetzen der beiden Terme in die Telegraphengleichung kann schnell gezeigt werden, dass sie tatsächlich Lösungen dieser Gleichung sind.

3.1.3 Spannungs- und Stromwellen auf Leitungen

Wir schauen uns den ersten der beiden Exponentialterme aus Gleichung (3.18) einmal genauer an, indem wir zunächst für die Ausbreitungskonstante γ, die Dämpfungskonstante α und die Phasenkonstante β einsetzen und dann die Spannung als physikalische Größe im Zeitbereich interpretieren.

$$U(z) = U_h \cdot e^{-\gamma z} = U_h \cdot e^{-\alpha z} e^{-j\beta z}$$ (3.20)

Hierzu müssen wir den Phasor mit der komplexen Exponentialfunktion $e^{j\omega t}$ multiplizieren und dann den Realteil bilden.

$$u(z,t) = \text{Re}\left\{ U(z)e^{j\omega t} \right\} = \text{Re}\left\{ |U_h| e^{j\varphi_h} e^{-\alpha z} e^{-j\beta z} e^{j\omega t} \right\}$$ (3.21)

Nach Realteilbindung erhalten wir die zeitabhängige Spannung mit

$$u(z,t) = |U_h| e^{-\alpha z} \cos\left(\omega t - \beta z + \varphi_h \right) \ .$$ (3.22)

In Gleichung (3.22) werden drei Ausdrücke multiplikativ miteinander verknüpft, die folgende Bedeutung besitzen:

$$|U_h| \hat{=} \text{reelle Amplitude}$$ (3.23)

$$e^{-\alpha z} \hat{=} \text{Dämpfungsterm}$$ (3.24)

$$\cos(\omega t - \beta z + \varphi_{\mathrm{h}}) \,\hat{=}\, \text{Welle, die in positiver } z\text{-Richtung fortschreitet.} \tag{3.25}$$

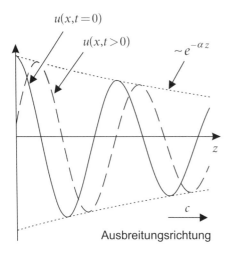

Bild 3.5 Räumlicher Verlauf der Welle zu den Zeitpunkten t_0=0 und t_1=T/4. (Der Nullphasenwinkel φ_{h} wurde für die Darstellung auf den Wert null gesetzt.)

Die Größe φ_{h} wird als *Nullphasenwinkel* bezeichnet und hängt von der Wahl des Zeitnullpunktes ab. Durch geeignete Wahl des Zeitnullpunktes können wir erreichen, dass der Nullphasenwinkel verschwindet. In Bild 3.5 ist der räumliche Verlauf der Spannung für zwei unterschiedliche Zeitpunkte und einen Nullphasenwinkel von null dargestellt. Es ergibt sich eine exponentiell gedämpfte Welle, die in positiver z-Richtung voranschreitet.

Die wichtigen Kenngrößen einer Welle und deren Zusammenhänge sind bereits aus dem ersten Kapitel bekannt und lauten:

$$\omega = 2\pi f = \frac{2\pi}{T} \quad \text{und} \quad \beta = \frac{2\pi}{\lambda} \tag{3.26}$$

mit der Kreisfrequenz ω, der Frequenz f, der Periodendauer T, der Phasenkonstante β und der Wellenlänge λ. (Die Phasenkonstante β entspricht der Wellenzahl k aus Kapitel 2.)

Die Ausbreitungsgeschwindigkeit (Phasengeschwindigkeit) der Welle können wir berechnen, indem wir uns ansehen, wie ein Wellenberg mit der Zeit fortschreitet. Ein Maximum zeichnet sich dadurch aus, dass das Argument der Cosinusfunktion den Wert Null beibehält. Unter Annahme eines verschwindenden Nullphasenwinkels erhalten wir:

$$\omega t - \beta z = 0 \ . \tag{3.27}$$

Wir lösen diese Gleichung nach der Ortskoordinate z auf,

$$z = \frac{\omega t}{\beta} \tag{3.28}$$

und erhalten die Geschwindigkeit, indem wir die Ortskoordinate z nach der Zeit t ableiten

$$v = c = \frac{dz}{dt} = \frac{\omega}{\beta} = \frac{\lambda}{T} = \lambda f \ . \tag{3.29}$$

Anschaulich bedeutet dies, dass in der Zeit T (Periodendauer) die Strecke λ (Wellenlänge) zurückgelegt wird. In der Zeit, in der an einem Ort eine Schwingung durchlaufen wird (zeitliche Periode), hat sich die Welle also um eine Wellenlänge weiterbewegt (räumliche Periode).

Die Ausbreitungsgeschwindigkeit der Spannungswelle entspricht der aus Kapitel 1 bekannten Ausbreitungsgeschwindigkeit homogener ebener Wellen und hängt vom (homogenen) Medium mit den Materialgrößen ε_r und μ_r zwischen den Leitern ab.

$$c = \frac{c_0}{\sqrt{\varepsilon_r \mu_r}} \quad \text{mit} \quad c_0 = \frac{1}{\sqrt{\varepsilon_0 \mu_0}} \approx 3 \cdot 10^8 \, \frac{\text{m}}{\text{s}} \tag{3.30}$$

Bislang haben wir uns den ersten der beiden Exponentialterme aus Gleichung (3.18) angesehen. Der zweite Term weist im Exponenten lediglich ein anderes Vorzeichen auf. Dies ändert die Ausbreitungsrichtung. Der zweite Term beschreibt also eine in negative z-Richtung laufende Welle.

> Als Lösung der Telegraphengleichung ergibt sich die Überlagerung gegenläufiger, exponentiell gedämpfter *Spannungswellen* (U_h = Amplitude der hinlaufenden Welle, U_r = Amplitude der rücklaufenden Welle). Die Ausbreitungskonstante γ beschreibt dabei die Dämpfung und Wellenlänge und ist eine wichtige *Leitungskenngröße*.

Nachdem wir nun die Zusammenhänge für *Spannungen* längs der Leitung ermittelt haben, wollen wir auch noch einen Blick auf den *Strom* werfen. Diesen können wir aus Gleichung (3.11) und dem allgemeinen Ansatz für die Spannung in Gleichung (3.18) berechnen.

$$I(z) = -\frac{dU(z)}{dz} \cdot \frac{1}{R' + j\omega L'} = -\frac{1}{R' + j\omega L'} \cdot \frac{d}{dz} \left(U_h e^{-\gamma z} + U_r e^{\gamma z} \right) \tag{3.31}$$

Wir erhalten

$$I(z) = -\frac{1}{R' + j\omega L'} \cdot \left[(-\gamma) U_h e^{-\gamma z} + \gamma U_r e^{\gamma z} \right] = \frac{\gamma}{R' + j\omega L'} \cdot \left[U_h e^{-\gamma z} - U_r e^{\gamma z} \right] \, . \tag{3.32}$$

Mit dem aus Gleichung (3.14) bekannten Zusammenhang

$$\gamma = \alpha + j\beta = \sqrt{(G' + j\omega C')(R' + j\omega L')} \tag{3.33}$$

können wir auch schreiben

$$I(z) = \underbrace{\sqrt{\frac{G' + j\omega C'}{R' + j\omega L'}}}_{1/Z_L} \cdot \left[U_h e^{-\gamma z} - U_r e^{\gamma z} \right] \, . \tag{3.34}$$

Den Kehrwert des Wurzelausdrucks wollen wir als neue Größe *Leitungswellenwiderstand* Z_L auffassen.

$$\boxed{Z_{\mathrm{L}} = \sqrt{\frac{R' + j\omega L'}{G' + j\omega C'}}} \quad \text{(Leitungswellenwiderstand)} \tag{3.35}$$

Damit erhalten wir insgesamt folgenden Verlauf von Strom- und Spannungswellen auf der Leitung:

$$U(z) = U_{\mathrm{h}} e^{-\gamma z} + U_{\mathrm{r}} e^{\gamma z} \tag{3.36}$$

$$I(z) \cdot Z_{\mathrm{L}} = U_{\mathrm{h}} e^{-\gamma z} - U_{\mathrm{r}} e^{\gamma z} \ . \tag{3.37}$$

Für den Spezialfall $U_{\mathrm{r}} = 0$, d.h. es breitet sich nur eine *rein fortschreitende* Welle aus, gilt der folgende Zusammenhang:

$$U(z) = I(z) \cdot Z_{\mathrm{L}} \ . \tag{3.38}$$

Wir können uns also folgenden Merksatz einprägen.

> Der *Leitungswellenwiderstand* Z_{L} gibt das Verhältnis von Spannung und Strom auf einer Leitung bei einer *rein fortschreitenden Welle* an. Neben der Ausbreitungskonstante ist der Leitungswellenwiderstand die zweite wichtige Leitungskenngröße.

3.1.4   Einseitig abgeschlossene Leitung

Der vorangegangene Abschnitt hat gezeigt, dass sich auf einer Leitung im Allgemeinen gegenläufige Wellen überlagern. Wir beschalten nun eine Leitung einseitig mit einer Abschlussimpedanz Z_{A} und versuchen einen Zusammenhang zwischen den Amplitudenfaktoren U_{h} und U_{r} der hin- und rücklaufenden Wellen zu ermitteln.

Bild 3.6 zeigt die beschaltete Leitung mit der Leitungslänge ℓ_{e}. Am Leitungsende befindet sich die Impedanz $Z_{\mathrm{A}} = U_0 / I_0$. Wir legen den Ursprung der Längskoordinate x an das Ende der Leitung[3] und definieren eine neue Laufvariable ℓ vom Ende der Leitung mit $\ell = -z$.

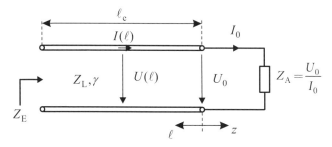

Bild 3.6 Leitung, die an ihrem Ende mit der Impedanz Z_{A} abgeschlossen ist

Betrachten wir die Spannung auf der Leitung, so gilt bekanntlich:

$$U(z) = U_{\mathrm{h}} e^{-\gamma z} + U_{\mathrm{r}} e^{\gamma z} \ . \tag{3.39}$$

---

[3] Dies ist die in der Literatur im Allgemeinen gewählte Festlegung (siehe [Zink00][Mein92][Heue09]) bei der Herleitung der Leitungstheorie.

Am Leitungsende $(z=-\ell=0)$ ist also:

$$U_0 = U(0) = U_h + U_r . \tag{3.40}$$

Für den Strom auf der Leitung gilt:

$$I(z) \cdot Z_L = U_h e^{-\gamma z} - U_r e^{\gamma z} . \tag{3.41}$$

Somit ist der Strom am Leitungsende

$$I_0 \cdot Z_L = I(0) \cdot Z_L = U_h - U_r . \tag{3.42}$$

Lösen wir Gleichung (3.40) nach U_h auf, so erhalten wir:

$$U_h = U_0 - U_r \quad . \tag{3.43}$$

Setzen wir dies in Gleichung (3.42) ein, so ergibt sich:

$$I_0 Z_L = U_0 - 2 U_r \quad . \tag{3.44}$$

Also erhalten wir für U_r

$$\boxed{U_r = \frac{1}{2}\left(U_0 - I_0 Z_L\right)} \text{ (Amplitude der rücklaufenden Welle)} \tag{3.45}$$

und für U_h

$$\boxed{U_h = \frac{1}{2}\left(U_0 + I_0 Z_L\right)} \text{ (Amplitude der hinlaufenden Welle).} \tag{3.46}$$

Aus Gleichung (3.45) kann man sich überlegen, für welchen Fall keine rücklaufende Welle ($U_r = 0$) existiert. Der Ausdruck in der Klammer wird null, falls das Verhältnis von Spannung und Strom am Leitungsende gerade dem Leitungswellenwiderstand Z_L entspricht.

$$U_0 - I_0 Z_L = 0 \quad \rightarrow \quad Z_L = \frac{U_0}{I_0} \overset{!}{=} Z_A \tag{3.47}$$

Das Verhältnis von Spannung und Strom am Leitungsende entspricht aber gerade der Abschlussimpedanz $Z_A = U_0/I_0$.

Falls der Abschlusswiderstand Z_A und der Leitungswellenwiderstand Z_L übereinstimmen, so existiert auf der Leitung eine rein fortschreitende Welle. Die Amplitude der rücklaufenden Welle verschwindet ($U_r = 0$).

Setzen wir nun die allgemeinen Ergebnisse für U_r und U_h in die Gleichung (3.39) ein und verwenden zudem die neue Koordinate $z = -\ell$, so erhalten wir

$$U(\ell) = U_h e^{\gamma \ell} + U_r e^{-\gamma \ell} = \frac{1}{2}\left(U_0 + I_0 Z_L\right)e^{\gamma \ell} + \frac{1}{2}\left(U_0 - I_0 Z_L\right)e^{-\gamma \ell} . \tag{3.48}$$

Wir sortieren die Gleichungsbestandteile um und nutzen die hyperbolischen Funktionen

$$U(\ell)=U_0\underbrace{\frac{1}{2}\left(e^{\gamma\ell}+e^{-\gamma\ell}\right)}_{\cosh(\gamma\ell)}+I_0Z_{\mathrm{L}}\underbrace{\frac{1}{2}\left(e^{\gamma\ell}-e^{-\gamma\ell}\right)}_{\sinh(\gamma\ell)}=U_0\cosh(\gamma\ell)+I_0Z_{\mathrm{L}}\sinh(\gamma\ell)\quad. \tag{3.49}$$

Entsprechend können die Gleichungen für U_{h} und U_{r} in die allgemeine Gleichung für den Strom eingesetzt werden.

$$I(\ell)\cdot Z_{\mathrm{L}}=U_{\mathrm{h}}e^{\gamma\ell}-U_{\mathrm{r}}e^{-\gamma\ell}=\frac{1}{2}\left(U_0+I_0Z_{\mathrm{L}}\right)e^{\gamma\ell}-\frac{1}{2}\left(U_0-I_0Z_{\mathrm{L}}\right)e^{-\gamma\ell} \tag{3.50}$$

Aufgelöst nach $I(\ell)$ ergibt sich

$$I(\ell)=\frac{U_0}{Z_{\mathrm{L}}}\underbrace{\frac{1}{2}\left(e^{\gamma\ell}-e^{-\gamma\ell}\right)}_{\sinh(\gamma\ell)}+I_0\underbrace{\frac{1}{2}\left(e^{\gamma\ell}+e^{-\gamma\ell}\right)}_{\cosh(\gamma\ell)}=I_0\cosh(\gamma\ell)+\frac{U_0}{Z_{\mathrm{L}}}\sinh(\gamma\ell). \tag{3.51}$$

Wir erhalten also für Strom und Spannung:

$$U(\ell)=U_0\cosh(\gamma\ell)+I_0Z_{\mathrm{L}}\sinh(\gamma\ell) \tag{3.52}$$

$$I(\ell)=I_0\cosh(\gamma\ell)+\frac{U_0}{Z_{\mathrm{L}}}\sinh(\gamma\ell). \tag{3.53}$$

Mit den beiden letzten Gleichungen ist es möglich – bei Kenntnis von Strom und Spannung am Ende der Leitung –, Strom und Spannung an jeder Stelle ℓ auf der Leitung zu berechnen.

3.1.5   Eingangsimpedanz einer abgeschlossenen Leitung

Wir sehen uns noch einmal das Bild 3.6 einer mit der Impedanz Z_{A} abgeschlossenen Leitung an. Bislang haben wir $U(\ell)$ und $I(\ell)$ in Abhängigkeit von U_0 und I_0 betrachtet. Nun berechnen wir die Eingangsimpedanz Z_{E}, indem wir die Formeln für $U(\ell)$ und $I(\ell)$ aus den Gleichungen (3.52) und (3.53) verwenden und für die Längenvariable ℓ die Gesamtlänge der Leitung ℓ_{e} einsetzen.

$$Z_{\mathrm{E}}=\frac{U(\ell_{\mathrm{e}})}{I(\ell_{\mathrm{e}})}=\frac{U_0\cosh(\gamma\ell_{\mathrm{e}})+I_0Z_{\mathrm{L}}\sinh(\gamma\ell_{\mathrm{e}})}{I_0\cosh(\gamma\ell_{\mathrm{e}})+\frac{I_0}{Z_{\mathrm{L}}}\sinh(\gamma\ell_{\mathrm{e}})} \tag{3.54}$$

Weiterhin nutzen wir aus, dass der Zusammenhang zwischen U_0 und I_0 über die Impedanz Z_{A} mit

$$Z_{\mathrm{A}}=\frac{U_0}{I_0} \tag{3.55}$$

gegeben ist.

$$Z_E = \frac{U_0}{I_0} \cdot \frac{\cosh(\gamma\ell_e) + \overbrace{\frac{I_0}{U_0} Z_L}^{1/Z_A} \sinh(\gamma\ell_e)}{\cosh(\gamma\ell_e) + \underbrace{\frac{U_0}{I_0 Z_L}}_{Z_A/Z_L} \sinh(\gamma\ell_e)} . \tag{3.56}$$

Somit erhalten wir also für die Eingangsimpedanz:

$$\boxed{Z_E = Z_A \cdot \frac{\cosh(\gamma\ell_e) + \frac{Z_L}{Z_A}\sinh(\gamma\ell_e)}{\cosh(\gamma\ell_e) + \frac{Z_A}{Z_L}\sinh(\gamma\ell_e)}} \quad \text{(Eingangsimpedanz verlustbehaftete Ltg.).} \tag{3.57}$$

> Die Eingangsimpedanz Z_E einer Leitung ist abhängig von der Abschlussimpedanz Z_A, der Leitungslänge und den Leitungskenngrößen Leitungswellenwiderstand Z_L und Ausbreitungskonstante γ.

Beispiel 3.1 Angepasst abgeschlossene Leitung

Der allgemeine Zusammenhang nach Gleichung (3.57) vereinfacht sich in der Praxis sehr häufig. Wie wir noch sehen werden, wird im Bereich der Hochfrequenztechnik der Abschlusswiderstand in der Regel gerade eben so gewählt, dass er mit dem Leitungswellenwiderstand der Leitung übereinstimmt, also gilt $Z_A = Z_L$. Man nennt dies eine *angepasst abgeschlossene* Leitung. Setzen wir $Z_A = Z_L$ in Gleichung (3.57) ein, so erkennen wir, dass der Eingangswiderstand Z_E gleich der Abschlussimpedanz $Z_A = Z_L$ und unabhängig von der Leitungslänge ℓ_e und der Ausbreitungskonstante γ ist. Es gilt also:

$$Z_E = Z_A = Z_L \quad \text{für beliebige Leitungslängen } \ell_e \tag{3.58}$$

Wir werden uns diesen wichtigen Fall im Zusammenhang mit verlustlosen Leitungen noch einmal genauer anschauen.

■

> Bei einer *angepassten Leitung* $(Z_A = Z_L)$ ist – unabhängig von der Leitungslänge – die Eingangsimpedanz Z_E gleich dem Leitungswellenwiderstand $(Z_E = Z_L)$. Dieser Fall tritt in der Hochfrequenztechnik häufig auf.

Beispiel 3.2 Elektrisch kurze Leitung

Ein zweiter Spezialfall ergibt sich für Leitungen, die kurz gegenüber der Wellenlänge sind $(\ell_e \ll \lambda)$. Dies ist bei niedrigen Frequenzen in der Regel der Fall. Der Faktor $\gamma\ell_e$ nimmt dann sehr kleine Werte an, so dass der Ausdruck $\cosh(\gamma\ell_e)$ gegen eins und der Term $\sinh(\gamma\ell_e)$ gegen null konvergieren. Setzen wir dies in Gleichung (3.57) ein, so erhalten wir wieder:

$$Z_E = Z_A \quad \text{für beliebige } Z_L \text{ und } \gamma \ . \tag{3.59}$$

■

Bei niedrigen Frequenzen und kurzen Leitungslängen (Leitungslänge ist deutlich kleiner als die Wellenlänge) muss man sich nicht mit der Leitungstheorie befassen, da in diesem Fall die Eingangsimpedanz Z_E gleich der Abschlussimpedanz Z_A ist, unabhängig von den Leitungskenngrößen Leitungswellenwiderstand Z_L und Ausbreitungskonstante γ.

3.1.6   Verlustlose Leitungen

In der Praxis können die meisten technisch relevanten Leitungen als in erster Näherung verlustfrei angesehen werden, so dass wir uns nun eingehender mit diesen idealisierten verlustlosen Leitungen auseinandersetzen wollen.

Verlustlosigkeit bedeutet, dass der ohmsche Widerstand im Leitermaterial und die dielektrischen Verluste vernachlässigt werden. Im Ersatzschaltbild (Bild 3.3) streichen wir daher $R'\Delta z$ und $G'\Delta z$. Der Widerstand $R'\Delta z$ geht gegen null. Der Leitwert $G'\Delta z$ wird ebenso null. Der entsprechende Impedanzwert wird unendlich groß und kann aufgrund der Parallelschaltung mit $C'\Delta z$ entfernt werden.

Die Ausbreitungskonstante vereinfacht sich dann zu

$$\gamma = \alpha + j\beta = \sqrt{\left(G' + j\omega C'\right)\left(R' + j\omega L'\right)} = j\omega\sqrt{L'C'} \tag{3.60}$$

und ist rein imaginär. Es gilt also:

$$\alpha = 0 \quad \text{und} \quad \beta = \omega\sqrt{L'C'} \ . \tag{3.61}$$

Bei einer verlustlosen Leitung verschwindet die Dämpfungskonstante und die Phasenkonstante ist proportional zur Kreisfrequenz ω.

Aus dem Wellenwiderstand wird

$$Z_L = \sqrt{\frac{R' + j\omega L'}{G' + j\omega C'}} = \sqrt{\frac{L'}{C'}} \ . \tag{3.62}$$

Bei einer verlustlosen Leitung ist der Leitungswellenwiderstand Z_L *rein reell* und *unabhängig von der Kreisfrequenz* ω.

Aus den Gleichungen (3.61) und (3.62) folgt, dass der Induktivitätsbelag L' und der Kapazitätsbelag C' voneinander abhängen. Wenn wir Gleichung (3.61) durch β dividieren und den Quotienten ω/β durch die Phasengeschwindigkeit ausdrücken, so erhalten wir:

$$\frac{\omega}{\beta} = \frac{\lambda}{T} = c = \frac{c_0}{\sqrt{\varepsilon_r \mu_r}} = \frac{1}{\sqrt{L'C'}} \ . \tag{3.63}$$

Lösen wir diese Gleichung nach L' auf und setzen sie in Gleichung (3.62) ein, so ergibt sich:

$$\boxed{Z_L = \sqrt{\frac{L'}{C'}} = \frac{\sqrt{\varepsilon_r \mu_r}}{c_0 C'}} \; . \tag{3.64}$$

Alternativ können wir Gleichung (3.63) nach C' auflösen und in Gleichung (3.62) einsetzen. In diesem Falle berechnen wir den Leitungswellenwiderstand mit:

$$\boxed{Z_L = \sqrt{\frac{L'}{C'}} = \frac{c_0 L'}{\sqrt{\varepsilon_r \mu_r}}} \; . \tag{3.65}$$

Der Leitungswellenwiderstand kann also alternativ über eine Messung oder Berechnung des Kapazitätsbelages oder des Induktivitätsbelages ermittelt werden, falls die relative Dielektrizitäts- und Permeabilitätszahl des verwendeten Materials bekannt sind.

Sehen wir uns weiterhin die Eingangsimpedanz bei einer mit der Impedanz Z_A abgeschlossenen Leitung an. Allgemein gilt für eine verlustbehaftete Leitung:

$$Z_E = Z_A \cdot \frac{\cosh(\gamma \ell_e) + \dfrac{Z_L}{Z_A} \sinh(\gamma \ell_e)}{\cosh(\gamma \ell_e) + \dfrac{Z_A}{Z_L} \sinh(\gamma \ell_e)} \; . \tag{3.66}$$

Wir können für eine rein imaginäre Ausbreitungskonstante $\gamma = j\beta$ die hyperbolischen Funktionen durch die trigonometrischen Funktionen ausdrücken. Es gilt

$$\cosh(\gamma \ell) = \cos(\beta \ell) \tag{3.67}$$

$$\sinh(\gamma \ell) = j \sin(\beta \ell) \tag{3.68}$$

wie wir schnell durch ein paar kurze Umformungen zeigen können. Die hyperbolischen Funktionen drücken wir dazu zunächst durch die komplexe Exponentialfunktion aus.

$$\cosh(x) = \frac{1}{2}\left(e^x + e^{-x}\right) \quad \text{und} \quad \sinh(x) = \frac{1}{2}\left(e^x - e^{-x}\right) \tag{3.69}$$

Weiterhin benötigen wir die *Eulersche Formel*.

$$e^{j\alpha} = \cos(\alpha) + j \sin(\alpha) \tag{3.70}$$

Somit können wir die Zusammenhänge in den Gleichungen (3.67) und (3.68) schnell herleiten:

$$\begin{aligned}
\cosh(j\beta \ell) &= \frac{1}{2}\left(e^{j\beta \ell} + e^{-j\beta \ell}\right) \\
&= \frac{1}{2}\left[\cos(\beta \ell) + j\sin(\beta \ell) + \cos(\beta \ell) - j\sin(\beta \ell)\right] = \cos(\beta \ell)
\end{aligned} \tag{3.71}$$

und

$$\sinh(j\beta\ell) = \frac{1}{2}\left(e^{j\beta\ell} - e^{-j\beta\ell}\right)$$

$$= \frac{1}{2}\left[\cos(\beta\ell) + j\sin(\beta\ell) - \cos(\beta\ell) + j\sin(\beta\ell)\right] = j\sin(\beta\ell) \quad . \tag{3.72}$$

Damit wird aus der Eingangsimpedanz:

$$Z_E = Z_A \cdot \frac{\cos(\beta\ell_e) + j\dfrac{Z_L}{Z_A}\sin(\beta\ell_e)}{\cos(\beta\ell_e) + j\dfrac{Z_A}{Z_L}\sin(\beta\ell_e)} \quad . \tag{3.73}$$

Unter Verwendung der Tangensfunktion erhalten wir:

$$\boxed{Z_E = Z_A \cdot \frac{1 + j\dfrac{Z_L}{Z_A}\tan(\beta\ell_e)}{1 + j\dfrac{Z_A}{Z_L}\tan(\beta\ell_e)}} \quad \text{(Eingangswiderstand einer verlustlosen Leitung)}. \tag{3.74}$$

Spannung und Strom auf der Leitung sind dann mit den Gleichungen (3.52) und (3.53):

$$U(\ell) = U_0\cos(\beta\ell) + jI_0 Z_L\sin(\beta\ell) \tag{3.75}$$

$$I(\ell) = I_0\cos(\beta\ell) + j\frac{U_0}{Z_L}\sin(\beta\ell) \quad . \tag{3.76}$$

3.1.7 Leitungen mit geringen Verlusten

Reale Leitungen können nur in erster Näherung und bei vergleichsweise kurzen Leitungslängen als verlustfrei betrachtet werden. Bei größeren Längen erwarten wir einen signifikanten Abfall der Spannung über der Leitung, wie dies in Bild 3.5 angedeutet ist. Die Größe, die die Amplitudenabnahme beschreibt, ist die Dämpfungskonstante α. Bei der nachfolgenden Untersuchung wird es uns also darum gehen, hier eine sinnvolle Abschätzung für diese Größe zu erhalten, mit der wir im nächsten Kapitel bei praktischen Leitungen Berechnungen durchführen können.

Wir wollen sehen, wie sich die Kenngrößen einer Leitung ändern, wenn wir *schwache Verluste* zulassen. Wir sprechen von geringen Verlusten, falls die Impedanzen bzw. Admittanzen der reaktiven Elemente L und C des Ersatzschaltbildes eines kurzen Leitungsstückes nach Bild 3.3 deutlich größer als die resistiven Elemente R und G sind.

$$|R'| \ll |j\omega L'| \quad \text{und} \quad |G'| \ll |j\omega C'| \tag{3.77}$$

Für den Leitungswellenwiderstand erhalten wir den bereits bei einer verlustlosen Leitung erzielten *reellen* Wert. Bei der verlustlosen Leitung gilt dieser Wert exakt, hier stellt er eine *ausreichend gute Näherung* dar, da der sich errechnende Imaginärteil klein ist.

$$Z_L = \sqrt{\frac{R' + j\omega L'}{G' + j\omega C'}} \approx \sqrt{\frac{L'}{C'}} \in \mathbb{R} \tag{3.78}$$

Bei der Ausbreitungskonstante γ wollen wir etwas genauer hinsehen, da wir für den Realteil, die Dämpfungskonstante α, eine sinnvolle Abschätzung suchen. Wir formen zunächst die Gleichung für γ um:

$$\gamma = \alpha + j\beta = \sqrt{(G' + j\omega C')(R' + j\omega L')} = j\omega\sqrt{L'C'}\sqrt{\left(1 + \frac{G'}{j\omega C'}\right)\left(1 + \frac{R'}{j\omega L'}\right)}$$

$$= j\omega\sqrt{L'C'}\sqrt{1 + \frac{G'}{j\omega C'} + \frac{R'}{j\omega L'} + \frac{G'R'}{j\omega C'\, j\omega L'}} \quad . \tag{3.79}$$

Die Brüche $G'/j\omega C'$ und $R'/j\omega L'$ unter dem großen Wurzelsymbol sind deutlich kleiner als eins. Der letzte Bruch, der aus dem Produkt der beiden vorgenannten Ausdrücke besteht, wird nochmals deutlich kleiner sein, so dass wir ihn vernachlässigen wollen.

$$\gamma = \alpha + j\beta \approx j\omega\sqrt{L'C'}\sqrt{1 + \frac{G'}{j\omega C'} + \frac{R'}{j\omega L'}} \tag{3.80}$$

Um Real- und Imaginärteil des Ausdrucks zu trennen, verwenden wir eine Näherung, die sich aus der Potenzreihenentwicklung der Wurzelfunktion [Bron08] ergibt:

$$\sqrt{1 \pm x} = 1 \pm \frac{x}{2} - \frac{x^2}{8} \pm \frac{x^3}{16} - \cdots \approx 1 \pm \frac{x}{2} \quad \text{falls} \quad |x| \ll 1 \quad . \tag{3.81}$$

Aus Gleichung (3.80) erhalten wir somit:

$$\gamma \approx j\omega\sqrt{L'C'}\left(1 + \frac{G'}{j\omega C'} + \frac{R'}{j\omega L'}\right) = j\underbrace{\omega\sqrt{L'C'}}_{\beta} + \underbrace{\frac{G'\sqrt{L'}}{2\sqrt{C'}} + \frac{R'\sqrt{C'}}{2\sqrt{L'}}}_{\alpha = \alpha_{\text{diel}} + \alpha_{\text{met}}} \quad . \tag{3.82}$$

Die Phasenkonstante ist gegenüber dem verlustlosen Fall unverändert:

$$\beta \approx \omega\sqrt{L'C'} \quad . \tag{3.83}$$

Für die Dämpfungskonstante können wir unter Verwendung des Leitungswellenwiderstandes aus Gleichung (3.78) schreiben:

$$\alpha \approx \alpha_{\text{diel}} + \alpha_{\text{met}} \approx \frac{G'Z_L}{2} + \frac{R'}{2Z_L} \quad . \tag{3.84}$$

Bei einer realen Leitung mit geringen Verlusten stellen der Leitungswellenwiderstand Z_L und die Phasenkonstante β der verlustlosen Leitung sinnvolle Näherungen dar. Die sich ergebende Dämpfungskonstante $\alpha = \alpha_{\text{diel}} + \alpha_{\text{met}}$ kann in zwei Anteile separiert werden, die einerseits die dielektrischen und andererseits die metallischen Verluste berücksichtigen.

3.1.8   Verschiedene Leitungsabschlüsse einer verlustlosen Leitung

3.1.8.1   Angepasste Leitung

Wir wählen nun als Leitungsabschluss einer verlustlosen Leitung gemäß Bild 3.7a eine Impedanz Z_A, die gerade dem Leitungswellenwiderstand Z_L entspricht ($Z_A = Z_L$). Setzen wir dies in die Gleichung (3.74) zur Berechnung des Eingangswiderstandes Z_E ein, so erhalten wir

$$Z_E = Z_A \cdot \frac{1 + j\dfrac{Z_L}{Z_A}\tan\left(\beta\ell_e\right)}{1 + j\dfrac{Z_A}{Z_L}\tan\left(\beta\ell_e\right)} = Z_A = Z_L \qquad \text{für beliebige Leitungslängen } \ell_e . \tag{3.85}$$

Dies entspricht dem aus Beispiel 3.1 bekannten Zusammenhang in Gleichung (3.58). Wir sprechen von einer *angepassten Leitung*.

Sehen wir uns weiterhin die Spannung $U(\ell)$ und den Strom $I(\ell)$ längs der Leitung an. Für das Verhältnis von Spannung zu Strom am Leitungsende gilt nach Gleichung (3.55) und der Voraussetzung $Z_A = Z_L$

$$Z_A = \frac{U_0}{I_0} \overset{!}{=} Z_L . \tag{3.86}$$

Nach Gleichung (3.75) gilt zunächst für die Spannung auf der Leitung

$$U(\ell) = U_0 \cos\left(\beta\ell\right) + j\underbrace{I_0 Z_L}_{U_0}\sin\left(\beta\ell\right) = U_0\left[\cos\left(\beta\ell\right) + j\sin\left(\beta\ell\right)\right] = U_0 e^{j\beta\ell} . \tag{3.87}$$

Dies ist eine in negative ℓ-Richtung (d.h. positive z-Richtung) fortschreitende *Spannungswelle*. Ebenso erhalten wir aus Gleichung (3.76) für den Strom

$$I(\ell) = I_0 \cos\left(\beta\ell\right) + j\underbrace{\frac{U_0}{Z_L}}_{I_0}\sin\left(\beta\ell\right) = I_0\left[\cos\left(\beta\ell\right) + j\sin\left(\beta\ell\right)\right] = I_0 e^{j\beta\ell} . \tag{3.88}$$

Dies ist eine in negative ℓ-Richtung (d.h. positive z-Richtung) fortschreitende *Stromwelle*.

Schauen wir uns die Beträge der Phasoren von Spannung und Strom auf der Leitung an, so erkennen wir, dass sie unabhängig vom Ort ℓ sind. Weiterhin ist die *Phase* von Strom und Spannung gleich und verläuft *linear ansteigend* mit der Längsvariablen ℓ bzw. *linear abfallend* mit der Längsvariablen z.

$$\left|U(\ell)\right| = U_0 = \text{const.} \quad \text{und} \quad \left|I(\ell)\right| = I_0 = \text{const.} \tag{3.89}$$

$$\sphericalangle U(\ell) = \sphericalangle I(\ell) = \beta\ell = -\beta z \tag{3.90}$$

Der konstante Verlauf des Betrages sowie der lineare Verlauf der Phase von Spannung und Strom sind in Bild 3.7 gezeigt.

In der Hochfrequenztechnik werden Leitungen sehr häufig *angepasst*, also mit ihrem Leitungswellenwiderstand abgeschlossen ($Z_A = Z_L$), betrieben. Der Eingangswiderstand ist dann gleich dem Leitungswellenwiderstand. Auf der Leitung existieren nur *rein fortschreitende Spannungs- und Stromwellen* vom Anfang zum Ende der Leitung. Es gibt keine rücklaufende Welle. Daher findet auch nur in einer Richtung Leistungstransport statt. Der *Betrag* von Strom und Spannung auf der Leitung ist *konstant*, die *Phase* läuft linear abfallend mit der Längsvariablen z (vom Anfang zum Ende der Leitung).

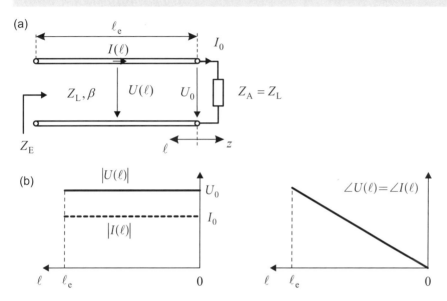

Bild 3.7 (a) Schaltung und (b) Verlauf des Betrages und der Phase von Spannung und Strom längs einer angepassten Leitung ($Z_A = Z_L$)

3.1.8.2 Kurzgeschlossene Leitung

Wir wählen nun als Leitungsabschluss einer verlustlosen Leitung gemäß Bild 3.8a einen Kurzschluss $Z_A = 0$. Setzen wir dies in die Gleichung (3.74) zur Berechnung des Eingangswiderstandes Z_E ein, so ist

$$Z_E = Z_A \cdot \frac{1 + j\dfrac{Z_L}{Z_A}\tan(\beta\ell_e)}{1 + j\dfrac{Z_A}{Z_L}\tan(\beta\ell_e)} = jZ_L\tan(\beta\ell_e) = jX_E, \tag{3.91}$$

d.h. die Eingangsimpedanz ist eine reine *Reaktanz*. Bild 3.8b zeigt den Verlauf des Imaginärteils der Eingangsimpedanz. Die Reaktanz verläuft abwechselnd zunächst durch einen positiven, dann durch einen negativen Bereich und so fort. Ist die Reaktanz größer null, so können wir die Eingangsimpedanz als Induktivität interpretieren, es ergibt sich ein *induktives Verhalten*.

$$Z_E = jX_E = j\omega L \tag{3.92}$$

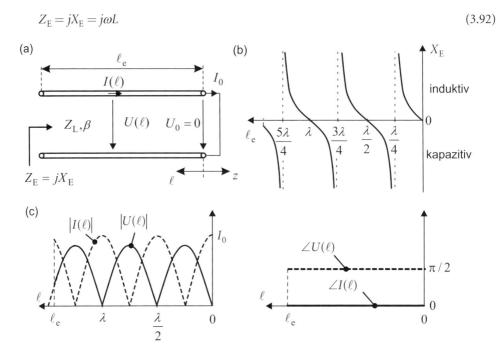

Bild 3.8 (a) Schaltung, (b) Imaginärteil der Eingangsimpedanz sowie (c) Verlauf des Betrages und der Phase von Spannung und Strom längs einer kurzgeschlossenen Leitung ($Z_A = 0$)

Ist die Reaktanz jedoch kleiner null, so können wir die Eingangsimpedanz als Kapazität interpretieren, es ergibt sich ein *kapazitives* Verhalten.

$$Z_E = jX_E = \frac{1}{j\omega C} = -j\frac{1}{\omega C} \tag{3.93}$$

Das Verhalten alterniert jeweils nach Vielfachen von Viertelwellenlängen. Für den Fall $0 < \ell < \lambda/4$ ist die Eingangsimpedanz induktiv, für $\lambda/4 < \ell < \lambda/2$ kapazitiv und so fort. Für $\ell = \lambda/4$ wird aus dem *Kurzschluss* gerade ein *Leerlauf* und für $\ell = \lambda/2$ erscheint am Eingang wieder ein Kurzschluss. Die Leitungslängen $\ell = \lambda/4$ und $\ell = \lambda/2$ haben noch eine spezielle Bedeutung, wie wir in den Abschnitten über Koppler und Filter erkennen werden.

Schließlich sehen wir uns Strom und Spannung auf der Leitung an. Nach Gleichung (3.75) gilt wegen des Kurzschlusses am Leitungsende ($U_0 = 0$):

$$U(\ell) = \underbrace{U_0 \cos(\beta\ell)}_{=0} + jI_0 Z_L \sin(\beta\ell) = jI_0 Z_L \sin(\beta\ell). \tag{3.94}$$

Entsprechend ergibt sich nach Gleichung (3.76) und $U_0 = 0$

$$I(\ell) = I_0 \cos(\beta\ell) + j\underbrace{\frac{U_0}{Z_L}}_{=0}\sin(\beta\ell) = I_0 \cos(\beta\ell). \tag{3.95}$$

Für die Spannungs- und Stromverteilung erscheint das Phänomen einer *stehenden Welle*. Der Betrag von Spannung und Strom ändert sich sinus- bzw. cosinusförmig. Spannung und Strom besitzen ortsfeste Minima und Maxima (Bild 3.8c). Der Abstand zweier Maxima oder zweier Minima beträgt eine halbe Wellenlänge. Aufgrund des Kurzschlusses hat die Spannung am Ende ein Minimum und der Strom ein Maximum.

> Die Eingangsimpedanz einer kurzgeschlossenen, verlustlosen Leitung ist rein reaktiv. Abhängig von der Leitungslänge ist das Verhalten induktiv oder kapazitiv. Auf der Leitung überlagern sich gegenläufige Wellen gleicher Amplitude zu einer *stehenden Welle*. Spannung und Strom sind räumlich um eine Viertelwellenlänge gegeneinander verschoben. Die Phasen von Strom und Spannung sind konstant und die Phasendifferenz zwischen Spannung und Strom beträgt 90°.

3.1.8.3 Leerlaufende Leitung

Als weiterer Leitungsabschluss einer verlustlosen Leitung sehen wir uns nun einen Leerlauf $Z_A \rightarrow \infty$ gemäß Bild 3.9a an. Setzen wir dies in die Gleichung (3.74) zur Berechnung des Eingangswiderstandes Z_E ein, so erhalten wir

$$Z_E = Z_A \cdot \frac{1 + j\dfrac{Z_L}{Z_A}\tan(\beta \ell_e)}{1 + j\dfrac{Z_A}{Z_L}\tan(\beta \ell_e)} = -jZ_L \cot(\beta \ell_e) = jX_E \ , \tag{3.96}$$

d.h. die Eingangsimpedanz ist – wie im Falle der kurzgeschlossenen Leitung – erneut rein reaktiv. Bild 3.9b zeigt den Verlauf des Imaginärteils der Eingangsimpedanz. Die Reaktanz verläuft abwechselnd zunächst durch einen negativen (kapazitiven), dann durch einen positiven (induktiven) Bereich.

Das Verhalten alterniert jeweils nach Vielfachen von Viertelwellenlängen. Für den Fall $0 < \ell < \lambda / 4$ ist die Eingangsimpedanz kapazitiv, für $\lambda / 4 < \ell < \lambda / 2$ induktiv und so fort. Für $\ell = \lambda / 4$ wird aus dem *Leerlauf* gerade ein *Kurzschluss* und für $\ell = \lambda / 2$ erscheint am Eingang wieder ein Leerlauf.

Abschließend betrachten wir noch Strom und Spannung auf der Leitung. Nach Gleichung (3.75) gilt wegen des Leerlaufes am Leitungsende ($I_0 = 0$):

$$U(\ell) = U_0 \cos(\beta \ell) + j\underbrace{I_0}_{=0} Z_L \sin(\beta \ell) = U_0 \cos(\beta \ell) \ . \tag{3.97}$$

Entsprechend ergibt sich nach Gleichung (3.76) und $I_0 = 0$:

$$I(\ell) = \underbrace{I_0}_{=0} \cos(\beta \ell) + j\frac{U_0}{Z_L}\sin(\beta \ell) = j\frac{U_0}{Z_L}\sin(\beta \ell). \tag{3.98}$$

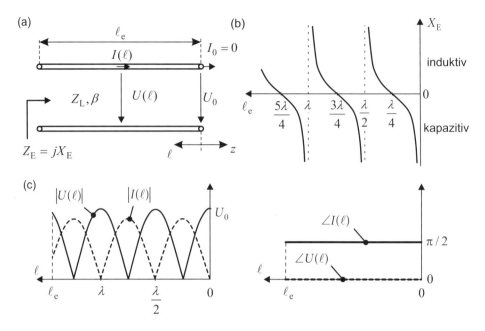

Bild 3.9 (a) Schaltung, (b) Imaginärteil der Eingangsimpedanz sowie (c) Verlauf des Betrages und der Phase von Spannung und Strom längs einer leerlaufenden Leitung ($Z_A \to \infty$)

Für die Spannungs- und Stromverteilung erscheint erneut das Phänomen einer *stehenden Welle*. Der Betrag von Spannung und Strom ändert sich sinus- bzw. cosinusförmig. Spannung und Strom besitzen ortsfeste Minima und Maxima. Der Abstand zweier Maxima oder zweier Minima beträgt eine halbe Wellenlänge. Aufgrund des Leerlaufes hat die Spannung am Ende ein Maximum und der Strom ein Minimum.

Die Eingangsimpedanz Z_E einer leerlaufenden, verlustlosen Leitung ist rein reaktiv. Abhängig von der Leitungslänge ist das Verhalten induktiv oder kapazitiv. Auf der Leitung überlagern sich gegenläufige Wellen gleicher Amplitude zu einer *stehenden Welle*. Spannung und Strom sind räumlich um eine Viertelwellenlänge gegeneinander verschoben. Die Phasen von Strom und Spannung sind konstant und die Phasendifferenz zwischen Spannung und Strom beträgt 90°.

3.1.8.4 Allgemeiner Abschluss

Für einen allgemeinen Leitungsabschluss ($Z_A = R_A + jX_A$) ergeben sich hin- und rücklaufende Spannungswellen unterschiedlicher Amplitude, so dass sich ein Spannungs- und Stromverlauf, wie er in Bild 3.10 gezeigt ist, einstellt.

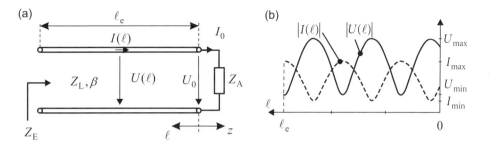

Bild 3.10 (a) Leitung mit allgemeinem Leitungsabschluss, (b) Spannung und Strom auf der Leitung

Ein wichtiges Maß für den Grad der Anpassung liefern die *Welligkeit s* bzw. der Anpassungsfaktor *m*. In der englischsprachigen Literatur wird die Welligkeit *s* auch als VSWR (*Voltage Standing Wave Ratio*) bezeichnet.

$$s = \text{VSWR} = \frac{|U_{max}|}{|U_{min}|} = \frac{|I_{max}|}{|I_{min}|} = \frac{1}{m} \tag{3.99}$$

3.1.9 Verlustlose Leitungen als Impedanztransformatoren

Mit Hilfe von verlustlosen Leitungen können sehr einfach Anpassschaltungen realisiert werden. Zwei Leitungslängen haben dabei eine besondere Bedeutung: die Viertelwellenlänge und die halbe Wellenlänge.

3.1.9.1 Der $\lambda/4$-Transformator

Für eine Leitung, die die Länge einer Viertelwellenlänge besitzt, gilt:

$$Z_E = Z_A \cdot \frac{1 + j\dfrac{Z_L}{Z_A}\tan(\beta\ell_e)}{1 + j\dfrac{Z_A}{Z_L}\tan(\beta\ell_e)} \quad \text{mit} \quad \beta\ell_e = \frac{2\pi}{\lambda}\cdot\frac{\lambda}{4} = \frac{\pi}{2} \ . \tag{3.100}$$

Da die Tangensfunktion an der Stelle $\pi/2$ singulär ist, wird aus der Eingangsimpedanz Z_E

$$Z_E = \frac{Z_L^2}{Z_A} \quad \text{bzw.} \quad Z_E Z_A = Z_L^2 \quad (\lambda/4\text{-Transformation}). \tag{3.101}$$

Beispiel 3.3 Impedanztransformation mit einer $\lambda/4$-Leitung

Um eine Abschlussimpedanz $Z_A = 200\,\Omega$ auf eine Eingangsimpedanz von $Z_E = 50\,\Omega$ zu transformieren, ist eine $\lambda/4$-lange Leitung mit einem Leitungswellenwiderstand von

$$Z_L = \sqrt{Z_E Z_A} = \sqrt{50\,\Omega \cdot 200\,\Omega} = 100\,\Omega \tag{3.102}$$

notwendig. Die Anpassung gilt natürlich exakt nur für die Frequenz, bei der die Leitung die Länge $\lambda/4$ besitzt!

■

3.1.9.2   Der $\lambda/2$-Transformator

Falls die Länge der Leitung gerade eben einer halben Wellenlänge entspricht, so gilt:

$$Z_{\mathrm{E}} = Z_{\mathrm{A}} \cdot \frac{1 + j\dfrac{Z_{\mathrm{L}}}{Z_{\mathrm{A}}}\tan\left(\beta\ell_{\mathrm{e}}\right)}{1 + j\dfrac{Z_{\mathrm{A}}}{Z_{\mathrm{L}}}\tan\left(\beta\ell_{\mathrm{e}}\right)} \quad \text{mit}\;\; \beta\ell_{\mathrm{e}} = \frac{2\pi}{\lambda}\cdot\frac{\lambda}{2} = \pi\,. \tag{3.103}$$

Da der Wert der Tangensfunktion an der Stelle π Null ist, erhalten wir für die Eingangsimpedanz Z_{E}

$$\boxed{Z_{\mathrm{E}} = Z_{\mathrm{A}}} \quad (\lambda/2\text{-Transformation}). \tag{3.104}$$

Diese Transformation wird auch als *Autotransformation* bezeichnet. Praktisch bedeutet dies, dass $\lambda/2$-lange Leitungsstücke mit beliebigem Leitungswellenwiderstand eingefügt werden können, ohne die Eingangsimpedanz zu verändern.

3.1.10   Reflexionsfaktor einer verlustlosen Leitung

Wir haben in den vorherigen Abschnitten gesehen, dass auf einer Leitung hin- und rücklaufende Wellen existieren. Es gilt für die Spannungswellen

$$U(\ell) = \underbrace{U_{\mathrm{h}}e^{j\beta\ell}}_{\substack{\text{hinlaufende}\\\text{Welle}}} + \underbrace{U_{\mathrm{r}}e^{-j\beta\ell}}_{\substack{\text{rücklaufende}\\\text{Welle}}} \tag{3.105}$$

mit

$$U_{\mathrm{h}} = \frac{1}{2}\left(U_0 + I_0 Z_{\mathrm{L}}\right) \stackrel{\triangle}{=} \text{Amplitude der hinlaufenden Welle} \tag{3.106}$$

$$U_{\mathrm{r}} = \frac{1}{2}\left(U_0 - I_0 Z_{\mathrm{L}}\right) \stackrel{\triangle}{=} \text{Amplitude der rücklaufenden Welle} \tag{3.107}$$

$$Z_{\mathrm{A}} = \frac{U_0}{I_0} \stackrel{\triangle}{=} \text{Abschlussimpedanz}\;. \tag{3.108}$$

Wir definieren nun eine neue Größe, den *Reflexionsfaktor am Ort ℓ*, als Verhältnis von reflektierter zu hinlaufender Welle (Bild 3.11):

$$\boxed{r(\ell) = \frac{U_{\mathrm{r}}e^{-j\beta\ell}}{U_{\mathrm{h}}e^{j\beta\ell}} = \frac{U_{\mathrm{r}}}{U_{\mathrm{h}}}e^{-j2\beta\ell}} \quad (\text{Reflexionsfaktor}). \tag{3.109}$$

Sehen wir uns den Reflexionsfaktor r_A am Ende der Leitung an ($\ell = 0$), so erhalten wir

$$r_A = \frac{U_0 - I_0 Z_L}{U_0 + I_0 Z_L} = \frac{U_0/I_0 - Z_L}{U_0/I_0 + Z_L} = \frac{Z_A - Z_L}{Z_A + Z_L} \ . \tag{3.110}$$

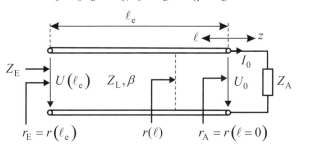

Bild 3.11 Reflexionsfaktoren auf einer verlustlosen Leitung

Für passive Abschlüsse gilt aufgrund der Energieerhaltung

$$|U_r| \leq |U_h| \quad \rightarrow \quad |r_A| \leq 1 \ . \tag{3.111}$$

Den Reflexionsfaktor am Leitungsanfang ($\ell = \ell_e$) erhalten wir mit

$$r_E = r(\ell_e) = \frac{U_r e^{-j\beta\ell_e}}{U_h e^{j\beta\ell_e}} = \frac{U_r}{U_h} e^{-j2\beta\ell_e} = r_A e^{-j2\beta\ell_e} \ . \tag{3.112}$$

Daraus ergeben sich folgende Zusammenhänge für den Reflexionsfaktor auf der Leitung:

- Der *Betrag* des Reflexionsfaktors längs der Leitung ist konstant $|r_E| = |r_A| = |r(\ell)|$.
- Die Leitung verursacht lediglich eine Phasendrehung um den Winkel φ mit:

$$\boxed{\varphi = -2\beta\ell_e = -4\pi\frac{\ell_e}{\lambda}}$$ (Phasendrehung des Reflexionsfaktors).

- Für passive Abschlüsse ($\mathrm{Re}\{Z_A\} \geq 0$) ist der Betrag des Reflexionsfaktors gleich oder kleiner eins ($|r_E| \leq 1$).

> Da der Reflexionsfaktor r eine komplexe Größe ist, kann er in der komplexen Ebene dargestellt werden. Passive Abschlüsse führen zu Reflexionsfaktoren innerhalb des Einheitskreises. Eine Veränderung des Ortes führt zu einer Drehung des Reflexionsfaktors um den Ursprung.

Verschieben wir den Reflexionsfaktor *vom Abschluss* (der Last Z_A) zum Eingang der Leitung (zur Quelle), so muss die Drehung im Uhrzeigersinn (mathematisch negativ) erfolgen. Bei einer Verschiebung von der Quelle zur Last geschieht die Drehung gegen den Uhrzeigersinn (mathematisch positiv).

Denken wir an die $\lambda/4$- und $\lambda/2$-Transformatoren, so ergeben sich für diese Längen:

$$\lambda/4 \rightarrow 2\beta\ell = 2\frac{2\pi}{\lambda}\cdot\frac{\lambda}{4} = \pi = 180° \rightarrow r_E = -r_A \tag{3.113}$$

$$\lambda/2 \rightarrow 2\beta\ell = 2\frac{2\pi}{\lambda}\cdot\frac{\lambda}{2} = 2\pi = 360° \rightarrow r_E = r_A\,. \tag{3.114}$$

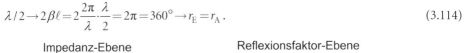

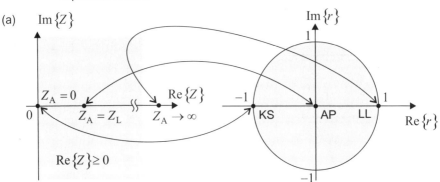

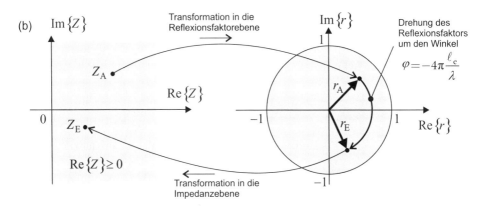

Bild 3.12 (a) Darstellung von Kurzschluss (KS: $Z_A=0$), Leerlauf (LL: $Z_A \rightarrow \infty$) und angepasstem Abschluss (AP: $Z_A=Z_L$) in der Impedanz- und Reflexionsfaktorebene. (b) Abschlussimpedanz Z_A wird in die Reflexionsfaktorebene überführt; Leitung bewirkt eine Drehung des Reflexionsfaktors r_A um den Winkel φ; der neue Reflexionsfaktor r_E wird in die Impedanzebene zurücktransformiert und liefert die Eingangsimpedanz Z_E.

Die $\lambda/4$-lange Leitung bewirkt also gerade eine Drehung um 180° bzw. einen Vorzeichenwechsel. Eine $\lambda/2$-lange Leitung führt den Reflexionsfaktor in der komplexen Ebene auf sich selbst zurück.

In der komplexen Reflexionsfaktorebene gibt es drei ausgezeichnete Punkte für die Abschlüsse Kurzschluss (KS), Leerlauf (LL) und Anpassung (AP).

$$\text{Kurzschluss}\,(Z_A=0)\,\rightarrow\, r_A = \frac{Z_A - Z_L}{Z_A + Z_L} = -1 \rightarrow \text{KS} \tag{3.115}$$

$$\text{Leerlauf}\,(Z_A \rightarrow \infty)\,\rightarrow\, r_A = 1 \rightarrow \text{LL} \tag{3.116}$$

$$\text{Anpassung}\,(Z_A = Z_L)\,\rightarrow\, r_A = 0 \rightarrow \text{AP} \tag{3.117}$$

Die entsprechenden Reflexionsfaktoren sind in Bild 3.12 eingezeichnet.

Ohne Ableitung soll hier noch ein wichtiger Zusammenhang zwischen dem Betrag des Reflexionsfaktors und der Welligkeit $s = $ VSWR angegeben werden.

$$|r| = \frac{s-1}{s+1} \quad \text{bzw.} \quad s = \frac{1+|r|}{1-|r|} \tag{3.118}$$

Da bei der Beschreibung der Anpassung beide Größen verwendet werden, ist die schnelle Umrechnung ineinander von hoher praktischer Bedeutung.

3.1.11 Smith-Chart-Diagramm

Im vorherigen Abschnitt haben wir gesehen, dass passive Abschlüsse Z_A zu Reflexionsfaktoren r_A im Inneren des Einheitskreises der komplexen Reflexionsfaktorebene führen. Die Abbildung zwischen der Abschlussimpedanz und dem Reflexionsfaktor hängt aber weiterhin vom Wert des Leitungswellenwiderstandes Z_L ab. Wir erreichen eine vom Leitungswellenwiderstand unabhängige Abbildung, wenn wir die Abschlussimpedanz auf den Leitungswellenwiderstand beziehen und eine normierte Impedanz z einführen.

$$r_A = \frac{Z_A - Z_L}{Z_A + Z_L} = \frac{z-1}{z+1} \quad \text{mit} \quad z = \frac{Z_A}{Z_L} \tag{3.119}$$

Eine gleichzeitige Darstellung des Reflexionsfaktors r und der normierten Impedanz z in einem Diagramm wird als *Smith-Chart* (in Widerstandsform) bezeichnet und ist in Bild 3.13a dargestellt. Um von der normierten Impedanz z wieder auf die Impedanz Z zurückrechnen zu können, muss die Bezugsimpedanz Z_L mit dem Smith-Chart angegeben sein.

Neben der Widerstandsform des Smith-Chart-Diagramms existiert auch noch eine Leitwertform (Bild 3.13b): Hierbei werden eine normierte Admittanz $y = Y / Y_L = Y \cdot Z_L$ und der Reflexionsfaktor r in einem Diagramm dargestellt [Mein92]. Um praktisch mit dem Smith-Chart zu arbeiten, ist die gleichzeitige Darstellung der Impedanzen und Admittanzen von Vorteil, da hier ein Arbeiten mit Parallel- und Serienschaltungen direkt möglich ist. Um dabei die Übersicht nicht zu verlieren, empfiehlt sich die farbliche Unterscheidung der übereinander gelegten Diagramme.

Historisch hat das Smith-Chart eine große Bedeutung als graphisches Werkzeug für die Berechnung einfacher Anpassschaltungen und Leitungstransformationen. Bei ausreichender Erfahrung stellt das Smith-Chart ein sehr leistungsfähiges Werkzeug dar, welches den Ingenieur von den komplexwertigen mathematischen Berechnungen entlastet und ihm stattdessen einen übersichtlichen graphisch orientierten Zugang bietet. Free- und Sharewaretools im Internet (z.B. [Dell10]) erlauben eine komfortable, übersichtliche und rechnerunterstützte Arbeitsweise mit dem Smith-Chart.

Heute wird das Smith-Chart aber vor allem zur *Darstellung* von Reflexionsfaktoren verwendet. Komplexe Berechnungen finden heute in der Regel über Schaltungssimulatoren statt.

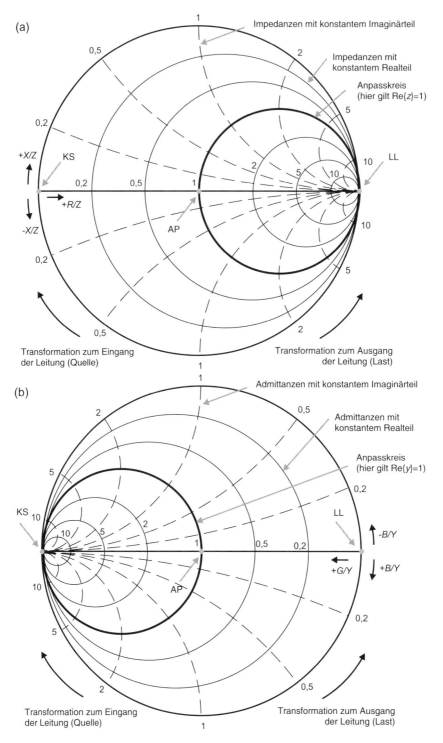

Bild 3.13 Aufbau des Smith-Chart-Diagramms mit der Lage von Anpasspunkt (AP), Leerlaufpunkt (LL) und Kurzschlusspunkt (KS): (a) Widerstandsform und (b) Leitwertform

Wir werden in Kapitel 6 noch auf diese Softwarewerkzeuge eingehen. In den folgenden Beispielen wollen wir aber einige grundsätzliche Zusammenhänge nachvollziehen.

Beispiel 3.4 $\lambda/4$-Transformator

Wir betrachten das Beispiel des $\lambda/4$-Transformators aus Abschnitt 3.1.9.1, bei dem wir einen 200-Ω-Abschlusswiderstand über eine Leitung mit dem Leitungswellenwiderstand von 100 Ω auf eine Eingangsimpedanz von 50 Ω transformiert haben. Sehen wir uns an, wie sich die Transformation im Smith-Chart darstellt.

Wir normieren zunächst den Abschlusswiderstand auf den Wert des Leitungswellenwiderstandes $Z_{L1} = 100\ \Omega$ und erhalten so die normierte Impedanz $z_{A1} = 200/100 = 2$. Wir tragen diesen Punkt (1) ins Smith-Diagramm ein (Bild 3.14) und drehen ihn um 180° im Uhrzeigersinn ($\lambda/4 = 180°$). Als neue normierte Impedanz am Anfang der Leitung erhalten wir Punkt (2) mit $z_{E1} = 0,5$. Entnormieren wir diesen Wert, so wird die Eingangsimpedanz $Z_E = z_{E1} \cdot Z_L = 0,5 \cdot 100\ \Omega = 50\ \Omega$.

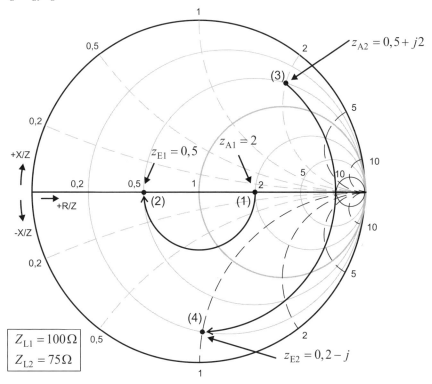

Bild 3.14 Visualisierung des Lösungsweges im Smith-Diagramm für Beispiel 3.4 und Beispiel 3.5

Beispiel 3.5 Allgemeine Impedanztransformation über eine Leitung

In diesem Beispiel sehen wir uns eine Leitung mit der Länge $l_e/\lambda = 0{,}194$ und dem Leitungswellenwiderstand $Z_L = 75\ \Omega$ an. Wir ermitteln die Eingangsimpedanz Z_E für eine komplexe Abschlussimpedanz $Z_A = (37{,}5+j150)\ \Omega$. (Den Konstruktionsweg über das Smith-Diagramm vergleichen wir mit der komplexen Rechnung über die Gleichung (3.74) in Übung 3.1).

Wir konstruieren die Lösung über das Smith-Chart, indem wir zunächst die Abschlussimpedanz normieren zu $z_{A2} = 0{,}5+j2$ und ins Diagramm als Punkt (3) eintragen (Bild 3.14). Dieser Punkt muss um den Winkel[4] $|\varphi| = 4\pi\ l_e/\lambda = 2{,}4378\ldots \approx 139{,}68°$ im Uhrzeigersinn gedreht werden und liefert Punkt (4). Diesen Punkt lesen wir ab mit $z_{E2} \approx 0{,}2-j$ und erhalten $Z_E = z_{E2} \cdot Z_L = (0{,}2-j)\cdot 100\ \Omega = (15-j75)\ \Omega$.

∎

Beispiel 3.6 Einfache Anpassschaltung mit Leitung und Serienreaktanz

Als letztes Beispiel vollziehen wir eine einfache Anpassungsaufgabe nach. Gegeben sei die in Bild 3.15 dargestellte Schaltung. Die Abschlussimpedanz $Z_A = (25-j25)\ \Omega$ soll über eine Leitung mit dem Wellenwiderstand von $Z_L = 50\ \Omega$ und der Serienschaltung eines reaktiven Bauteils X_S an die Impedanz $Z_E = 50\ \Omega$ angepasst werden. Die Leitungslänge ℓ_e und der Wert sowie die Art des reaktiven Bauteils sind für eine Frequenz von $f = 1$ GHz zu bestimmen.

Zunächst einmal tragen wir die normierte Abschlussimpedanz $z_A = 0{,}5-j0{,}5$ als Punkt (1) in das Smith-Diagramm (Bild 3.15) ein. Über die Leitung drehen wir den Punkt (1) um den Ursprung, bis wir den *Anpasskreis* erreichen. Hierfür gibt es zwei Möglichkeiten:

- Erste Möglichkeit: Wir drehen den Punkt (1) auf einem Kreis um den Ursprung, bis wir den Anpassungskreis und damit Punkt (2) erhalten. Es ergibt sich ein Drehwinkel von 180°, bzw. die Leitung hat eine Länge von einer Viertelwellenlänge. Die normierte Impedanz an Punkt (2) ist $z = 1+j$. Um den Anpassungspunkt (4) zu erreichen, benötigen wir eine normierte Serienimpedanz $z = -j$, entnormiert ergibt dies einen Wert von $Z = -j50\ \Omega$. Dies lässt sich durch eine Kapazität realisieren. Mit $-j50\ \Omega = -j/(\omega C)$ gilt $C \approx 3{,}2$ pF.
- Zweite Möglichkeit: Wir drehen den Punkt (1) auf einem Kreis um den Ursprung, bis wir den Anpassungskreis in Punkt (3) erhalten. Der Drehwinkel beträgt 307°, bzw. die Leitung hat eine Länge von $0{,}426\ \lambda$. Die normierte Impedanz an Punkt (3) ist $z = 1-j$. Um den Anpassungspunkt (4) zu erreichen, benötigen wir eine normierte Serienimpedanz $z = +j$, entnormiert ergibt dies einen Wert von $Z = j50\ \Omega$. Dies lässt sich durch eine Induktivität realisieren. Mit $j50\ \Omega = j\omega L$ gilt $L \approx 8$ nH.

Anpassschaltungen werden detailliert noch in Kapitel 6 beschrieben.

---

[4] Standardisierte Smith-Diagramme in gedruckter Form erlauben direkt die Verwendung der Größe l_e/λ zur Drehung, da sie über eine entsprechende Skala in Umfangsrichtung verfügen.

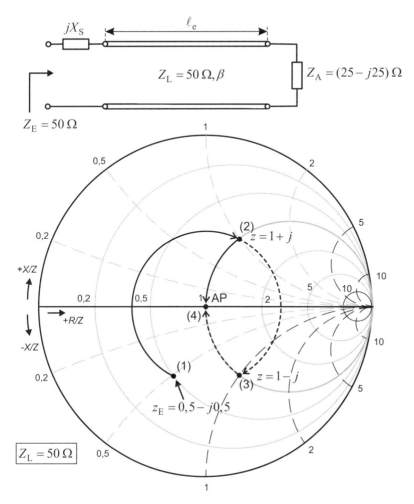

Bild 3.15 Visualisierung des Lösungsweges im Smith-Diagramm für Beispiel 3.6 zur Impedanzanpassung

3.2 Zeitsignale auf Leitungen

In den bisherigen Ableitungen sind wir von harmonischen Signalen ausgegangen. Dies ist eine Betrachtung des eingeschwungenen Zustandes, in dem ein Signal dauerhaft anliegt. Mit den zuvor abgeleiteten allgemeinen Zusammenhängen der Leitungstheorie können auch impulsförmige Vorgänge – wie sie zum Beispiel in der Digitaltechnik vorkommen – behandelt werden. Wir müssen dazu das Zeitsignal in seine spektralen Anteile zerlegen. Bei periodischen Signalen erreichen wir dies durch eine Fourierreihenentwicklung und bei nichtperiodischen Signalen durch die Fouriertransformation. Da eine Leitung ein lineares System ist, können wir die einzelnen Frequenzanteile unabhängig voneinander betrachten und die Ergebnisse durch Superposition zusammenführen.

Bei der Behandlung impulsförmiger Vorgänge auf Leitungen können wir die Signale aber auch direkt im Zeitbereich verfolgen [Hilb81] [Hert04]. Wir wollen im Folgenden die Ausbreitung sprungförmiger und rechteckförmiger Signale betrachten. Die Rechteckfunktion lässt sich als Überlagerung von zwei Sprungfunktionen darstellen. Daher wollen wir mit der Sprungfunktion beginnen.

3.2.1   Sprungförmige Signale

Als Zeitsignal wählen wir zunächst die *Sprungfunktion s(t)*

$$s(t) = \begin{cases} 0 \text{ , für } t < 0 \\ 1 \text{ , für } t \geq 0 \end{cases}. \tag{3.120}$$

Bild 3.16 zeigt den Verlauf der Sprungfunktion. Den Übergang vom Wert Null zum Wert Eins im Sprungzeitpunkt $t = 0$ zeichnen wir vereinfachend durch eine senkrechte Linie ein. Dies ist zwar nicht die mathematisch formal korrekte Darstellungsweise, aus ingenieurmäßiger Sicht aber zeichnerisch effizienter und ausreichend genau, solange wir uns nicht im Detail für den Sprungmoment interessieren.

Bild 3.16 Sprungfunktion *s(t)*

3.2.1.1   Angepasste Quelle und angepasster Abschluss

Wir betrachten nun – wie im vorherigen Abschnitt 3.1 über die allgemeine Leitungstheorie – unsere Grundschaltung aus Quelle mit Innenimpedanz, Leitung und Abschlussimpedanz (Bild 3.17). Die Quelle besitze hier allerdings einen sprungförmigen Spannungsverlauf $u_0(t) = U_0 s(t)$. Quelle, Leitung und Abschluss seien aneinander angepasst, es gelte also $R_I = Z_L = R_A$.

Wir interessieren uns für die Zeitverläufe der Spannung am Eingang $u_E(t)$ und am Ausgang $u_A(t)$ der Leitung. Für Zeitpunkte $t < 0$ sind alle Spannungen null. Zum Zeitpunkt $t = 0$ wechselt die Spannungsquelle auf den Wert U_0. Aufgrund der Spannungsteilerregel

$$u_E(0) = \frac{Z_L}{R_I + Z_L} u_0(0) = \frac{1}{2} u_0(0) \tag{3.121}$$

wird die Eingangsspannung auf den halben Wert von U_0 springen.

Im ersten Moment $(t = 0)$ ist am Eingang der Leitung als Eingangsimpedanz der Leitungswellenwiderstand zu sehen $(Z_E = Z_L)$.

Die Ausgangsspannung bleibt auf dem Wert Null, da es die Zeitspanne t_D dauert, bis der Sprung das Leitungsende erreicht. Die Verzögerungszeit können wir aus der Ausbreitungsgeschwindigkeit c und der geometrischen Leitungslänge ℓ berechnen. Für eine mit dielektrischem Material gefüllte Leitung erhalten wir:

$$t_D = \frac{\ell}{c} = \frac{\ell}{c_0}\sqrt{\varepsilon_r} \ . \tag{3.122}$$

Nach dieser Verzögerungszeit hat der Sprung das Leitungsende erreicht. Da hier ein angepasster Abschlusswiderstand vorliegt, tritt keine Reflexion auf.

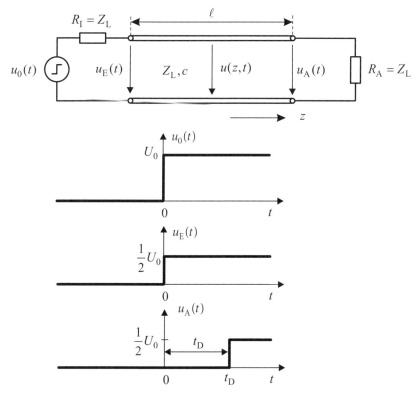

Bild 3.17 Schaltung zur Betrachtung von Zeitsignalen am Eingang $u_E(t)$ und Ausgang $u_A(t)$ der Leitung (angepasste Quelle und angepasster Abschluss $R_I = Z_L = R_A$)

3.2.1.2 Angepasste Quelle und fehlangepasster (resistiver) Abschluss

Falls der Abschlusswiderstand nicht dem Leitungswellenwiderstand entspricht, kommt es zu einer Reflexion am Leitungsende und ein Teil des hinlaufenden Spannungssprungs wird reflektiert. Der Reflexionsfaktor berechnet sich bei reellem Abschluss wie aus der Leitungstheorie bekannt mit:

$$r_A = \frac{R_A - Z_L}{R_A + Z_L} \ . \tag{3.123}$$

Ist der Abschlusswiderstand größer als der Leitungswellenwiderstand, so ist der Reflexionsfaktor positiv. Ist der Abschlusswiderstand jedoch kleiner als der Leitungswellenwiderstand, so ist der Reflexionsfaktor negativ.

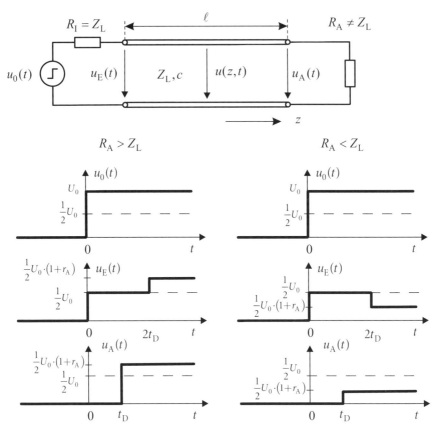

Bild 3.18 Schaltung zur Betrachtung von Zeitsignalen am Eingang $u_E(t)$ und Ausgang $u_A(t)$ der Leitung (angepasste Quelle $R_I = Z_L$ und fehlangepasster Abschluss $Z_L \neq R_A$)

Am Leitungsende überlagern sich hin- und rücklaufender Spannungssprung, so dass also die Spannung am Ende nach der Zeit t_D auf den Wert

$$u_A(t_D) = \frac{1}{2} U_0 \left(1 + r_A\right) \tag{3.124}$$

springt. Nach der doppelten Verzögerungszeit $2t_D$ der Leitung erreicht der rücklaufende Sprung den Leitungsanfang, so dass sich auch hier der Wert $1/2 U_0 (1 + r_A)$ einstellt.

Nach der Zeit $t > 2t_D$ ändert sich das Eingangssignal $u_E(t)$ nicht mehr. Der Spannungswert entspricht gerade eben dem Spannungsteilerwert für den Fall, dass wir den Abschlusswiderstand direkt an die Quelle anschließen. Nach der Spannungsteilerregel erhalten wir:

$$u_E(t \geq t_D) = \frac{R_A}{R_I + R_A} U_0 \quad . \tag{3.125}$$

Dieser Wert entspricht genau dem obigen Wert, denn es gilt

$$u_E(2t_D) = \frac{1}{2}U_0(1+r_A) = \frac{1}{2}U_0\left(1 + \frac{R_A - Z_L}{R_A + Z_L}\right) = \frac{1}{2}U_0\left(\frac{2R_A}{R_A + Z_L}\right) = U_0\left(\frac{R_A}{R_A + R_I}\right). \qquad (3.126)$$

Beispiel 3.7 Kurzschluss und Leerlauf am Leitungsende

Wir betrachten in diesem Beispiel die Spezialfälle Kurzschluss ($R_A = 0$) und Leerlauf ($R_A \to \infty$). Beginnen wir mit dem Kurzschluss. Der Reflexionsfaktor am Ende lautet nach Gleichung (3.123) $r_{A,KS} = -1$. Folglich bleibt die Spannung am Leitungsende für alle Zeiten auf dem Wert Null. Am Anfang der Leitung ergibt sich nach der doppelten Verzögerungszeit $2t_D$ ebenfalls der Wert Null (Bild 3.19a).

Im Falle eines Leerlaufs am Leitungsende erhalten wir einen Reflexionsfaktor von $r_{A,LL} = +1$. Nach der einfachen Verzögerungszeit t_D springt die Spannung am Ende auf den Wert U_0. Nach der doppelten Verzögerungszeit $2t_D$ erscheint auch am Anfang der Wert U_0 (Bild 3.19b).

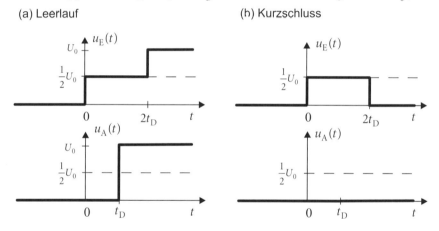

Bild 3.19 Zeitverlauf am Eingang und Ausgang der Leitung bei leerlaufendem bzw. kurzgeschlossenen Leitungsende (Beispiel 3.7)

3.2.1.3 Angepasste Quelle und fehlangepasster (reaktiver) Abschluss

Wir wählen nach Bild 3.20a nun einen reaktiven Abschluss mit einer Kapazität C bzw. einer Induktivität L. Eingangsseitig ist die Leitung wieder angepasst ($R_I = Z_L$).

Kapazitiver Abschluss

Zum Zeitpunkt $t = 0$ springt die Spannungsquelle von null auf den Wert U_0. Am Eingang ergibt sich aufgrund der Spannungsteilerregel – wie zuvor in Abschnitt 3.2.1.1 – der halbe Wert der Spannung U_0 (Bild 3.20a). Dieser Sprung läuft nun bis zum Ende der Leitung, welches er nach der Verzögerungszeit t_D erreicht. Der Kondensator ist entladen, da bis zu diesem Zeitpunkt die Spannung für alle Zeiten null war.

Aus den Grundlagen der Elektrotechnik ist bekannt, dass die Spannung am Kondensator sich nur stetig ändern kann. Für $t > t_D$ wird der Kondensator aufgeladen, so dass die an ihm anliegende Spannung steigt. Der Zeitverlauf folgt dem einer Exponentialfunktion mit einer charakteristischen Zeitkonstante τ_{RC}:

$$u_A(t) = \begin{cases} 0 & \text{für } t < t_D \\ U_0\left(1 - \exp\left(-\dfrac{t - t_D}{\tau_{RC}}\right)\right) & \text{für } t \geq t_D \end{cases} \tag{3.127}$$

Die Zeitkonstante wird bestimmt vom Kapazitätswert C und dem Leitungswellenwiderstand Z_L. Je größer der Kapazitätswert und je größer der Leitungswellenwiderstand, desto länger dauert der Ladevorgang.

$$\tau_{RC} = Z_L C \tag{3.128}$$

Für $t \to \infty$ erhalten wir am Ende der Leitung den Wert der Spannungsquelle U_0.

Am Eingang der Leitung ergibt sich – wie zuvor – zunächst wieder die halbe Spannung $0{,}5 U_0$. Nach der doppelten Verzögerungszeit $2 t_D$ erhalten wir den gleichen exponentiellen Verlauf wie am Ausgang.

$$u_E(t) = \begin{cases} 0 \;\text{für } t < 0; \quad \dfrac{1}{2}U_0 \;\text{ für } 0 \leq t < 2t_D \\ U_0\left(1 - \exp\left(-\dfrac{t - 2t_D}{\tau_{RC}}\right)\right) & \text{für } t \geq 2t_D \end{cases} \tag{3.129}$$

Vergleichen wir das Verhalten der *Kapazität* mit den Verläufen aus Beispiel 3.7, so erkennen wir, dass sich die Kapazität in dem Moment, da die Sprungfunktion das Leitungsende erreicht, wie ein *Kurzschluss* verhält. Für $t \to \infty$ hingegen zeigt sich das Verhalten eines *Leerlaufs*.

Induktiver Abschluss

Als Nächstes wenden wir uns dem induktiven Leitungsabschluss zu. Aus den Grundlagen der Elektrotechnik wissen wir, dass der Strom an einer Induktivität sich nur stetig ändern kann. In dem Moment, da der Spannungssprung das Leitungsende erreicht, kann kein Strom fließen. Es ergibt sich das Verhalten eines Leerlaufs. Die Spannung am Ausgang steigt somit zum Zeitpunkt t_D auf den Wert U_0 (Bild 3.20c). Im Weiteren steigt der Strom durch die Spule und folglich fällt die Spannung. Für $t \to \infty$ erhalten wir am Ende der Leitung den Wert Null. Der Zeitverlauf folgt dem einer Exponentialfunktion mit einer charakteristischen Zeitkonstante τ_{LR}.

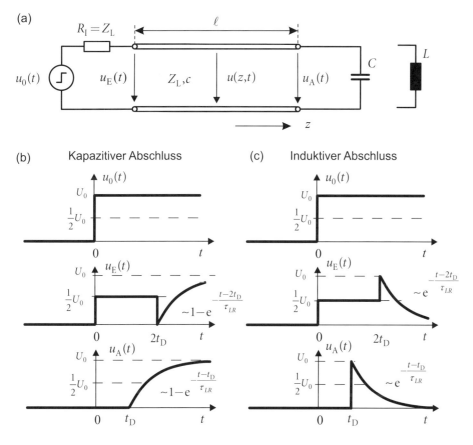

Bild 3.20 Schaltung zur Betrachtung von Zeitsignalen am Eingang $u_E(t)$ und Ausgang $u_A(t)$ der Leitung (angepasste Quelle $R_I = Z_L$ und fehlangepasster kapazitiver bzw. induktiver Abschluss)

$$u_A(t) = \begin{cases} 0 & \text{für } t < t_D \\ U_0 \exp\left(-\dfrac{t - t_D}{\tau_{LR}}\right) & \text{für } t \geq t_D \end{cases} \qquad (3.130)$$

Die Zeitkonstante wird bestimmt vom Induktivitätswert L und dem Leitungswellenwiderstand Z_L. Je größer die Induktivität, desto langsamer vollzieht sich der Vorgang.

$$\tau_{LR} = \frac{L}{Z_L} \qquad (3.131)$$

Am Eingang der Leitung ergibt sich – wie zuvor – zunächst wieder die halbe Spannung $0{,}5 U_0$. Nach der doppelten Verzögerungszeit $2t_D$ erhalten wir den gleichen exponentiellen Verlauf wie am Ausgang.

$$u_\mathrm{E}(t) = \begin{cases} 0 & \text{für } t < 0; \\ \dfrac{1}{2}U_0 & \text{für } 0 \leq t < 2t_\mathrm{D} \\ U_0 \exp\left(-(t - 2t_\mathrm{D})/\tau_{LR}\right) & \text{für } t \geq 2t_\mathrm{D} \end{cases} \tag{3.132}$$

Vergleichen wir das Verhalten der *Induktivität* mit den Verläufen aus Beispiel 3.7, so erkennen wir, dass sich die Induktivität in dem Moment, da der Sprung das Leitungsende erreicht, wie ein *Leerlauf* verhält. Für $t \to \infty$ hingegen zeigt sich das Verhalten eines *Kurzschlusses*.

3.2.1.4   Fehlanpassung an Quelle und Last

Bei den bisherigen Fällen hatten wir es mit einer *einfachen* Reflexion am Ende der Leitung zu tun. Wenn nun auch die Quelle fehlangepasst ist ($R_\mathrm{I} \neq Z_\mathrm{L}$), so sind auch Reflexionen am Eingang der Leitung zu berücksichtigen. Wir wollen uns bei den Betrachtungen auf einen ohmschen Innenwiderstand und Abschlusswiderstand beschränken. Der Reflexionsfaktor an der Quelle ist:

$$\boxed{r_\mathrm{I} = \frac{R_\mathrm{I} - Z_\mathrm{L}}{R_\mathrm{I} + Z_\mathrm{L}}} \; . \tag{3.133}$$

Die Einführung eines Gitterdiagramms oder *Wellenfahrplan*s [Hert04] vereinfacht es, den Überblick über die hin- und zurücklaufenden Spannungssprünge zu behalten. Bild 3.21 zeigt ein solches Gitterdiagramm. Der auf die Leitung eingekoppelte Spannungssprung ergibt sich aus dem Spannungsteiler mit Z_L und R_I mit

$$U_\mathrm{1h} = U_0 \frac{Z_\mathrm{L}}{R_\mathrm{I} + Z_\mathrm{L}} \; . \tag{3.134}$$

Diese Spannung ist am Eingang für die Dauer der doppelten Verzögerungszeit der Leitung $2t_\mathrm{D}$ sichtbar. Nach der Zeit t_D erreicht der Spannungssprung das Ende der Leitung und wird dort mit dem Reflexionsfaktor r_A reflektiert. Am Ende überlagern sich hin- und rücklaufender Spannungssprung zum Wert $U_\mathrm{1h}(1 + r_\mathrm{A})$. Durch die Reflexion läuft ein Spannungssprung mit der Amplitude

$$U_\mathrm{1r} = r_\mathrm{A} U_\mathrm{1r} \tag{3.135}$$

zum Anfang der Leitung zurück. Dieser wird dort reflektiert und addiert sich zum ursprünglichen Spannungswert U_1h, so dass für das Zeitintervall $2t_\mathrm{D} \leq t < 4t_\mathrm{D}$ der Spannungswert $U_\mathrm{1h} + (1 + r_\mathrm{I})U_\mathrm{1r}$ sichtbar wird. Der weitere Verlauf und die entsprechende Addition der Spannungsanteile ist in Bild 3.21 dargestellt.

Für $t \to \infty$ konvergieren die Spannungswerte am Eingang und am Ausgang gegen den Gleichspannungswert, den der Spannungsteiler aus R_I und R_A liefert:

$$U_\infty = U_E(t \to \infty) = U_A(t \to \infty) = U_0 \frac{R_A}{R_I + R_A} \quad . \tag{3.136}$$

An einem Beispiel soll dies einmal konkretisiert werden.

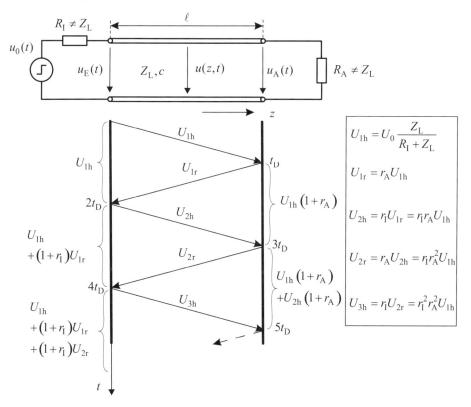

Bild 3.21 Gitterdiagramm zur Verfolgung der durch Reflexion an Quell- und Lastwiderstand hervorgerufenen Spannungssprünge

Beispiel 3.8 Ausbreitung von Zeitsignalen bei beiderseitiger Fehlanpassung

Wir betrachten eine Leitung mit folgenden Größen: Leitungswellenwiderstand $Z_L = 50\,\Omega$, Länge $\ell = 0{,}2$ m, relative Dielektrizitätszahl des dielektrischen Füllmaterials $\varepsilon_r = 2{,}25$. Für die Quelle gelte: $U_0 = 1$ V und $R_I = 150\,\Omega$. Der Abschlusswiderstand betrage $R_A = 200\,\Omega$.

Mit Gleichung (3.122) erhalten wir für die Leitung eine Signallaufzeit von $t_D = 1$ ns. Die Reflexionsfaktoren für Quelle und Last ergeben sich nach den Gleichungen (3.123) und (3.133) zu $r_I = 0{,}5$ und $r_A = 0{,}6$. Die Werte für die auf den Leitungen hin- und zurücklaufenden Spannungen sowie die Zeitverläufe an Ein- und Ausgang finden wir in Bild 3.22.

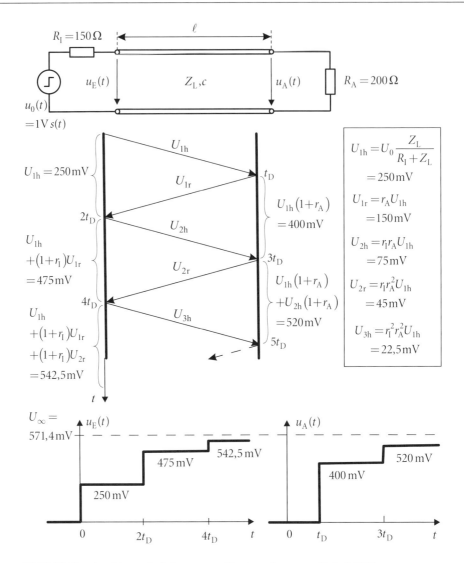

Bild 3.22 Signalverfolgung bei einer sprungförmigen Anregung (Beispiel 3.8)

3.2.2   Rechteckförmige Signale

Wir erweitern nun die Betrachtung auf rechteckförmige Signale.

$$\text{rect}(t) = s(t) - s(t - t_\text{p}) = \begin{cases} 1, & \text{für } 0 \leq t < t_\text{p} \\ 0, & \text{sonst} \end{cases} \tag{3.137}$$

Einen Rechteckimpuls fassen wir dabei als Überlagerung zweier zeitversetzter Sprungfunktionen mit gleicher Amplitude, aber entgegengesetztem Vorzeichen auf (Bild 3.23).

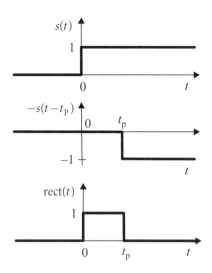

Bild 3.23 Rechteckfunktion als Überlagerung zweier Sprungfunktionen

Wir können die Spannungen am Eingang und Ausgang der Leitung für jede der beiden Sprungfunktionen nach dem gleichen Formalismus wie in Abschnitt 3.2.1 bestimmen und erhalten die Spannung bei Rechteckanregung, indem wir die einzelnen Spannungen überlagern.

Besonders einfach werden die Verhältnisse, wenn die Pulsdauer t_p kleiner als die doppelte Verzögerungszeit $2t_D$ der Leitung ist. In diesem Fall kommt es zu keiner Überschneidung der hin- und zurücklaufenden Spannungsanteile an den Leitungsenden. An folgendem Beispiel betrachten wir die Spannungsverläufe.

Beispiel 3.9 Rechteckförmige Anregung bei beidseitiger Fehlanpassung

Wir betrachten eine Leitung mit folgenden Größen: Leitungswellenwiderstand $Z_L = 50\,\Omega$, Länge $\ell = 0{,}2$ m, relative Dielektrizitätszahl des dielektrischen Füllmaterials $\varepsilon_r = 2{,}25$. Für die Quelle gelte: $U_0 = 1$ V und $R_I = 150\,\Omega$, Pulsdauer $t_p = 0{,}5$ ns. Der Abschlusswiderstand betrage $R_A = 200\,\Omega$.

Mit Gleichung (3.122) erhalten wir für die Leitung eine Signallaufzeit von $t_D = 1$ ns. Die Reflexionsfaktoren für Quelle und Last ergeben sich nach den Gleichungen (3.123) und (3.133) zu $r_I = 0{,}5$ und $r_A = 0{,}6$. Die Werte für die auf den Leitungen hin- und zurücklaufenden Spannungen sowie die Zeitverläufe an Ein- und Ausgang finden wir in Bild 3.24.

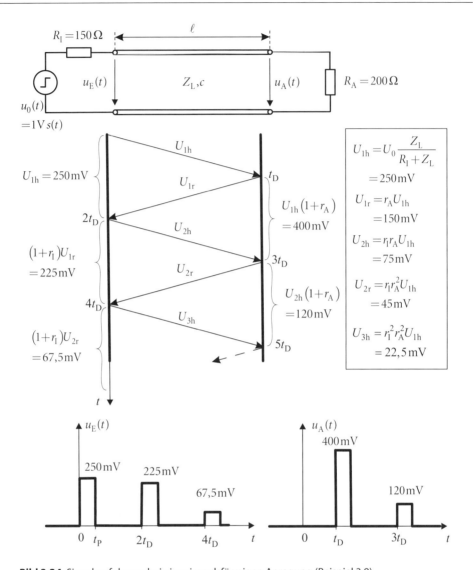

Bild 3.24 Signalverfolgung bei einer impulsförmigen Anregung (Beispiel 3.9)

3.3   Augendiagramm

In Abschnitt 3.2 haben wir die Ausbreitung eines rechteckförmigen Impulses auf einer Leitung betrachtet. Bei der digitalen Übertragung im Basisband werden durch aufeinanderfolgende Pulse Informationen übermittelt. Bild 3.25a zeigt ein Pulssignal mit endlich steilen Flanken. Die Geschwindigkeit der Signalübergänge von der logischen Null zur Eins wird als Anstiegszeit t_r (*rise time*) und Abfallzeit t_f (*fall time*) bezeichnet.

Werden mit Hilfe dieser Pulse digitale Signale über eine beidseitig angepasste, nicht-dispersive, verlustfreie Leitung (Bild 3.25b) übertragen, so erfolgt durch die Leitung neben einer zeitlichen Verzögerung keinerlei Veränderung. Die Ausgangspulsfolge $u_A(t)$ (Bild 3.25c) entspricht bis auf einen Faktor der von der Quelle gesendeten Impulsfolge.

$$u_A(t) = \frac{1}{2} u_Q(t - t_0) \tag{3.138}$$

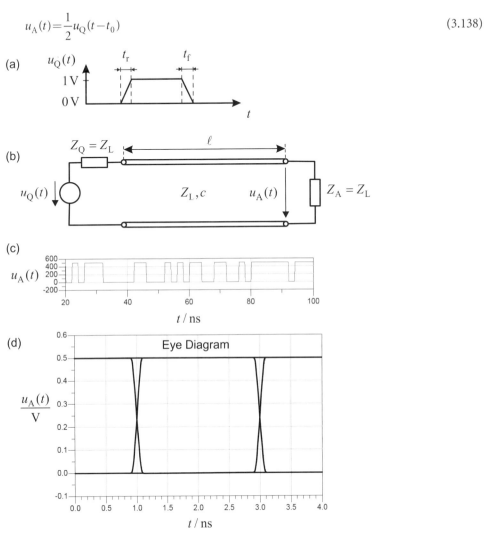

Bild 3.25 Erläuterung der Entstehung eines Augendiagramms

Zur Beurteilung der Übertragungsqualität kann dieses Ausgangssignal in Form eines *Augendiagramms* dargestellt werden [Göbe99]. Das Augendiagramm entsteht dabei durch eine überlagerte Darstellung von Zeitabschnitten gleicher Länge. Die Länge der Zeitabschnitte orientiert sich an der Datenrate bzw. der Dauer eines Informationsbits $T_{bit} = T_{puls}$. Bild 3.25d zeigt ein Augendiagramm, bei dem als Länge des Zeitfensters gerade die doppelte Zeit eines Informationsbits verwendet wird. Aufgrund der idealen Verhältnisse (keine Reflexion, keine Dispersion) erscheinen hier ideale Signalübergänge. Da der Bereich zwischen den Kreu-

zungspunkten des Zeitsignals die Form eines Auges hat, wird die Darstellung als Augendiagramm (*Eye diagram*) bezeichnet.

In Bild 3.26a ist zum Vergleich eine nichtideale Übertragungsstrecke dargestellt. Diese besteht aus zwei Leitungen, deren Leitungswellenwiderstände sich unterscheiden und die auch
nicht an die Quell- und Lastimpedanz angepasst sind. Durch diese Feldanpassung kommt es
zu Reflexionen. Weiterhin ist in der Mitte als Modell für einen kapazitiven Verbraucher eine
Kapazität C eingebaut. Diese stellt eine frequenzabhängige Komponente dar. Bild 3.26b
zeigt, dass die Ausgangssignale nun eine sichtbare Verzerrung aufweisen. Im Augendiagramm in Bild 3.26c erkennen wir, dass die Reflexionen sich den Impulsen überlagern. Die
Überlagerung kann je nach Vorzeichen der Reflexion zu einer Erhöhung oder Verringerung
der Spannung führen, der Signalverlauf wird also aufgefächert. Weiterhin begrenzt die Kapazität die Geschwindigkeit, mit der die Signalübergänge erfolgen (wir erkennen den exponentiellen Verlauf aus dem vorherigen Abschnitt). Durch diese Einflüsse verringern sich die
vertikale und die horizontale Öffnung des Auges.

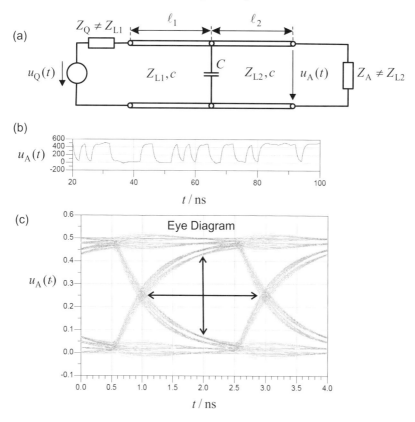

Bild 3.26 Beispiel eines Augendiagramms bei einer Übertragungsstrecke mit Fehlanpassungen
und frequenzabhängigem Übertragungsverhalten

Die Öffnung des Augendiagramms stellt ein anschauliches Instrument zur Beurteilung der
Übertragungsqualität bei der digitalen Übertragung dar, da es die Verzerrung digitaler Sig-

nale visualisiert und die Unterscheidbarkeit der beiden logischen Zustände (null und eins) beurteilt werden kann.

3.4 Zusammenfassung

In Kapitel 3 haben wir die Beschreibung von Leitungen bei hohen Frequenzen kennengelernt. Auf einer Leitung können sich Spannungs- und Stromwellen in gegenläufigen Richtungen ausbreiten. Diese Wellen bestimmen das Ein- und Ausgangsverhalten von Leitungen. Zur Beschreibung des elektrischen Verhaltens sind zwei Kenngrößen wesentlich: erstens der Leitungswellenwiderstand Z_L, der das Verhältnis von Strom und Spannung bei einer rein fortschreitenden Welle beschreibt, und zweitens die Ausbreitungskonstante γ mit der Dämpfungskonstante als Realteil und der Phasenkonstante als Imaginärteil. Die Dämpfungskonstante bestimmt dabei, wie stark die Welle exponentiell gedämpft wird. Die Phasenkonstante ist eng verknüpft mit der Wellenlänge und somit bei bekannter Frequenz ein Maß für die Ausbreitungsgeschwindigkeit.

In den Abschnitten 3.2 und 3.3 haben wir gesehen, dass zur Vermeidung von Reflexionen an den Leitungsanschlüssen auch bei sprung- und impulsförmigen Signalen die Leitungen mit ihrem Leitungswellenwiderstand abgeschlossen sein müssen. Das Augendiagramm stellt ein anschauliches Instrument zur Beurteilung der Übertragungsqualität bei digitalen Signalen dar. Die Auswirkungen von Fehlanpassungen und frequenzabhängigem Übertragungsverhalten können damit schnell beurteilt werden.

3.5 Übungsaufgaben

Übung 3.1

Berechnen Sie die Eingangsimpedanz für Beispiel 3.5 mit Hilfe von Gleichung (3.74).

Übung 3.2

Vollziehen Sie das in Bild 3.24 gezeigte Beispiel für den Fall $R_I = 15\,\Omega$ und $R_A = 10\,\Omega$ nach. Zeichnen Sie die Spannungsverläufe $u_E(t)$ und $u_A(t)$. Überprüfen Sie Ihr Ergebnis mit einem Schaltungssimulator.

Übung 3.3

Passen Sie mit Hilfe des Smith-Charts die Impedanz $Z = (120 - j80)\,\Omega$ an eine Impedanz von $50\,\Omega$ an ($f = 1\,\text{GHz}$). Verwenden Sie als Anpassschaltung eine serielle Leitung und eine kurzgeschlossene Stichleitung mit einem Leitungswellenwiderstand von $Z_L = 50\,\Omega$. Bestimmen Sie die Längen der Leitungen. Die Leitungen seien luftgefüllt ($\varepsilon_r = 1$).

Übung 3.4

Zur Bestimmung des Leitungswellenwiderstandes einer verlustlosen Leitung wird die Kapazität $C = 1,5\,\text{pF}$ eines kurzen leerlaufenden Leitungsstückes der Länge $\ell = 12\,\text{mm}$

gemessen. Die relative Dielektrizitätszahl des homogenen Füllmaterials der Leitung beträgt $\varepsilon_r = 1{,}44$.

1. Berechnen Sie die Ausbreitungsgeschwindigkeit c einer elektromagnetischen Welle auf der Leitung.
2. Geben Sie den Leitungswellenwiderstand Z_L der verlustlosen Leitung an.
3. Bestimmen Sie den Induktivitätsbelag L'.

Für die nachfolgenden Aufgabenteile gelte eine Betriebsfrequenz von $f = 250$ MHz.

4. Berechnen Sie die Ausbreitungskonstante γ.
5. Wie lautet die Eingangsimpedanz einer leerlaufenden Leitung der Länge $\ell = 25$ cm? (Rechnen Sie mit $c_0 = 3 \cdot 10^8$ m/s.)

Übung 3.5

Gegeben sei eine luftgefüllte Leitung der Länge ℓ mit dem Leitungswellenwiderstand $Z_L = 25\,\Omega$ (Bild 3.25). Die Leitung ist mit einer Schaltung aus Kapazität C sowie den Widerständen R_{AS} und R_{AP} abgeschlossen. Der Innenwiderstand der Quelle sei $R_I = 25\,\Omega$ und die Amplitude der Spannungsquelle $U_0 = 2$ V. Bekannt ist der Spannungsverlauf am Eingang $u_E(t)$.

1. Bestimmen Sie die Länge ℓ der Leitung.
2. Geben Sie die Werte der Abschlusskapazität C und der Abschlusswiderstände R_{AS} und R_{AP} an.

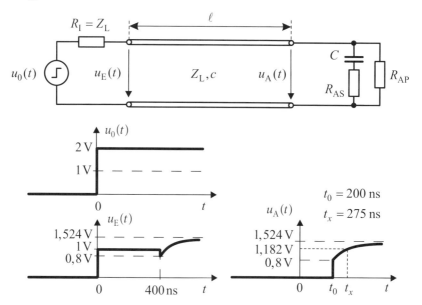

Bild 3.27 Schaltung und Spannungsverlauf zu Übung 3.5

4 Wellenleiter

In diesem Kapitel wollen wir einen Überblick über technisch wichtige Leitungstypen gewinnen. Die Koaxialleitung wird dabei sehr detailliert behandelt, da hier die beiden Leitungskenngrößen *Ausbreitungskonstante* und *Leitungswellenwiderstand* mathematisch einfach bestimmt werden können. Für alle weiteren Leitungstypen stellen wir die wichtigsten Ergebnisse anschaulich zusammen.

4.1 Überblick über technisch bedeutsame Leitungstypen

Die primäre Aufgabe von Leitungen besteht darin, Signale von einer Schaltungskomponente (zum Beispiel dem Ausgang eines Verstärkers) zu einer anderen Schaltungskomponente (zum Beispiel dem Eingang einer Antenne) zu führen. Idealerweise geschieht dies ohne Verluste auf der Leitung und ohne Reflexionen an den beiden Leitungsenden. Die erste Forderung führt zur Verwendung gut leitfähiger Metalle für die Leiter und verlustarmer Dielektrika für die vom elektromagnetischen Feld durchsetzten wellenführenden Raumbereiche der Leitung. Um die zweite Forderung (Vermeidung von Reflexionen) zu erfüllen, werden Leitungswellenwiderstand, Quellimpedanz und Lastimpedanz aufeinander abgestimmt.

Eine weitere Aufgabe von Leitungen besteht darin, ein vorgegebenes Schaltungsverhalten zu realisieren. Beispielsweise können Filter, Leistungsteiler, Koppler und Anpassschaltungen bei hohen Frequenzen vorteilhaft mit Leitungssegmenten realisiert werden. In diesen Fällen sind Reflexionen an den Leitungsenden beabsichtigt, um durch Resonanzen das gewünschte Übertragungsverhalten zu erzielen.

Bild 4.1 zeigt einige technisch wichtige Leitungstypen. Zur Überbrückung auch größerer Distanzen werden vor allem Koaxialleitungen, Zweidrahtleitungen und Lichtwellenleiter verwendet. Passive Schaltungen werden vorteilhaft mit planaren Leitungstypen (*Microstrip*, *Stripline*) aufgebaut. Hohlleiter kommen bei hohen Leistungen zum Einsatz.

Die *Koaxialleitung* (Bild 4.1a) besteht aus einem zylindrischen Außen- und einem *koaxial* angeordneten zylindrischen Innenleiter. Sie ist die Standardleitung in der Hochfrequenzmesstechnik und dient zur Verbindung von Komponenten und Geräten, die ein Gehäuse besitzen. Eine Eigenschaft der Koaxialleitung ist ihr *geschlossener Aufbau*: Die elektromagnetischen Felder existieren nur im Innern der Leitung, also im (homogenen) Dielektrikum zwischen Innen- und Außenleiter. Die Leiter selber sind bei Hochfrequenzleitungen (bis auf den Bereich weniger Eindringtiefen δ) aufgrund des Skineffektes feldfrei. Die koaxiale Leitung ist eine *unsymmetrische Leitung*, da Hin- und Rückleiter wegen der unterschiedlichen geometrischen Ausdehnung variierende (Streu-)Kapazitäten gegenüber einer entfernt gedachten Masse haben.

Eine *Paralleldrahtleitung* (Bild 4.1d) besteht aus zwei parallelen zylindrischen Leitern gleichen Querschnitts. Es handelt sich um eine *offene Struktur*, bei der sich Feldanteile in den Raum um die Leitung erstrecken. Dieser offene Aufbau macht die Struktur empfänglich für die Einkopplung von Störsignalen. Durch Verdrillen der Leitung kann die magnetische Störsignaleinkopplung weitestgehend vermindert werden. Durch den *symmetrischen Aufbau* und die Speisung mit *erdsymmetrischen* Signalen ist die elektrische Störeinkopplung konstruktionsbedingt gering. Wir werden darauf noch in Abschnitt 4.7 eingehen.

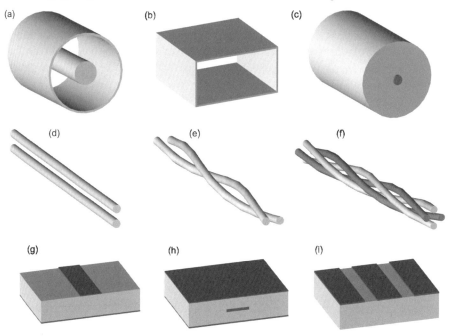

Bild 4.1 Leitungstypen (a) Koaxialleitung, (b) Rechteckhohlleiter, (c) optischer Wellenleiter, (d) Zweidrahtleitung, (e) verseilte Zweidrahtleitung (*Twisted Pair*), (f) Sternvierer, (g) Mikrostreifenleitung (*Microstrip*), (h) Streifenleitung (*Stripline, Triplate*), (i) koplanare Leitung (*Coplanar waveguide*)

Aus der Grundidee der Paralleldrahtleitung werden zwei technisch bedeutsame Varianten für den Kabelaufbau abgeleitet: Beim *Sternvierer* (Bild 4.1f) werden zwei Paralleldrahtleitungen orthogonal zueinander angeordnet und miteinander um eine gemeinsame Achse verseilt. (Die Leitungslänge, bei der die Leiter sich genau einmal umeinander herum verdreht haben, wird als Schlaglänge bezeichnet.) Durch den orthogonalen Aufbau der beiden Paralleldrahtleitungspaare ist die Überkopplung zwischen beiden Paaren gering. Bei der *Twisted-Pair*-Leitung (Bild 4.1e) wird eine Paralleldrahtleitung einzeln verseilt. Es können auch mehrere paarweise verseilte Leitungen mit unterschiedlichen Schlaglängen zu einem gemeinsamen Kabel verseilt werden. Sternvierer und *Twisted-Pair*-Leitungen werden vor allem in der Kommunikationstechnik als schnelle Datenkabel eingesetzt. (Bei realen Kabeln werden die einzelnen Leiter mit einem Isolationsmaterial umgeben, um die Leiter in einem definierten Abstand zu führen. Die isolierenden Schichten sind in den Bildern aus Gründen der Übersichtlichkeit nicht dargestellt.)

Innerhalb von planaren Schaltungen werden vor allem Mikrostreifenleitungen (*Microstrip*) und Streifenleitungen (*Stripline, Triplate*) verwendet. Mit ihnen können passive Schaltungen wie Filter und Koppler realisiert werden.

Die *Mikrostreifenleitung* (*Microstrip*) (Bild 4.1g) besteht aus einem dielektrischen Substrat, unter dem eine durchgehende Massefläche liegt. Auf dem Substrat liegt eine dünne Leiterbahn. Die elektromagnetische Welle wird in zwei Materialien (Substrat und Luft) geführt. Folglich kann sich keine reine TEM-Welle ausbreiten, sondern zur Erfüllung der Grenzbedingung an der Materialgrenze Luft-Substrat müssen (kleine) longitudinale Feldanteile vorhanden sein. Man spricht hier von einer Quasi-TEM-Welle. Die Struktur der Leitung ist *unsymmetrisch und offen*. Die Mikrostreifenleitung lässt sich miniaturisieren und kann aufgrund ihres offenen Aufbaus sehr gut mit konzentrierten Elementen wie SMD-Bauteilen und integrierten Schaltungen kombiniert werden. Zwei parallele Mikrostreifenleitungen können auch im Gegentaktbetrieb eine symmetrische Leitung bilden (siehe Abschnitt 4.7).

Die *Streifenleitung* (Bild 4.1h) ist ebenso wie die Mikrostreifenleitung ein planarer Leitungstyp mit *unsymmetrischer* Struktur, die jedoch geschlossen ist. Die Streifenleitung taucht zum Beispiel im Inneren von planar aufgebauten Schaltungen zwischen durchgehenden Masseflächen auf. Aufgrund des homogenen Substratmaterials führt die Streifenleitung eine TEM-Welle.

Bei der *Koplanarleitung* (*Coplanar waveguide*) (Bild 4.1i) liegen Masse und Leiterbahn *in einer Ebene* („ko-planar"). Die Welle breitet sich wie bei der Mikrostreifenleitung in zwei Medien aus, so dass sich auch hier eine Quasi-TEM-Welle ausbildet.

Der *Rechteckhohlleiter* (Bild 4.1b) stellt hier einen besonderen Leitertyp dar, da er im Gegensatz zu den anderen Arten, die alle separate Hin- und Rückleiter besitzen, nur eine einzige metallische Struktur aufweist. Es leuchtet unmittelbar ein, dass mit einer solchen Anordnung kein Gleichstrom übertragen werden kann, denn beim Anschluss der Gleichstromquelle würde es sofort zu einem Kurzschluss kommen. Der Rechteckhohlleiter ist erst ab einer gewissen Grenzfrequenz oder *Cut-off*-Frequenz einsetzbar. Ab dieser Frequenz können sich elektromagnetische Wellen innerhalb des quaderförmigen Innenraums ausbreiten, die an den metallischen Wänden reflektiert werden und sich so zu einer in Längsrichtung fortlaufenden Welle überlagern [Poza98].

Optische Wellenleiter (Bild 4.1c) bestehen aus nichtleitendem dielektrischen Material, wobei der zentrale Bereich (Kern) eine höhere relative Dielektrizitätszahl aufweist als der umgebende Mantel. Im Innern des dielektrischen Kerns breiten sich – wie im Falle des Hohlleiters – elektromagnetische Wellen aus. Die Reflexion der Wellen geschieht hier durch Totalreflexion an *dielektrischen* Grenzschichten [Schi05]. Optische Wellenleiter spielen eine zunehmend größer werdende Rolle in der Kommunikationstechnik. Sie eignen sich hervorragend, um über sehr große Distanzen verlust- und verzerrungsarm Signale zu übertragen. Sie werden aber auch zur Überbrückung kurzer Distanzen und in der Messtechnik eingesetzt.

4.2   Koaxialleitungen

Die *Koaxialleitung* (Bild 4.2) besteht aus einem zylindrischen Außenleiter (Radius R_a) und einem koaxialen zylindrischen Innenleiter (Radius R_i). Der Zwischenraum ist mit einem homogenen dielektrischen Material (relative Dielektrizitätszahl ε_r) gefüllt. Zwischen Innen- und Außenleiter existiert eine Spannung, so dass sich im Dielektrikum ein radiales elektrisches Feld E_R einstellt. Der Strom im Innenleiter führt aufgrund des Durchflutungsgesetzes (Rechte-Hand-Regel) zu einem umlaufenden magnetischen Feld H_φ.

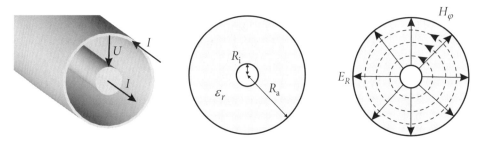

Bild 4.2 Aufbau einer koaxialen Leitung und Feldverteilung der TEM-Welle

Am Beispiel der Koaxialleitung berechnen wir mit den feldtheoretischen Grundlagen aus Kapitel 2 und den leitungstheoretischen Zusammenhängen aus Kapitel 3 die Kenngrößen dieses Leitungstyps. Die zylindersymmetrische Geometrie und Feldverteilung lassen hier eine einfache analytische Auswertung zu.

4.2.1   Induktivitätsbelag und Leitungswellenwiderstand

Bei einer verlustlosen Leitung kann der Leitungswellenwiderstand Z_L aus dem Induktivitätsbelag L', den Materialgrößen ε_r und μ_r und der Vakuumlichtgeschwindigkeit c_0 berechnet werden (Gleichung (3.65)):

$$Z_L = \sqrt{\frac{L'}{C'}} = \frac{c_0 L'}{\sqrt{\varepsilon_r \mu_r}} \ . \tag{4.1}$$

Da magnetische Materialien bei Leitungen untypisch sind, setzen wir im Folgenden $\mu_r = 1$. Zur Berechnung orientieren wir uns an der Geometrie in Bild 4.3. Zunächst ermitteln wir mit Hilfe des Durchflutungsgesetzes das magnetische Feld zwischen Innen- und Außenleiter (siehe auch Übungsaufgabe 2.2). Das Durchflutungsgesetz lautet:

$$\oint_{C(A)} \vec{H} \cdot d\vec{s} = \iint_A \left(\vec{J} + \frac{\partial \vec{D}}{\partial t} \right) \cdot d\vec{A} \ . \tag{4.2}$$

Aufgrund des Skineffektes sind bei hohen Frequenzen die Leiter bis auf eine sehr dünne Randschicht – die wir hier vernachlässigen – feldfrei. Im Außenraum ($R > R_a$) der Koaxiallei- tung existiert ebenso kein magnetisches Feld, da sich die magnetischen Felder von hin- und rücklaufendem Strom hier kompensieren. Das magnetische Feld müssen wir daher nur zwischen den Leitern berechnen.

Unsere anschauliche Erwartungshaltung für das magnetische Feld ist in Bild 4.3a eingezeichnet: Wir erwarten ein in φ-Richtung umlaufendes magnetisches Feld, welches auf Kreisen um die z-Achse einen konstanten Wert aufweist. Andere Komponenten können aufgrund der Symmetrie nicht auftauchen. Als Fläche für die Integration wählen wir daher einen Kreis mit dem Mittelpunkt auf der z-Achse (Bild 4.3b).

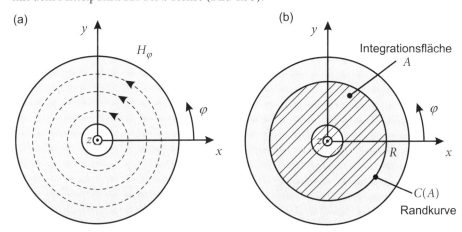

Bild 4.3 Zur Berechnung des magnetischen Feldes in der Koaxialleitung

Auf der linken Seite in Gleichung (4.2) werten wir ein Linienintegral über den Rand $C(A)$ der Kreisfläche A in φ-Richtung (für φ von null bis 2π) aus. Zunächst fällt auf, dass das magnetische Feld in Richtung des Wegelementes in Zylinderkoordinaten $ds_\varphi = R\, d\varphi$ zeigt (siehe Anhang A). Somit wird aus dem Skalarprodukt das Produkt der Beträge. Da längs des Integrationsweges das magnetische Feld konstant ist, kann H aus dem Integral herausgezogen werden und wir erhalten

$$\oint_{C(A)} \vec{H}\cdot d\vec{s} = \int_0^{2\pi} H_\varphi\, ds_\varphi = \int_0^{2\pi} H_\varphi\, R\, d\varphi = 2\pi R H_\varphi \quad . \tag{4.3}$$

Auf der rechten Seite von Gleichung (4.2) wird die Stromdichte über die Fläche A integriert. Anschaulich ist sofort klar, dass dies den Strom I durch den Innenleiter ergibt.

$$\iint_A \left(\vec{J} + \frac{\partial \vec{D}}{\partial t} \right)\cdot d\vec{A} = I \tag{4.4}$$

Führen wir Gleichung (4.3) und (4.4) zusammen, so erhalten wir für das magnetische Feld zwischen den Leitern:

$$\boxed{H_\varphi = \frac{I}{2\pi R}} \quad . \tag{4.5}$$

Die Induktivität L können wir nach unseren Überlegungen aus Abschnitt 2.1.2.3 mit Hilfe der magnetischen Feldenergie ermitteln. Wir wählen dabei ein Leitungsstück der Länge ℓ.

$$W_{\mathrm{m}} = \iiint_V \frac{1}{2} \vec{B} \cdot \vec{H} \, dv = \frac{1}{2} L I^2 \quad \text{mit} \quad \vec{B} = \mu \vec{H} \tag{4.6}$$

In Zylinderkoordinaten erhalten wir bei Integration über den felderfüllten Raum:

$$W_{\mathrm{m}} = \int_{R_{\mathrm{i}}}^{R_{\mathrm{a}}} \int_0^{2\pi} \int_0^{\ell} \frac{1}{2} \mu_{\mathrm{r}} \left(\frac{I}{2\pi R} \right)^2 \underbrace{dz \, d\varphi \, R \, dR}_{dv} = \frac{1}{2} \mu_{\mathrm{r}} \frac{I^2}{(2\pi)^2} \underbrace{\int_0^{\ell} dz}_{\ell} \underbrace{\int_0^{2\pi} d\varphi}_{2\pi} \underbrace{\int_{R_{\mathrm{i}}}^{R_{\mathrm{a}}} \frac{1}{R^2} R \, dR}_{\ln R |_{R_{\mathrm{i}}}^{R_{\mathrm{a}}} = \ln \left(\frac{R_{\mathrm{a}}}{R_{\mathrm{i}}} \right)} . \tag{4.7}$$

Die magnetische Feldenergie wird somit:

$$W_{\mathrm{m}} = \frac{1}{2} \mu_0 \ell \frac{I^2}{2\pi} \ln \left(\frac{R_{\mathrm{a}}}{R_{\mathrm{i}}} \right) = \frac{1}{2} L I^2 . \tag{4.8}$$

Hiermit ergibt sich der Induktivitätsbelag:

$$\boxed{L' = \frac{L}{\ell} = \frac{\mu_0}{2\pi} \ln \left(\frac{R_{\mathrm{a}}}{R_{\mathrm{i}}} \right)} \tag{4.9}$$

und daraus der Leitungswellenwiderstand gemäß Gleichung (4.1) für $\mu_{\mathrm{r}} = 1$:

$$Z_{\mathrm{L}} = \sqrt{\frac{L'}{C'}} = \frac{c_0 L'}{\sqrt{\varepsilon_{\mathrm{r}}}} = \underbrace{\frac{1}{\sqrt{\varepsilon_0 \mu_0}}}_{c_0} \frac{1}{\sqrt{\varepsilon_{\mathrm{r}}}} \frac{\mu_0}{2\pi} \ln \left(\frac{R_{\mathrm{a}}}{R_{\mathrm{i}}} \right) = \underbrace{\sqrt{\frac{\mu_0}{\varepsilon_0}}}_{Z_{\mathrm{F0}}} \frac{1}{\sqrt{\varepsilon_{\mathrm{r}}}} \frac{1}{2\pi} \ln \left(\frac{R_{\mathrm{a}}}{R_{\mathrm{i}}} \right) . \tag{4.10}$$

Die Größe Z_{F0} ist nach Abschnitt 2.5.1 der *Feldwellenwiderstand* des freien Raumes mit

$$Z_{\mathrm{F0}} = \sqrt{\frac{\mu_0}{\varepsilon_0}} = 120 \pi \, \Omega \approx 377 \, \Omega . \tag{4.11}$$

Somit ist der Leitungswellenwiderstand einer verlustlosen Koaxialleitung:

$$\boxed{Z_{\mathrm{L}} = \frac{60 \, \Omega}{\sqrt{\varepsilon_{\mathrm{r}}}} \ln \left(\frac{R_{\mathrm{a}}}{R_{\mathrm{i}}} \right)} \quad \text{(Leitungswellenwiderstand einer Koaxialleitung).} \tag{4.12}$$

Beispiel 4.1 Leitungswellenwiderstand einer Koaxialleitung

Stellen wir Gleichung (4.12) nach dem Verhältnis der Radien $R_{\mathrm{a}}/R_{\mathrm{i}}$ um, so erhalten wir für eine Luftleitung ($\varepsilon_{\mathrm{r}} = 1$) mit einem Leitungswellenwiderstand von $Z_{\mathrm{L}} = 50 \, \Omega$ ein Verhältnis von $R_{\mathrm{a}}/R_{\mathrm{i}} = 2{,}3$. Falls die Leitung mit einem dielektrischen Material (PTFE, $\varepsilon_{\mathrm{r}} = 2{,}08$) gefüllt ist, muss ein Radienverhältnis von $R_{\mathrm{a}}/R_{\mathrm{i}} = 3{,}3$ gewählt werden.

■

4.2.2 Dämpfung bei schwachen Verlusten

Gemäß Abschnitt 3.1.7 kann bei einer schwach verlustbehafteten Leitung die Dämpfungskonstante α aus den Leitungsbelägen R' und G' eines kurzen Leitungsstückes berechnet werden.

$$\alpha \approx \alpha_{\text{diel}} + \alpha_{\text{met}} \approx \frac{G'Z_{\text{L}}}{2} + \frac{R'}{2Z_{\text{L}}} \tag{4.13}$$

Metallische Verluste

Die metallischen Verluste ermitteln wir über den Widerstandsbelag R'. Aufgrund des Skineffektes fließt der Strom nur oberflächlich. Die Skintiefe δ berechnet sich gemäß Abschnitt 2.4 zu:

$$\delta = \sqrt{\frac{2}{\mu\sigma\omega}} \ . \tag{4.14}$$

Zur Bestimmung des Widerstandes ist der stromdurchflossene Bereich maßgebend, wobei wir die Skintiefe als äquivalente Leitschichtdicke zur Widerstandsberechnung verwenden. Bei einer Koaxialleitung fließt der Strom im Innenleiter (Widerstand R_{mi}) und Außenleiter (Widerstand R_{ma}), so dass sich aufgrund der Serienschaltung von Innen- und Außenleiter hier der Gesamtwiderstand R_{m} als Summe der beiden Anteile ergibt. Der Index m steht für die metallischen Verluste. Die Formel für die Widerstandsberechnung stammt aus Abschnitt 2.1.2.1.

$$R_{\text{m}} = R_{\text{mi}} + R_{\text{ma}} \quad \text{mit} \quad R_{\text{mi}} = \frac{\ell}{\sigma A_{\text{i}}} \quad \text{und} \quad R_{\text{ma}} = \frac{\ell}{\sigma A_{\text{a}}} \tag{4.15}$$

Für die stromdurchflossenen Flächen A_{i} und A_{a} erhalten wir über die äquivalente Leitschichtdicke δ somit:

$$A_{\text{i}} = 2\pi R_{\text{i}}\delta \quad \text{und} \quad A_{\text{a}} = 2\pi R_{\text{a}}\delta \ . \tag{4.16}$$

Der Widerstandsbelag R' steigt wegen der frequenzabhängigen Skintiefe insgesamt mit der Wurzel aus der Frequenz:

$$\boxed{R' = \frac{R_{\text{m}}}{\ell} = \frac{1}{2\pi\sigma\delta}\left(\frac{1}{R_{\text{i}}} + \frac{1}{R_{\text{a}}}\right) \sim \sqrt{f}} \ . \tag{4.17}$$

Dies gilt für ein homogenes Leitermaterial. In der Praxis kann dieser Wert höher liegen, da zum Beispiel durch die Verwendung von Geflecht bzw. Metallfolien für Außenleiter und Litzenleiter für den Innenleiter die Wege für den Strom größer werden können.

Dielektrische Verluste

Dielektrische Materialien werden in der Regel durch einen Verlustfaktor $\tan\delta_\varepsilon$ charakterisiert. Impedanzen können ebenfalls durch einen Verlustfaktor charakterisiert werden. Der Verlustfaktor eines Kondensators $\tan\delta_C$ stellt bei einer Admittanz den Quotienten aus Wirk- und Blindanteil eines Bauelementes dar. Da in unserem Falle der Koaxialleitung das verlustbehaftete Dielektrikum den gesamten felderfüllten Raum einnimmt, gilt $\tan\delta_C = \tan\delta_\varepsilon$.

$$\tan\delta_\varepsilon = \frac{G'}{\omega C'} \tag{4.18}$$

Hieraus können wir den Leitwertbelag berechnen. Allerdings benötigen wir noch den Kapazitätsbelag C', den wir jedoch mit Gleichung (4.1) einfach aus dem Induktivitätsbelag L' berechnen können.

$$\boxed{G' = \omega C' \tan\delta_\varepsilon \sim f} \tag{4.19}$$

Die dielektrischen Verluste steigen linear mit der Frequenz, falls der Verlustfaktor konstant ist.

Beispiel 4.2 Elektrische Kenngrößen einer Koaxialleitung

Für eine Koaxialleitung aus Kupfer (elektrische Leitfähigkeit $\sigma = 5{,}7{\cdot}10^7$ S/m) berechnen wir die wichtigsten elektrischen Kenngrößen bei einer Frequenz von $f = 2$ GHz. Die Leitung wird durch folgende Größen definiert: Innenradius $R_i = 2{,}4$ mm, Außenradius $R_a = 6{,}2$ mm, relative Ausbreitungsgeschwindigkeit einer TEM-Welle $c = 0{,}88\,c_0$ (88 % der Vakuumlichtgeschwindigkeit), Verlustfaktor des Dielektrikums $\tan\delta_\varepsilon = 5{\cdot}10^{-5}$.

Zunächst ermitteln wir die relative Dielektrizitätszahl aus der Reduktion der Ausbreitungsgeschwindigkeit mit $\varepsilon_r = (c_0/c)^2 = (1/0{,}88)^2 = 1{,}291$. Wir erhalten nach Gleichung (4.12) einen Wellenwiderstand von $Z_L = 50{,}1\ \Omega$. Für den Induktivitätsbelag ergibt sich nach Gleichung (4.9) ein Wert von $L' = 0{,}190\ \mu$H/m. Nach Gleichung (4.1) können wir aus dem Leitungswellenwiderstand und dem Induktivitätsbelag auch den Kapazitätsbelag ausrechnen: $C' = 75{,}7$ pF/m. Für die Berechnung der Verluste benötigen wir zunächst die Skintiefe nach Gleichung (4.14) und erhalten $\delta = 1{,}468\ \mu$m. Mit Hilfe von Gleichungen (4.13) und (4.17) wird die durch ohmsche Verluste im Leiter verursachte Dämpfungskonstante $\alpha_{met} = 0{,}01066$ 1/m $= 0{,}0926$ dB/m. Die durch die dielektrischen Verluste verursachte Dämpfungskonstante erhalten wir nach den Gleichungen (4.13) und (4.18) zu $\alpha_{diel} = 0{,}001194$ 1/m $= 0{,}0104$ dB/m. Zusammengerechnet ergibt sich eine Dämpfungskonstante von $\alpha = 10{,}3$ dB/100m.

Die Ergebnisse der Dämpfungskonstante sind für einen größeren Frequenzbereich von 0 Hz bis 6 GHz in Bild 4.4 dargestellt. Die metallischen Verluste überwiegen im technischen Einsatzbereich der Leitung. Bei höheren Frequenzen wird aber der Anteil der dielektrischen Verluste immer bedeutsamer.

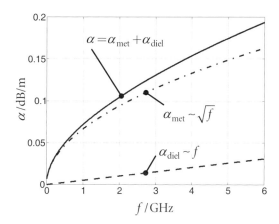

Bild 4.4 Frequenzabhängigkeit der Dämpfungskonstante einer verlustarmen Koaxialleitung (zu Beispiel 4.2)

4.2.3 Nutzbarer Frequenzbereich

Oberhalb einer Grenzfrequenz (*Cut-off*-Frequenz) können neben der TEM-Welle auch höhere Wellentypen oder Ausbreitungsmoden in einer Koaxialleitung fortschreiten. Diese höheren Wellentypen lassen sich von Hohlleiterwellentypen ableiten und sind unerwünscht, weil sie veränderte, frequenzabhängige Ausbreitungsgeschwindigkeiten und Leitungswellenwiderstände besitzen. Um eindeutige Verhältnisse in einer Koaxialleitung zu haben, darf also die Leitung nur unterhalb der *Cut-off*-Frequenz des ersten höheren Wellentyps betrieben werden.

Der erste ausbreitungsfähige Nicht-TEM-Wellentyp ist der sog. TE_{11}-Mode (Bild 4.5). Betrachten wir den TE_{11}-Wellentyp, so erkennen wir, dass im Gegensatz zum TEM-Typ in Umfangsrichtung eine Variation der Amplitude auftritt. Wir erkennen zwei Nullstellen und zwei Maxima mit entgegengesetztem Vorzeichen. Der Umfang hat nun also ganz offensichtlich die Größenordnung der Wellenlänge erreicht.

Die *Cut-off*-Frequenz des Wellentyps lässt sich näherungsweise dadurch bestimmen, dass der mittlere Umfang U zwischen Innen- und Außenleiter gerade der Wellenlänge im homogenen Füllmaterial (relative Permittivitätszahl ε_r) entspricht.

$$U = 2\pi R = 2\pi \frac{R_a + R_i}{2} \approx \lambda = \frac{c}{f} = \frac{c_0}{f\sqrt{\varepsilon_r}} \tag{4.20}$$

Damit erhalten wir für die *Cut-off*-Frequenz f_c, die den technischen Arbeitsbereich nach oben begrenzt.

$$\boxed{f_c = \frac{c}{\pi(R_a + R_i)} = \frac{c_0}{\pi(R_a + R_i)\sqrt{\varepsilon_r}}} \tag{4.21}$$

Diese Formel entspricht dem in [Mein92] angegebenen Zusammenhang. Eine geringfügig genauere Formel findet sich in [Kark10].

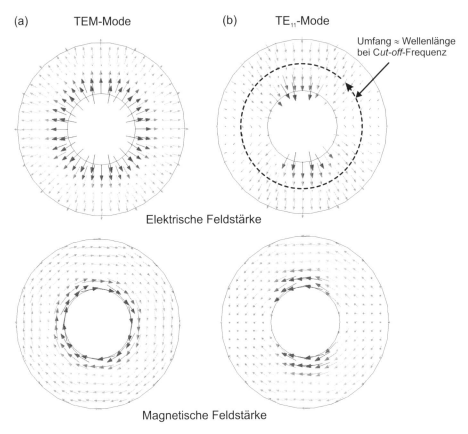

Bild 4.5 Elektrische und magnetische Feldstärke in einer Querschnittsebene der Koaxialleitung: (a) Grundausbreitungsmode (TEM-Mode) und (b) höherer Wellentyp (TE$_{11}$-Mode)

Beispiel 4.3 Technischer Arbeitsbereich einer Koaxialleitung

Ein Koaxialkabel für Mobilfunkanwendungen mit hoher Leistung ist mit einem homogenen Dielektrikum gefüllt und besitzt einen Außenradius von $R_a = 21{,}5$ mm sowie einen Innenradius von $R_i = 8{,}85$ mm. Die relative Ausbreitungsgeschwindigkeit einer TEM-Welle beträgt 89 % der Vakuumlichtgeschwindigkeit.

Mit $c = 0{,}89\,c_0$ erhalten wir für die *Cut-off*-Frequenz f_c und damit für die obere Grenze des nutzbaren Frequenzbereiches $f_c \approx 2{,}8$ GHz.

4.2.4 Anwendungsgebiete

Die Koaxialleitung ist die Standardleitung im Bereich der Hochfrequenzmesstechnik und bei der Verbindung von Geräten. Als Vorteile des Leitungstyps ergeben sich vergleichsweise geringe Verluste, so dass mit der Leitung auch größere Distanzen überbrückbar sind. Der TEM-Grundausbreitungsmode führt zu einer verzerrungsarmen Ausbreitung von Signalen. Der geschlossene Aufbau der Leitung verhindert Störeinkopplungen aus dem Außenraum und Abstrahlungsverluste zum Außenraum. Durch Verwendung von Litzenleitern als Innenleiter und Geflecht bzw. Folienschirm als Außenleiter kann eine hohe Flexibilität erreicht werden. Nachteilig am geschlossenen Aufbau ist die schlechte Kombinierbarkeit mit konzentrierten Schaltelementen (Kondensatoren, Spulen, ...).

4.3 Mikrostreifenleitungen (*Microstrip*)

4.3.1 Wellenwiderstand und effektive Permittivitätszahl

In Bild 4.6 ist der Querschnitt einer Mikrostreifenleitung (*Microstrip*) gezeigt. Die Mikrostreifenleitung besteht aus einem Substrat, unter dem eine durchgehende Massefläche liegt. Auf dem Substrat befindet sich eine dünne, flächige Leiterbahn. Die elektromagnetische Welle wird in zwei Medien (Substrat und Luft) geführt. Hiermit kann sich keine reine TEM-Welle ausbreiten, sondern zur Erfüllung der Grenzbedingung an der Materialgrenze Luft-Substrat müssen (kleine) longitudinale Feldanteile vorhanden sein. Man spricht hier von einer *Quasi-TEM*-Welle.

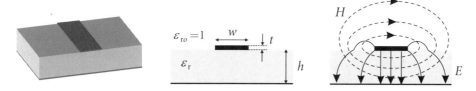

Bild 4.6 Geometrie der *Microstrip*-Leitung und Feldverteilung in einer Querschnittsebene

Die Phasengeschwindigkeiten in Luft und Substrat sind unterschiedlich. Zur Beschreibung der resultierenden Phasengeschwindigkeit für die TEM-Welle wird eine geeignet gewählte effektive Dielektrizitätszahl $\varepsilon_{r,eff}$ eingeführt. Die Ausbreitung der Welle erfolgt also mit der Geschwindigkeit, die sich einstellen würde, wenn der gesamte Raum mit diesem Ersatzmaterial gefüllt wäre.

$$\boxed{\varepsilon_{r,eff} = \left(\frac{c_0}{c}\right)^2 = \left(\frac{\lambda_0}{\lambda}\right)^2}$$ (Effektive relative Dielektrizitätszahl) (4.22)

Beim Aufbau planarer Leitungen werden je nach Anwendungszweck unterschiedliche kommerziell erhältliche Substratmaterialien verwendet. Tabelle 4.1 zeigt gebräuchliche Materialien und deren elektrische Eigenschaften sowie typische Substratdicken und Metallauflagen

[Jans92] [Dupo10] [Roge10]. Für niedrige Frequenzen ist glasfaserverstärktes Epoxydharz ein sehr kostengünstiges, aber verlustbehaftetes Material.

Um planare Schaltungen zu realisieren, existieren unterschiedliche Verfahren. *Integrierte Mikrowellenschaltungen* (MMIC – *Monolithic Microwave Integrated Circuit*) verwenden Halbleitermaterial wie Galliumarsenid (GaAs), um passive Strukturen (wie Leitungen, Filter, Koppler) sowie aktive und nichtlineare Strukturen (Transistoren, Dioden) auf einem Chip zu integrieren. Damit lassen sich Mischer, Leistungsverstärker und rauscharme Vorverstärker für Funkmodule kompakt aufbauen. *Hybridschaltungen* kombinieren passive planare Strukturen mit konzentrierten Elementen (Transistoren, Dioden, ICs, SMD-Bauelemente). SMD (*Surface-Mounted-Device*)-Bauelemente sind kleine quaderförmige Schaltelemente mit Anschlusskontakten, die auf die Oberfläche des Substrates aufgebracht werden und so im Zusammenspiel mit den planaren Strukturen eine Schaltung bilden (siehe Abschnitt 6.1).

Tabelle 4.1 Eigenschaften typischer Substratmaterialien für planare Schaltungen

Material	relative Dielektrizitätszahl ε_r	Verlustfaktor $\tan \delta$	typische Substratdicke	typ. Dicke t der Metallisierung
Polytetrafluorethylen (PTFE)	2,1	0,0002	1,6 mm = 63 mil[1]	35 µm
Glasfaserverstärktes Epoxydharz (FR4)	4,4 ... 5	0,03	1,6 mm = 63 mil	35 µm
Rogers Duroid 6006	6,15	0,0027	0,635 mm = 25 mil	5 µm
Dupont 951	7,8	0,006	0,1 mm = 4 mil	5 µm
Aluminiumoxyd (Al_2O_3)	9,8	0,0001	0,635 mm = 25 mil	10 µm
Galliumarsenid (GaAs)	12,9	0,0004	0,1 mm = 4 mil	5 µm

Der Leitungswellenwiderstand Z_L und die effektive Dielektrizitätszahl $\varepsilon_{r,eff}$ (und damit die Ausbreitungskonstante γ) können – im Gegensatz zur Koaxialleitung – nicht mehr analytisch berechnet werden. Beide Größen hängen primär von der Geometrie (dem Verhältnis Leiterbreite w zu Substrathöhe h) und der relativen Permittivität ε_r des Substrates ab. Eine genauere Betrachtung zeigt aber zusätzliche Abhängigkeiten von der Metallisierungsdicke t, der Frequenz und der elektrischen Leitfähigkeit.

In der Literatur (z.B. [Wade91]) existieren zahlreiche komplexe Näherungsformeln und graphische Darstellungen. Eine einfache Formel für niedrige Frequenzen (quasistatische Bedingungen) nach [Wade91] lautet:

$$Z_L = \frac{Z_{F0}}{\pi\sqrt{8(\varepsilon_r+1)}} \ln\left(1+\frac{4h}{w'}\left[\frac{14+8/\varepsilon_r}{11}\cdot\frac{4h}{w'}+\sqrt{\left(\frac{14+8/\varepsilon_r}{11}\cdot\frac{4h}{w'}\right)^2+\frac{1+1/\varepsilon_r}{2}\cdot\pi^2}\right]\right) \quad (4.23)$$

---

[1] Die Einheit mil entspricht einem tausendstel inch: 1 mil = 1/1000 inch = 0,0254 mm.

mit der effektiven Breite

$$w' = w + \frac{t}{\pi} \ln \left(4e \left[\sqrt{(t/h)^2 + \left(\frac{1/\pi}{w/t+1{,}1} \right)^2} \, \right]^{-1} \right) . \tag{4.24}$$

Die effektive relative Dielektrizitätszahl kann abgeschätzt werden über

$$\varepsilon_{r,eff} = \frac{\varepsilon_r + 1}{2} + \frac{\varepsilon_r - 1}{2} \left[\left(1 + \frac{12h}{w} \right)^{-\frac{1}{2}} + 0{,}04 \left(1 - \frac{w}{h} \right)^2 \right] \quad \text{für} \quad w/h \leq 1 \tag{4.25}$$

bzw.

$$\varepsilon_{r,eff} = \frac{\varepsilon_r + 1}{2} + \frac{\varepsilon_r - 1}{2} \left(1 + \frac{12h}{w} \right)^{-\frac{1}{2}} \quad \text{für} \quad w/h \geq 1 . \tag{4.26}$$

Beispiel 4.4 Leitungswellenwiderstand und effektive Permittivitätszahl

Bild 4.7 zeigt die Verläufe des Leitungswellenwiderstandes und der effektiven Permittivitätszahl als Funktion des Leiterbahnbreiten-zu-Substrathöhen-Verhältnisses w/h bei niedrigen Frequenzen (1 GHz). Die Darstellungen gelten für drei ausgewählte Substratmaterialien: PTFE ($\varepsilon_r = 2{,}1$), FR4 ($\varepsilon_r = 4{,}4$) und Aluminiumoxyd ($\varepsilon_r = 9{,}8$). Als *Faustformel* gelten folgende Werte von w/h bei einer 50-Ω-Leitung: Bei PTFE ist die Leiterbahn ungefähr dreimal so breit wie die Substrathöhe ($w/h \approx 3$), bei FR4 ist die Leiterbahn ungefähr doppelt so breit wie die Substrathöhe ($w/h \approx 2$) und bei Aluminiumoxyd sind Leiterbahnbreite und Substrathöhe annähernd gleich ($w/h \approx 1$).

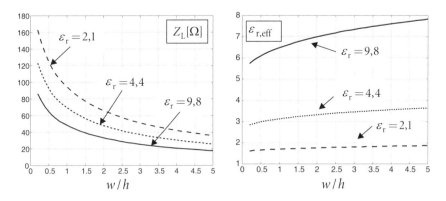

Bild 4.7 Verlauf des Leitungswellenwiderstandes und der effektiven Permittivitätszahl als Funktion des Leiterbahnbreiten-zu-Substrathöhen-Verhältnisses w/h bei niedrigen Frequenzen (1 GHz)

Zur genaueren, frequenzabhängigen Berechnung existieren kommerziell erhältliche Softwareprodukte und Freeware-Tools, z.B. TX-Line [AWR10], die auch andere Leitungsgeometrien beherrschen. Der Umgang mit diesen Softwarewerkzeugen ist sehr komfortabel und es lassen sich besonders effizient Leitungsstrukturen analysieren und synthetisieren (Bild 4.8).

Einige Werkzeuge beherrschen zusätzlich noch die Behandlung des Einflusses von metallischen Seitenwänden und Ebenen über der Leitung. Dies ist wichtig, wenn die Schaltung in ein metallisches Gehäuse eingebaut werden soll, um Abstrahlung und Überkopplung zu anderen Schaltungsteilen zu verhindern.

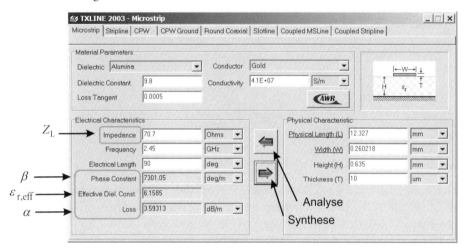

Bild 4.8 Programm TX-Line zur Berechnung von Leitungsparametern

Beispiel 4.5 $\lambda/4$ lange *Microstrip*-Leitung zur Impedanzanpassung

Auf einem Substrat ($\varepsilon_r = 9{,}8$; $h = 635\ \mu\text{m}$) soll eine Last ($Z_A = 100\ \Omega$) bei einer Frequenz von $f = 2{,}45\ \text{GHz}$ an eine Quelle ($Z_E = 50\ \Omega$) angeschlossen werden. Zur Anpassung werde eine $\lambda/4$ lange Leitung dazwischengeschaltet. Für den $\lambda/4$-Transformator gilt:

$$Z_E Z_A = Z_L^2 \quad \rightarrow \quad Z_L = \sqrt{Z_E Z_A} = 70{,}7\ \Omega. \tag{4.27}$$

Mit dem Programm TX-Line erhalten wir die Breite $w = 260\ \mu\text{m}$ für eine Leitung mit dem Leitungswellenwiderstand $Z_L = 70{,}7\ \Omega$. Die effektive relative Dielektrizitätszahl lautet $\varepsilon_{r,\text{eff}} = 6{,}16$. Daraus ergibt sich für die Leitungslänge (Viertel-Wellenlänge) $\ell = 12{,}3\ \text{mm}$.

Zum Vergleich berechnen wir die Leitungskenngrößen für den quasistatischen Fall (niedrige Frequenzen) mit Hilfe der Formeln (4.23) bis (4.26) und erhalten für die effektive relative Dielektrizitätszahl $\varepsilon_{r,\text{eff}} = 6{,}26$ und für den Leitungswellenwiderstand $Z_L = 71{,}7\ \Omega$. Die Übereinstimmung ist für die meisten Anwendungen völlig ausreichend.

4.3.2 Dispersion und nutzbarer Frequenzbereich

Bei genauer Betrachtung fällt auf, dass die effektive Dielektrizitätszahl und der Leitungswellenwiderstand Z_L zudem Funktionen der Frequenz (also dispersiv) sind. Mit steigender Frequenz konzentriert sich das elektrische Feld verstärkt unter der Leitung. Beide Leitungskenngrößen steigen mit der Frequenz an [Heue09]. Eine detaillierte Analyse ist mit Programmen wie TX-Line oder Feldsimulationsprogrammen möglich.

Aufgrund der Dispersion breiten sich Signalanteile bei unterschiedlichen Frequenzen mit unterschiedlicher Phasengeschwindigkeit aus.

$$c(\omega) = \frac{c_0}{\sqrt{\varepsilon_{\mathrm{r,eff}}(\omega)}} \tag{4.28}$$

Dies führt bei größeren Leitungslängen zu einer Verformung von breitbandigen Signalen und macht den Leitungstyp für diese Art von Signalen nur bedingt nutzbar.

Ebenso wie bei einer Koaxialleitung können sich längs einer Mikrostreifenleitung höhere Wellentypen ausbreiten, wenn die Querabmessungen in den Bereich der Wellenlänge kommen. Nach [Maas98] kann folgende einfache Formel zur Abschätzung der *Cut-off*-Frequenz des ersten ausbreitungsfähigen Nicht-Quasi-TEM-Modes verwendet werden.

$$f_c = \frac{75\,\mathrm{GHz}}{(h/1\,\mathrm{mm})\sqrt{\varepsilon_r - 1}} \tag{4.29}$$

Die Formel hängt nur von den Substratkenngrößen ab und entspricht der Gleichung der *Cut-off*-Frequenz bei einem dielektrischen Plattenleiter (dielektrische Platte zwischen zwei Luft-Halbräumen) aus [Zink00], wenn man für die Plattendicke a die doppelte Substrathöhe h einsetzt, denn die metallische Grundfläche der Mikrostreifenleitung stellt gerade eben eine Symmetrieebene dar.

$$\boxed{f_c = \frac{c_0}{4h\sqrt{\varepsilon_r - 1}}} \qquad (\textit{Cut-off}\text{-Frequenz der Mikrostreifenleitung}) \tag{4.30}$$

Oberhalb dieser Frequenz kann sich eine Welle im Substrat ausbreiten, verursacht durch Totalreflexion an der Grenzschicht Luft-Substrat.

Beispiel 4.6 Nutzbarer Frequenzbereich einer *Microstrip*-Leitung

Für ein Substrat mit der Höhe h=0,635 mm und der relativen Dielektrizitätszahl ε_r= 9,8 ergibt sich ein nutzbarer Frequenzbereich bis ca. $f_c \approx 40$ GHz. Darüber können höhere Wellentypen auftreten.

■

4.3.3   Anwendungsgebiete

Die *Microstrip*-Leitung ist der am häufigsten verwendete Leitungstyp bei planaren Schaltungen. Aufgrund der Geometrie ist der Leitungstyp gut mit konzentrierten Bauelementen (z.B. SMD-Komponenten) kombinierbar. Zudem ist die Leitung einfach, kostengünstig und miniaturisiert herstellbar.

Nachteilig bei *Microstrip*-Leitungen sind Abstrahlungsverluste bei hohen Frequenzen, da die Leitung einen offenen Aufbau besitzt. Durch den Einbau in ein Gehäuse kann der Effekt vermindert werden[2]. Im Gegensatz zu einer koaxialen Leitung ist die Mikrostreifenleitung aufgrund des starren Substrates nicht flexibel. Die Verluste sind vergleichsweise hoch. Zudem ist wegen der Dispersion der Leitungstyp nur eingeschränkt für Breitbandsignale geeignet.

4.4   Streifenleitung (*Stripline*)

4.4.1   Leitungswellenwiderstand

Eine Streifenleitung (*Stripline, Triplate*) besteht aus einer metallischen, flächigen Leiterbahn der Breite w zwischen zwei Masseflächen mit dem Abstand b (Bild 4.9). Der Raumbereich ist mit einem homogenen Dielektrikum (Substratmaterial mit relativer Dielektrizitätszahl ε_r) gefüllt. In der Leitungsstruktur breitet sich eine TEM-Welle aus. Das magnetische Feld umläuft den zentralen Leiter und das elektrische Feld erstreckt sich vom zentralen Leiter zu den Masseflächen.

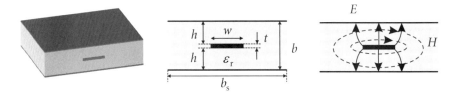

Bild 4.9 Geometrie der *Stripline*-Leitung und Feldverteilung in einer Querschnittsebene

Für den Leitungswellenwiderstand Z_L einer Streifenleitung gibt es in der Literatur Näherungslösungen. Nach [Whee78] gilt:

$$Z_L = \frac{30\,\Omega}{\sqrt{\varepsilon_r}} \ln\left(1 + \frac{8h}{\pi w'}\left[\frac{16h}{\pi w'} + \sqrt{\left(\frac{8h}{\pi w'}\right)^2 + 6{,}27}\right]\right) \qquad \text{(Leitungswellenwiderstand).} \qquad (4.31)$$

---

[2] Allerdings besteht die Gefahr, dass das Gehäuse selbst zu Schwingungen angeregt wird. Man spricht hier auch von *Gehäusemoden* (siehe Abschnitt 4.5.6 über Hohlraumresonatoren).

Die effektive Streifenbreite w' lautet

$$w' = w + \frac{t}{\pi} \ln \left(e \left[\sqrt{\left(\frac{1}{4(h/t)+1} \right)^2 + \left(\frac{1/(4\pi)}{w/t+1,1} \right)^m} \right]^{-1} \right) \quad \text{und} \quad m = \frac{6}{3+t/h} . \tag{4.32}$$

Beispiel 4.7 Berechnung des Leitungswellenwiderstandes einer *Stripline*

Eine Streifenleitung mit folgenden Parametern sei gegeben: Substrathöhe $b = 2h+t = 1,6$ mm, relative Dielektrizitätszahl $\varepsilon_r = 2,5$, Streifenbreite $w = 1,17$ mm und Streifendicke $t = 10$ µm. Für die Hilfsgröße erhalten wir $m = 1,9916$ und $w' = 1,191$ mm. Der Leitungswellenwiderstand dieser Leitung beträgt $Z_L = 50,0 \, \Omega$. Das Ergebnis erhalten wir auch mit dem Programm TX-Line.

■

4.4.2 Nutzbarer Frequenzbereich

Die obere Grenze des technischen Einsatzfrequenzbereiches ergibt sich aus der *Cut-off*-Frequenz für den ersten höheren Wellentyp. Dieser Wellentyp ist – bei lateral unendlich ausgedehnter Streifenleitung – der Ausbreitungsmode einer Plattenleitung mit dem Abstand b [Zink00].

$$\boxed{f_c = \frac{c_0}{2b\sqrt{\varepsilon_r}}} \quad \text{(*Cut-off*-Frequenz des ersten höheren Wellentyps)} \tag{4.33}$$

Falls das Substrat eine endliche Breite b_s besitzt und an den Rändern metallisch abgeschlossen ist, so ergibt sich insgesamt eine metallische Umrandung und es besteht die Möglichkeit der Ausbreitung von Hohlleiterwellen. Der erste ausbreitungsfähige höhere Wellentyp ist dann gegeben durch

$$f_c = \frac{c_0}{2b_s\sqrt{\varepsilon_r}} \quad \text{(*Cut-off*-Frequenz bei mit elektr. Wänden begrenztem Substrat).} \tag{4.34}$$

Beispiel 4.8 Höhere Moden in einer Streifenleitung

Wir betrachten die Streifenleitung aus dem vorhergehenden Beispiel und nehmen an, dass das Substrat eine Breite von $b_s = 10$ mm hat und an den Seiten metallisch abgeschlossen ist. Ausgehend von der Höhe (1,6 mm) ergäbe sich bei lateral unendlich ausgedehntem Substrat nach Gleichung (4.33) ein weiterer ausbreitungsfähiger Wellentyp ab einer *Cut-off*-Frequenz von $f_c = 59,3$ GHz. Da jedoch das Substrat lateral mit elektrischen Wänden begrenzt ist, erhalten wir eine verminderte *Cut-off*-Frequenz von $f_c = 9,5$ GHz.

■

4.4.3   Anwendungsgebiete

Bei Schaltungen, die mehrere Substratlagen besitzen (*Multilayer board*), werden auf der obersten Lage Mikrostreifenleitungen (*Microstrip*) verwendet und in tieferen Ebenen ergeben sich zwischen den Masseflächen Streifenleitungen (*Stripline*). Bild 4.10 zeigt ein entsprechendes Beispiel mit dem Übergang von einer Mikrostreifenleitung auf eine Streifenleitung und wieder zurück auf eine Mikrostreifenleitung. Die zylindrischen Durchführungen zwischen den flächigen Leitern werden als *Vias* bezeichnet. Streifenleitungen führen TEM-Wellen, da hier die Wellen – im Gegensatz zu *Microstrip*-Leitungen – in einem homogenen Material verlaufen.

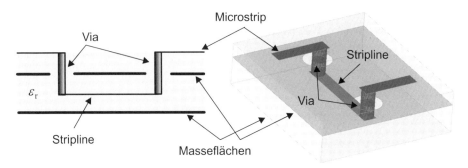

Bild 4.10 Multilayer-Board mit Streifenleitung (*Stripline*) und Mikrostreifenleitung (*Microstrip*)

4.5   Rechteckhohlleiter

4.5.1   Allgemeine Überlegungen

Die bisher vorgestellten Leitungstypen (Koaxialleitung, Mikrostreifenleitung und Streifenleitung) besaßen *zwei Leiter* und konnten so eine TEM- oder Quasi-TEM-Welle führen. Dieser Feldtyp existiert auch im Gleichstromfall (0 Hz).

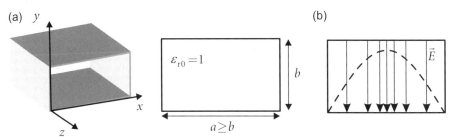

Bild 4.11 (a) Geometrie des Rechteckhohlleiters und (b) Verteilung des elektrischen Feldes in einer Querschnittsebene (H_{10} Grundwelle)

Der Rechteckhohlleiter besteht nun nur aus *einem innen hohlen Leiter* mit der Breite a und der Höhe b (siehe Bild 4.11a) und es ist unmittelbar klar, dass zum Transport von Gleichstrom der Rückleiter fehlt. Hohlleiter können in ihrem Innern erst ab einer Grenzfrequenz

(*Cut-off*-Frequenz) eine Welle führen. Der erste ausbreitungsfähige und technisch bedeutsame Wellentyp ist die H_{10}-Welle. Wir wollen uns anschaulich überlegen, wie sich diese Welle zwischen den metallischen Wänden ausbildet.

Zunächst erinnern wir uns an die homogene ebene Welle (HEW) in Kapitel 2. Die homogene ebene Welle ist eine transversal elektromagnetische Welle (TEM). Wir nehmen – wie in der Mitte von Bild 4.12 gezeigt – an, dass sich eine Welle in *negative* x-Richtung ausbreite und in y-Richtung polarisiert sei. (Der elektrische Feldstärkevektor zeigt in y-Richtung.) Die Welle kann durch die beiden Phasoren E und H beschrieben werden. Wir beschränken uns hier bei den Betrachtungen auf das elektrische Feld.

$$\vec{E}(x) = E_0 e^{+jkx} \vec{e}_y \tag{4.35}$$

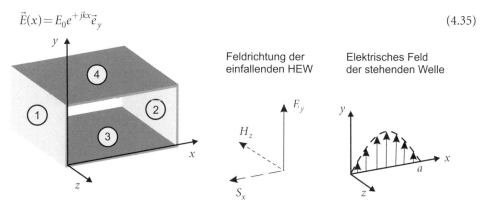

Bild 4.12 Zur Entstehung einer Hohlleiterwelle

Nun ziehen wir an der Stelle $x = 0$ eine elektrisch leitende Ebene (1) ein. An dieser Ebene muss das tangentiale elektrische Feld verschwinden. Dies geht nur, wenn die Welle reflektiert wird. Der Reflexionsfaktor beträgt $r = -1$ (siehe Kapitel 2). Vor der Ebene entsteht also, als Überlagerung einer hinlaufenden und einer rücklaufenden Welle, eine *stehende Welle* mit einer Nullstelle des elektrischen Feldes an der Stelle $x = 0$.

$$\vec{E}(x) = E_0 \left(e^{+jkx} + r e^{-jkx} \right) \vec{e}_y = E_0 \left(e^{+jkx} - e^{-jkx} \right) \vec{e}_y = -2jE_0 \sin(kx)\vec{e}_y \tag{4.36}$$

Aus den Überlegungen in Kapitel 3 (Leitungstheorie) wissen wir, dass eine stehende Welle Feldnullstellen (Knoten) und Maxima im Abstand der halben Wellenlänge hat. Wenn wir also von der leitenden Ebene (1) eine halbe Wellenlänge zurückschreiten, dann befinden wir uns wieder am Ort einer Nullstelle. Somit können wir – ohne die Zustände zu beeinflussen – eine zweite parallele elektrische Ebene an der Stelle $x = a$ einziehen. Der Abstand zwischen den Wänden muss also mindestens eine halbe Freiraumwellenlänge sein, damit eine stehende Welle zwischen die Wände (1) und (2) passt.

$$a = \frac{\lambda_0}{2} = \frac{c_0}{2f} \quad \rightarrow \quad f_c = \frac{c_0}{2a} \tag{4.37}$$

Hieraus können wir eine minimale Frequenz für die mögliche Wellenausbreitung ausrechnen. Die Frequenz wird allgemein als *Cut-off*-Frequenz f_c bezeichnet.

Bis jetzt haben wir eine stehende Welle zwischen zwei parallelen senkrechten elektrischen Wänden betrachtet. Einen Hohlleiter erhalten wir, wenn wir nun auch noch eine waagerechte Bodenfläche (3) und eine Deckelfläche (4) einziehen. Da das elektrische Feld aber in y-Richtung polarisiert ist und immer senkrecht auf diesen Flächen steht, können wir waagerechte Flächen an eine beliebige Stelle (y = const.) legen[3]. Wir wählen den Abstand b zwischen den horizontalen Wänden kleiner als den Abstand a zwischen den senkrechten Wänden $a \geq b$, so dass die *Cut-off*-Frequenz von der Länge a bestimmt wird.

Bei der *Cut-off*-Frequenz gibt es offensichtlich keinen Wirkleistungstransport. Es handelt sich um eine quer im Hohlleiter stehende Welle. Die Wellenlänge (Abstand zwischen zwei gleichen Phasenzuständen längs der Leitung) ist unendlich. Die Phase der Welle ist überall auf der Leitung gleich, d.h. die Phasengeschwindigkeit ist unendlich! Die Energie- oder Informationsgeschwindigkeit hingegen ist null.

Was geschieht, wenn die Frequenz nun minimal erhöht wird? Dann passt die Welle nicht mehr genau quer hinein. Wir können aber nach wie vor die Randbedingungen an den Stellen $x = 0$ und $x = a$ erfüllen, wenn wir die Welle schräg auf die Ebene (1) fallen lassen. Die homogene ebene Welle schreitet dann in einem Zickzackkurs im Hohlleiter voran. Die Energiegeschwindigkeit nimmt zu und die Phasengeschwindigkeit nimmt ab (Bild 4.13).

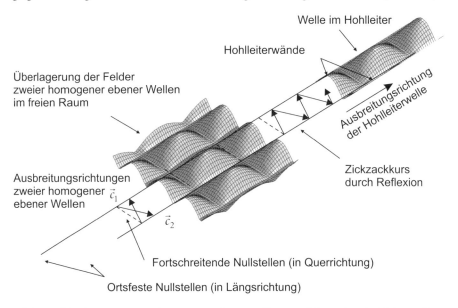

Bild 4.13 Überlagerung zweier homogener ebener Wellen zur Bildung einer Hohlleiterwelle

Bild 4.14 zeigt für einen R100-Hohlleiter (a = 22,86 mm, b = 10,16 mm) die Feldverteilung für eine Anregung unterhalb, oberhalb und bei der *Cut-off*-Frequenz von f_c = 6,56 GHz.

---

[3] Vereinfachend betrachten wir hier nur das E-Feld. Für das H-Feld sind selbstverständlich auch die Randbedingungen an den metallischen Berandungsflächen des Hohlleiters erfüllt, wobei das magnetische Feld stets nur tangentiale Komponenten aufweisen darf.

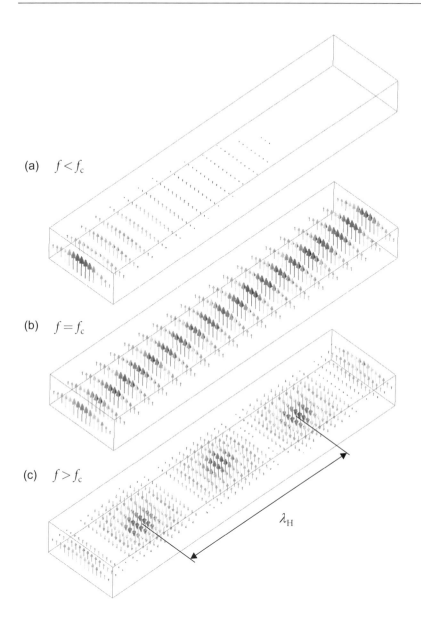

Bild 4.14 Verteilung der elektrischen und magnetischen Felder in einem Hohlleiter unterhalb, oberhalb und bei der *Cut-off*-Frequenz

Bei einer Frequenz $f = 6$ GHz unterhalb der *Cut-off*-Frequenz ist keine Wellenausbreitung zu beobachten. Es entsteht von der Seite der Anregung aus nur ein reaktives Feld mit exponentiell abklingendem Verhalten. Bei der Frequenz $f = f_c$ sehen wir eine quer im Hohlleiter *stehende Welle*, wie wir uns dies eingangs überlegt haben. Die Feldanteile schwingen phasengleich. Es findet kein Energietransport statt.

Im Betriebsfrequenzbereich $f = 8{,}25$ GHz oberhalb der *Cut-off*-Frequenz sehen wir Wellen-ausbreitung. Die Wellenlänge λ_H im Hohlleiter bezeichnet den Abstand zweier gleicher Schwingungszustände. Die Fortschreitungsgeschwindigkeit und die Hohlleiterwellenlänge können aus diesen Zusammenhängen abgeleitet werden, siehe zum Beispiel [Mein92].

Wir beschäftigen uns nun mit dieser *Grundwelle*, bevor wir höhere Wellentypen betrachten.

4.5.2   Die H_{10}-Grundwelle

Hohlleiterwellen werden nach einem einfachen System klassifiziert. Unterschieden werden *H*-Wellen und *E*-Wellen, denen zwei Indizes *m* und *n* zugeordnet werden.

- *H-Wellen* (H_{mn}) sind *transversal elektrische* (TE) Wellen: Das elektrische Feld steht also stets senkrecht zur Ausbreitungsrichtung, das magnetische Feld hat Anteile in Ausbreitungsrichtung.
- *E-Wellen* (E_{mn}) sind *transversal magnetische* (TM) Wellen: Das magnetische Feld steht also stets senkrecht zur Ausbreitungsrichtung, das elektrische Feld hat Anteile in Ausbreitungsrichtung.

Die Indizes bezeichnen die Anzahl der Feldmaxima (*E*-Feldmaxima bei *H*-Wellen bzw. *H*-Feldmaxima bei *E*-Wellen) in die unterschiedlichen transversalen Raumrichtungen. Bei der H_{10}-Welle existiert *ein* Maximum des elektrischen Feldes in *x*-Richtung und kein (null) Maximum des elektrischen Feldes in *y*-Richtung. Der Verlauf in *y*-Richtung ist also konstant (Bild 4.11b).

Nach unseren Vorüberlegungen ist Wellenausbreitung erst ab einer *Cut-off*-Frequenz f_c möglich.

$$\boxed{f_c = \frac{c_0}{2a}} \quad (\textit{Cut-off}\text{-Frequenz für die } H_{10}\text{-Welle}) \tag{4.38}$$

Unterhalb der Grenzfrequenz existiert keine Wellenausbreitung, sondern nur ein exponentiell gedämpftes, nicht fortschreitendes Feld (Bild 4.14a).

Bild 4.14 zeigt, dass das elektrische Feld nur eine Feldkomponente in *y*-Richtung besitzt. Das magnetische Feld besitzt jedoch neben der Querkomponente H_x auch eine Komponente H_z in Längsrichtung des Hohlleiters. Die mathematischen Beziehungen für die einzelnen Feldkomponenten der H_{10}-Welle können wir nach [Zink00] folgendermaßen angeben.

$$H_z = H_{z0} \cos\left(\pi \frac{x}{a}\right) e^{-j\frac{2\pi}{\lambda_H}z} \tag{4.39}$$

$$H_y = 0 \tag{4.40}$$

$$H_x = H_{z0} \frac{2\pi}{\lambda_H k_c^2} \frac{\pi}{a} \sin\left(\pi \frac{x}{a}\right) e^{-j\left(\frac{2\pi}{\lambda_H} - \frac{\pi}{2}\right)} \tag{4.41}$$

$$E_x = E_z = 0 \tag{4.42}$$

$$E_y = H_{z0} Z_{F0} \frac{k}{k_c^2} \frac{\pi}{a} \sin\left(\pi \frac{x}{a}\right) e^{-j\left(\frac{2\pi}{\lambda_H} + \frac{\pi}{2}\right)} \tag{4.43}$$

Hierbei ist λ_H die Wellenlänge im Hohlleiter mit

$$\boxed{\lambda_H = \frac{\lambda_0}{\sqrt{1 - (f_c/f)^2}} > \lambda_0} \quad \text{(Wellenlänge im Hohlleiter)} \tag{4.44}$$

und k_c die *Cut-off*-Wellenzahl, die sich für die H_{10}-Welle einfach berechnen lässt.

$$k_c = \beta_c = \frac{2\pi}{\lambda_c} = \frac{2\pi f_c}{c_0} = \frac{4\pi a}{c_0} \tag{4.45}$$

Die Geschwindigkeit, mit der sich die Welle ausbreitet, ist stark frequenzabhängig. Wir haben überlegt, dass bei der *Cut-off*-Frequenz die Welle quer im Hohlleiter steht. Diese stehende Welle ergibt sich durch senkrechten Einfall einer homogenen ebenen Welle auf die Seitenwände. Mit steigender Frequenz wird die Freiraumwellenlänge λ_0 der ebenen Welle kleiner und sie muss nun zur Einhaltung der Randbedingung an den Seitenflächen schräg einfallen (Bild 4.13). Dadurch ist nun ein Fortschreiten im Zickzackkurs zu beobachten. Das Fortschreiten der Energie erfolgt daher mit der Energiegeschwindigkeit [Kark10], die im Hohlleiter gerade der Gruppengeschwindigkeit entspricht. Sie lautet [Mein92]:

$$\boxed{v_{gr} = c_0 \frac{\lambda_0}{\lambda_H} = c_0 \sqrt{1 - (f_c/f)^2} < c_0} \quad \text{(Gruppen-, bzw. Energiegeschwindigkeit)}. \tag{4.46}$$

Die Gruppengeschwindigkeit ist stets kleiner als die Vakuumlichtgeschwindigkeit. Durch die Reflexion an den Seitenwänden und den sich daraus ergebenden Zickzackkurs ist der Weg länger als das gradlinige Fortschreiten längs der Leitung.

Das Feldbild im Hohlleiter wiederholt sich nach der Hohlleiterwellenlänge λ_H und schreitet mit der Phasengeschwindigkeit v_{ph} voran. Für die Phasengeschwindigkeit gilt nach [Mein92]:

$$\boxed{v_{ph} = c_0 \frac{\lambda_H}{\lambda_0} = \frac{c_0}{\sqrt{1 - (f_c/f)^2}} > c_0} \quad \text{(Phasengeschwindigkeit)}. \tag{4.47}$$

Das Feldbild ergibt sich durch die Überlagerung zweier schräg zueinander verlaufender, homogener ebener Wellen und breitet sich schneller als die Vakuumlichtgeschwindigkeit aus, obgleich die Geschwindigkeit der einzelnen homogenen ebenen Welle gerade eben der Vakuumlichtgeschwindigkeit entspricht. (Dies ist vergleichbar der Geschwindigkeit des Schnittpunktes einer Schere: Die Geschwindigkeit des Schnittpunktes kann größer sein als die Geschwindigkeit der Schneiden.)

Der Zusammenhang zwischen Phasen- und Gruppengeschwindigkeit lautet

$$v_{gr} v_{ph} = c_0^2 \,. \tag{4.48}$$

Da die Ausbreitungsgeschwindigkeit in einem Hohlleiter vor allem knapp über der *Cut-off*-Frequenz stark frequenzabhängig ist, schränkt man den technischen Einsatzbereich auf Frequenzen oberhalb von $f_{min}=1,25 \cdot f_c$ ein. Wie wir schon gesehen haben, kann sich ab der Doppelten *Cut-off*-Frequenz der H_{10}-Welle bereits der nächste Wellentyp ausbreiten. Um eindeutige Verhältnisse (nur Ausbreitung der Grundwelle) zu haben, schränkt man den Frequenzbereich zusätzlich nach oben hin auf einen Wert von $f_{max}= 1,9 \cdot f_c$ ein [Kark10].

$$\boxed{1,25 f_c \leq f \leq 1,9 f_c} \qquad \text{(Technischer Einsatzbereich für Grundwellenbetrieb)} \qquad (4.49)$$

Basierend auf Strom und Leistung im Hohlleiter kann ein Leitungswellenwiderstand definiert werden, welcher sich für die H_{10}-Welle wie folgt berechnen lässt [Zink00]:

$$\boxed{Z_L^{H_{10}} = \frac{\pi^2 b}{8a} \cdot \frac{Z_{F0}}{\sqrt{1-\left(f_c/f\right)^2}}} \qquad \text{(Leitungswellenwiderstand der } H_{10}\text{-Welle)}, \qquad (4.50)$$

mit dem Feldwellenwiderstand des freien Raumes von $Z_{F0}= 377\ \Omega$. Dieser Leitungswellenwiderstand wird bei Streuparametern in der Regel als Torwiderstand bei der Normierung der Wellengrößen verwendet (siehe Kapitel 5).

Beispiel 4.9 H_{10}-Welle in einem R100-Hohlleiter

Ein R100-Hohlleiter besitzt die Abmessungen $a = 22,86$ mm und $b = 10,16$ mm. Die *Cut-off*-Frequenz für die H_{10}-Welle liegt bei $f_c= 6,56$ GHz. Der Einsatzfrequenzbereich erstreckt sich von $f_{min} = 1,25 \cdot f_c = 8,2$ GHz bis $f_{max} = 1,9 \cdot f_c = 12,5$ GHz. Bei einer Frequenz von $f = 8,5$ GHz beträgt der Wert der Wellenlänge im Hohlleiter $\lambda_H = 5,55$ cm und der Leitungswellenwiderstand $Z_L = 325\ \Omega$. (Die Werte für die Wellenlänge und den Leitungswellenwiderstand können einfach mit einem Feldsimulator nachgerechnet werden[4].)

4.5.3   Höhere Wellentypen

Ausgehend von den allgemeinen Überlegungen in Abschnitt 4.5.1 ist einzusehen, dass eine homogene ebene Welle mit doppelter *Cut-off*-Frequenz der H_{10}-Welle ebenso die Randbedingung an den Seitenwänden des Hohlleiters erfüllt und gerade eben *zwei Maxima* in Querrichtung besitzt. Der entsprechende Wellentyp wird daher als H_{20}-Welle bezeichnet, da auch er nur transversale elektrische Komponenten besitzt.

---

[4] Feldsimulatoren liefern für Leitungswellenwiderstände drei unterschiedliche Werte. Der Wert Z_{LUI} basiert auf Strom (I) und Spannung (U), der Wert Z_{LPU} basiert auf Leistung (P) und Spannung und der Wert Z_{LPI} basiert auf Strom und Leistung. Bei TEM-Wellen sind alle Werte gleich. Unsere obige Definition des Leitungswellenwiderstandes für den Hohlleiter basiert auf Strom und Leistung, daher müssen wir zum Vergleich mit den Ergebnissen eines Feldsimulators den Wert Z_{LPI} heranziehen.

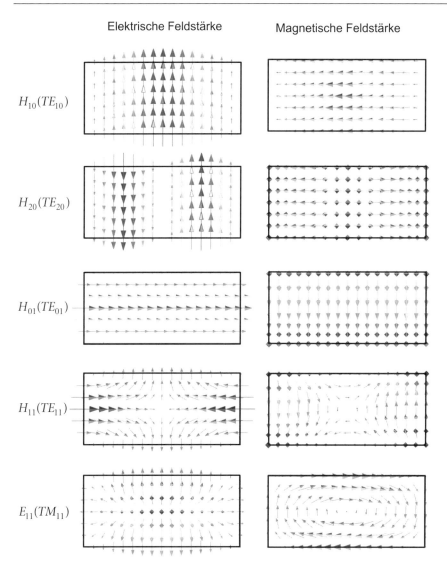

Elektrische Feldstärke   Magnetische Feldstärke

$H_{10}(TE_{10})$

$H_{20}(TE_{20})$

$H_{01}(TE_{01})$

$H_{11}(TE_{11})$

$E_{11}(TM_{11})$

Bild 4.15 Ausbreitungsmoden im Rechteckhohlleiter

Entsprechend lassen sich durch die Überlagerung homogener ebener Wellen auf viele Arten die Randbedingungen an den metallischen Flächen erfüllen. Die entsprechenden Ausbreitungsmoden besitzen *Cut-off*-Frequenzen, die durch folgende allgemeine Formel berechnet werden können.

$$\boxed{f_{c,mn} = \frac{c_0}{2}\sqrt{\left(\frac{m}{a}\right)^2 + \left(\frac{n}{b}\right)^2}}\quad (Cut\text{-}off\text{-Frequenzen aller Wellentypen}) \tag{4.51}$$

Für die Fälle $m = 0$ oder $n = 0$ handelt es sich dabei um *H*-Wellen, die nur ein transversales (senkrechtes) elektrisches Feld ($n = 0$) oder ein transversales (waagerechtes) elektrisches Feld ($m = 0$) besitzen. Wenn *beide* Feldindizes m und n *ungleich* null sind, existieren stets zwei unterschiedliche Ausbreitungsmoden: E_{mn}- und H_{mn}-Wellen. Da diese die gleiche *Cut-off*-Frequenz besitzen, werden die Moden auch als *entartet* bezeichnet.

Bild 4.15 zeigt Feldbilder höherer Wellentypen in einem R100-Hohlleiter. Auf der Web-Seite zu diesem Buch befinden sich animierte Grafiken, welche die Wellenausbreitung im Hohlleiter farbig veranschaulichen.

Beispiel 4.10 H_{10}-Welle in einem R100-Hohlleiter

Ein R100-Hohlleiter besitzt die Abmessungen $a = 22{,}86$ mm und $b = 10{,}16$ mm. Tabelle 4.2 listet die *Cut-off*-Frequenzen der ersten ausbreitungsfähigen Wellentypen (bis 20 GHz) auf. Feldbilder der elektrischen und magnetischen Feldverteilungen der ersten fünf ausbreitungsfähigen Moden sind in Bild 4.15 gezeigt.

Tabelle 4.2 *Cut-off*-Frequenzen für einen R100-Hohlleiter ($a = 22{,}86$ mm und $b = 10{,}16$ mm)

Wellentyp	H_{10}	H_{20}	H_{01}	H_{11}, E_{11}	H_{30}	H_{21}, E_{21}
Cut-off-Freq. $f_{c,mn}$	6,56 GHz	13,12 GHz	14,76 GHz	16,16 GHz	19,69 GHz	19,75 GHz

■

4.5.4 Einsatzgebiete von Hohlleitern

Hohlleiter finden Verwendung bei der Speisung von Hornstrahlern (Abschnitt 7.2). Bei Radaranwendungen ist die Möglichkeit eines hohen Leistungsdurchsatzes entscheidend. Hohlleiter zeichnen sich durch niedrige Verluste aus, was den Aufbau hochgütiger Filter oder Resonatoren ermöglicht (siehe Abschnitt 6.2).

Nachteile von Hohlleitern sind die starre Form und die schlechte Kombinierbarkeit mit anderen Wellenleiterstrukturen. Für den Übergang auf andere Leitungssysteme müssen besondere Übergänge geschaffen werden (siehe Abschnitt 4.5.5). Hohlleiter besitzen nur einen schmalen Einsatzfrequenzbereich. Das ist der Bereich, in dem sich eindeutig nur eine H_{10}-Grundwelle ausbreiten kann. Im Einsatzfrequenzbereich besteht darüber hinaus eine starke Dispersion (unterschiedliche Frequenzanteile breiten sich mit unterschiedlicher Geschwindigkeit aus).

Weitere gebräuchliche Hohlleiterformen sind Rundhohlleiter [Zink00]. Darüber hinaus gibt es eine Beschreibung auch exotischerer Leitungsquerschnitte [Kark10].

4.5.5 Anregung von Hohlleiterwellen

Die in der Praxis gebräuchlichen Messgeräte, Signalgeneratoren und Verstärker besitzen üblicherweise koaxiale Anschlüsse. Um Wellen in Hohlleiter einzuspeisen, werden also spezielle Übergänge benötigt. Hierbei muss das Feld so eingekoppelt werden, dass es von der Orientierung her zur H_{10}-Welle „passt". Bild 4.16 zeigt einen Übergang von einer koaxialen Leitung auf einen R100-Hohlleiter [Bial95]. Der Übergang besteht aus dem verlängerten

Innenleiter des Koaxialkabels und einem Abschluss in Form eines metallischen Zylinders (Radius 2,05 mm). Zwischen dem Zylinderdeckel und der oberen Fläche im Hohlleiter sowie der Zylinderunterseite und der unteren Seite des Hohlleiters entsteht durch die koaxiale Einspeisung ein senkrechtes elektrisches Feld, welches die H_{10}-Welle anregt.

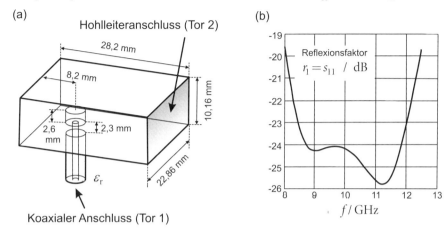

Bild 4.16 Übergang von einer Koaxialleitung auf einen R100-Hohlleiter: (a) Geometrie und (b) Reflexionsfaktor am koaxialen Tor

Der Hohlleiter ist luftgefüllt. Die Koaxialleitung (Innenleiterradius $R_i = 0{,}65$ mm, Außenleiterradius $R_a = 2{,}05$ mm) hat einen Leitungswellenwiderstand von $Z_L = 50\,\Omega$ und ist mit einem Dielektrikum ($\varepsilon_r = 1{,}9$) gefüllt. Im Einsatzbereich der H_{10}-Welle des R100-Rechteckhohlleiters ($8{,}2$ GHz $\leq f \leq 12{,}5$ GHz) tritt an der koaxialen Einspeisung ein sehr kleiner Reflexionsfaktor $r_1 < 0{,}1$ auf. In Bild 4.16 ist der Betrag des Reflexionsfaktors logarithmisch dargestellt als $s_{11} = 20 \lg(|r_1|) < -20$ dB. Wie wir in Kapitel 5 noch sehen werden, ist es üblich, Reflexionsfaktoren logarithmisch anzugeben.

4.5.6 Hohlraumresonatoren

Begrenzt man einen Hohlleiter an seinen beiden Längsseiten im Abstand c, so entsteht ein quaderförmiger Hohlraum (Bild 4.17) mit den Abmessungen $a{\times}b{\times}c$ (Breite×Höhe×Länge), welcher bei bestimmten Frequenzen schwingungsfähig ist. Die elektrischen und magnetischen Felder müssen dabei an allen sechs Seiten des quaderförmigen Luftvolumens die Randbedingungen erfüllen.

Für den Fall, dass die Längsausdehnung größer ist als die Breite und diese wiederum größer als die Höhe ($c > a > b$), ergeben sich für die Schwingung mit der niedrigsten Resonanz folgende Feldkomponenten [Mein92]:

$$E_y\left(x,y,z\right) = E_{y0} \sin\left(\frac{\pi x}{a}\right)\sin\left(\frac{\pi z}{c}\right) \tag{4.52}$$

$$H_x\left(x,y,z\right) = H_{x0} \sin\left(\frac{\pi x}{a}\right)\cos\left(\frac{\pi z}{c}\right) \tag{4.53}$$

$$H_z(x,y,z) = H_{z0} \cos\left(\frac{\pi x}{a}\right) \cos\left(\frac{\pi z}{c}\right) . \tag{4.54}$$

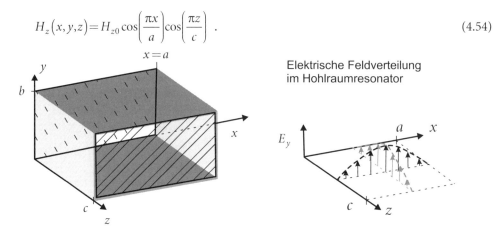

Bild 4.17 Hohlraumresonator mit H_{101}-Grundschwingung

Alle Feldkomponenten sind unabhängig von der Komponente y. Das elektrische Feld besitzt nur eine transversale Komponente bezogen auf die ursprüngliche Ausbreitungsrichtung z des offenen Hohlleiters. Das magnetische Feld hingegen hat neben einer transversalen Komponente auch eine Komponente in der ursprünglichen Ausbreitungsrichtung. Die Verteilung des elektrischen Feldes besitzt ein Maximum in x-Richtung und ein Maximum in z-Richtung. Der Verlauf in y-Richtung ist konstant. Der Schwingungszustand mit der niedrigsten Resonanzfrequenz (Voraussetzung: $c > a > b$) wird daher als H_{101}-Mode bezeichnet.

$$f_{R,101} = \frac{c_0}{2} \sqrt{\left(\frac{1}{a}\right)^2 + \left(\frac{1}{c}\right)^2} \tag{4.55}$$

Bei höheren Frequenzen können sich komplexere Schwingungszustände einstellen, deren Feldverteilungen zum Beispiel in [Mein92] gegeben sind. Die Resonanzfrequenzen können allgemein nach folgender Formel berechnet werden.

$$f_{R,mnp} = \frac{c_0}{2} \sqrt{\left(\frac{m}{a}\right)^2 + \left(\frac{n}{b}\right)^2 + \left(\frac{p}{c}\right)^2} \tag{4.56}$$

In der Praxis werden Schaltungsteile und Komponenten oft in quaderförmige Gehäuse eingebaut, um Störeinkopplungen und Wechselwirkung mit anderen Schaltungsteilen zu vermeiden. Ein quaderförmiges Gehäuse stellt letztlich unbeabsichtigt einen Hohlraumresonator dar, dessen Größe mit Bedacht gewählt werden muss, da Gehäuseresonanzen zu unerwünschtem Verhalten einer Schaltung führen können. In Abschnitt 6.2.4.2 betrachten wir das Beispiel eines Mikrostreifenleitungsfilters in einem metallischen Gehäuse und den Einfluss auf die Übertragungsfunktion.

4.6 Zweidrahtleitung

4.6.1 Leitungswellenwiderstand

Bei der Zweidrahtleitung handelt es sich um eine *symmetrisch* aufgebaute Leitung, d.h. die beiden Leiter der Leitung sind von gleicher Gestalt und Größe. Eine solche aufbausymmetrische Leitung lässt sich mit symmetrischen Signalen (Abschnitt 4.7) aussteuern: Bei einer symmetrischen Aussteuerung sind die Spannungen längs der Leitung dann gegenüber einer Bezugsmasse von gleichem Betrag, aber von entgegengesetztem Vorzeichen. Dies hat eine Reihe von Vorteilen für die Verminderung von Störeinkopplungen.

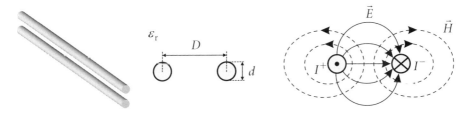

Bild 4.18 Geometrie der Paralleldrahtleitung und Feldverteilung in einer Querschnittsebene

Der Leitungswellenwiderstand einer einfachen Paralleldrahtleitung kann nach [Wade91] angegeben werden mit

$$Z_\mathrm{L} = \frac{Z_\mathrm{F0}}{\pi\sqrt{\varepsilon_\mathrm{r}}} \cosh^{-1}\!\left(\frac{D}{d}\right) \quad \text{(Leitungswellenwiderstand Zweidrahtleitung).} \tag{4.57}$$

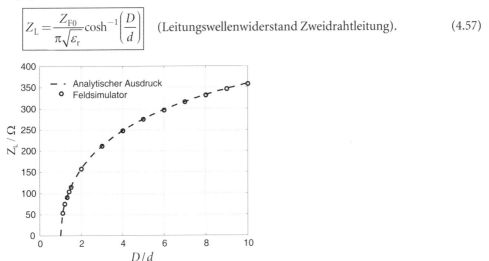

Bild 4.19 Verlauf des Leitungswellenwiderstandes Z_L über dem Quotienten D/d für eine Leitung in Luft ($\varepsilon_\mathrm{r} = 1$); Vergleich zwischen Gleichung (4.57) und der Lösung mit einem Feldsimulator

Ein graphischer Verlauf dieses Zusammenhangs ist in Bild 4.19 gezeigt. Falls die Leiter mit einem dielektrischen Isolierstoff umgeben sind, so verändert sich der Leitungswellenwiderstand in Abhängigkeit von der Isolationsdicke und der relativen Dielektrizitätszahl. Typischerweise werden Dielektrika mit geringen relativen Dielektrizitätszahlen (typ.

$1,4 \leq \varepsilon_r \leq 2,5$) verwendet. Näherungsformeln hierzu finden sich in [Wade91]. Sinnvollerweise wird ein Feldsimulator eingesetzt, um genaue Werte zu erzielen. Falls die Adern isoliert sind, bildet sich – wie bei der Mikrostreifenleitung – eine Quasi-TEM-Welle aus. Entsprechend kann eine effektive Dielektrizitätszahl $\varepsilon_{r,eff}$ angegeben werden.

4.6.2   Anwendungsgebiete

In der Praxis werden Zweidrahtleitungen (teilweise mit zusätzlichem Schirm) z.B. bei der Netzwerkverkabelung (*Twisted Pair*) verwendet. Dabei werden die einzelnen Leiter zusätzlich isoliert und verdrillt. Die mit einer Isolationsschicht versehenen Leiter werden als *Adern* bezeichnet [Deut00]. Für die Netzwerkverkabelung gibt es unterschiedliche Kabeltypen. Um magnetische Einkopplungen zu vermindern, werden die Adern miteinander verseilt (Bild 4.1e). Zumeist werden mehrere verseilte Leiterpaare noch einmal miteinander verseilt. Einige Ausführungen verwenden elektrische Schirmungen aus Aluminiumfolie oder Geflecht zur Verminderung elektrischer Einkopplung. Die Einzeladern können auch als Litzenleiter ausgeführt sein. Bei einem Litzenleiter wird der eigentlich zylindrische Leiter aus mehreren dünneren Einzeldrähten aufgebaut. Dies erhöht die Flexibilität und kann bei mittleren Frequenzen den Widerstandsbelag senken, da der Strom sich auf eine größere Oberfläche verteilen kann [Deut00]. Im Bereich der Kommunikationstechnik ist eine kreuzförmige Anordnung von zwei Paaren gebräuchlich, das Sternviererkabel (Bild 4.1f).

Beispiel 4.11 Leitungswellenwiderstand einer Paralleldrahtleitung

Bei der Netzwerkverkabelung werden typische Werte von 100 Ω für den Leitungswellenwiderstand verwendet. Dies entspricht nach Gleichung (4.57) bei einer Zweidrahtleitung in Luft etwa einem Wert von $D/d = 1{,}37$.

4.7   Dreileitersysteme

4.7.1   Gleich- und Gegentaktwellen

Bei den bisher betrachteten Leitungen (Koaxialleitung, Mikrostreifenleitung, Paralleldrahtleitung) handelt es sich um Zweileitersysteme bzw. beim Hohlleiter um ein Einleitersystem. Koaxialleitung und Mikrostreifenleitung stellen unsymmetrische Leitungen dar, deren Leiter unterschiedliche Abmessungen besitzen. Bei der Paralleldrahtleitung haben wir eine symmetrische Leitung mit zwei gleichartigen Leitern vorliegen. Wir wollen uns im Folgenden zwei Dreileitersysteme ansehen, die von der Paralleldrahtleitung und der Mikrostreifenleitung abgeleitet sind.

Der offene Aufbau einer Paralleldrahtleitung macht sie anfällig für Störungen von außen und die Leitung selbst verursacht ein Feld in ihrer Umgebung, durch das sie andere Komponenten stören kann. Durch eine zylindrische Schirmung um die beiden Leiter der Paralleldrahtleitung lässt sich das Feld weitgehend auf den Bereich innerhalb des Schirms konzentrieren (siehe Bild 4.20a).

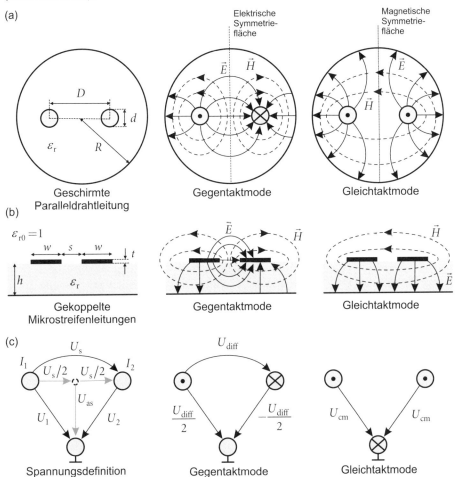

Bild 4.20 Dreileitersysteme: (a) geschirmte Zweidrahtleitung und (b) gekoppelte Mikrostreifenleitungen; (c) Grundausbreitungsmoden: Gegentakt- und Gleichtaktmode

Durch die Kopplung zweier Mikrostreifenleitungen im Abstand s lässt sich eine symmetrische Leitung generieren. Die metallischen Streifen der Breite w auf dem Substrat besitzen dann die gleichen Abmessungen und werden im symmetrischen Betrieb als Hin- und Rückleiter verwendet (Bild 4.20b).

Bei einem Zweileitersystem ist der Strom im Hin- und Rückleiter immer vom gleichen Betrag und entgegengesetzten Vorzeichen. Bei einer Dreileiteranordnung kann sich der Strom unterschiedlich auf die drei Leiter verteilen. Es existieren zwei unabhängige Ströme. Der dritte Strom kann dann berechnet werden, da die Summe aller Ströme in einer Querschnittsebene sich zu null addieren muss. Ebenso reicht zur Beschreibung der Spannungsverhältnisse nicht mehr eine Spannung zwischen den Leitern, sondern es müssen zur Beschreibung zwei Spannungen angegeben werden.

Bild 4.20c zeigt die Spannungs- und Stromdefinitionen: Das symmetrische Dreileitersystem besteht aus zwei gleichförmigen Leitern, die die Ströme I_1 und I_2 führen, sowie dem dritten Leiter (auch Bezugsleiter). Bei der geschirmten Zweidrahtleitung ist der Bezugsleiter der Schirm und bei den gekoppelten Mikrostreifenleitungen ist dies die gemeinsame Massefläche. Wählt man als unabhängige Spannungen die Spannungen U_1 und U_2 zwischen den Leitern und der Massefläche, so sind alle weiteren Spannungen daraus berechenbar.

- Die Spannungen U_1 und U_2 werden als *unsymmetrische* Spannungen bezeichnet.
- Die Spannung U_s zwischen den Leitern ist die *symmetrische* Spannung.
- Die Spannung U_{as} zwischen der elektrischen Mitte der Leiter 1 und 2 und dem Bezugsleiter ist die *asymmetrische* Spannung.

Aus den unabhängigen Spannungen U_1 und U_2 können die symmetrische und die asymmetrische Spannung berechnet werden. Mit Hilfe der Maschenregel lässt sich leicht zeigen, dass folgender Zusammenhang gilt:

$$\boxed{U_s = U_1 - U_2} \quad \text{und} \quad \boxed{U_{as} = \frac{U_1 + U_2}{2}} \;. \tag{4.58}$$

Die unterschiedlichen möglichen Betriebszustände auf einem der oben beschriebenen Dreileitersysteme können als Überlagerung (Superposition) zweier unanhängiger *Grundausbreitungsmoden*, des *Gleichtakt-* und des *Gegentaktmode,* dargestellt werden.

Dreileitersysteme, die aus zwei gleichartigen Leitungen und einem Bezugsleiter bestehen, werden in aller Regel im *Gegentaktmode* (*Differential mode*) betrieben. Die unsymmetrischen Spannungen sind betraglich gleich, aber von entgegengesetztem Vorzeichen. Bei den Strömen verhält es sich ebenso. Die Spannung zwischen den gleichförmigen Leitungen wird als Differenzspannung U_{diff} bezeichnet. Die asymmetrische Spannung verschwindet bei diesem Ausbreitungsmode.

$$\boxed{U_1 = -U_2} \quad \text{und} \quad \boxed{I_1 = -I_2} \quad \text{sowie} \quad \boxed{U_s = U_{\text{diff}}} \quad \text{und} \quad \boxed{U_{as} = 0} \quad \text{(Gegentaktmode)} \tag{4.59}$$

Der zweite Grundausbreitungsmodus ist der *Gleichtaktmode* (*Common mode*). Die unsymmetrischen Spannungen sind hierbei betraglich gleich und von gleichem Vorzeichen. Bei den Strömen verhält es sich ebenso.

$$\boxed{U_1 = U_2} \quad \text{und} \quad \boxed{I_1 = I_2} \quad \text{sowie} \quad \boxed{U_s = 0} \quad \text{und} \quad \boxed{U_{as} = U_{\text{cm}}} \quad \text{(Gleichtaktmode)} \tag{4.60}$$

4.7.2 Leitungswellenwiderstände und Ausbreitungskonstanten

Die beiden Ausbreitungsmoden besitzen im Allgemeinen unterschiedliche Leitungswellenwiderstände $Z_{\text{L,diff}}$ für den Gegentaktmode und $Z_{\text{L,cm}}$ für den Gleichtaktmode. $Z_{\text{L,diff}}$ ist die Eingangsimpedanz einer unendlich langen Leitung, wenn man die Leitung zwischen den gleichförmigen (Signal)-Leitungen 1 und 2 speist. $Z_{\text{L,cm}}$ ist entsprechend die Eingangsimpedanz einer Leitung, wenn man die Signalleitungen zusammenführt und die Leitung zwischen den Signalleitungen und der Bezugsmasse speist (Bild 4.21a und b).

Anstelle von $Z_{L,diff}$ und $Z_{L,cm}$ werden oft die *Odd-mode-* und *Even-mode-*Leitungswellenwiderstände $Z_{L,even}$ (bzw. Z_{0e}) und $Z_{L,odd}$ (bzw. Z_{0o}) verwendet, mit folgenden Zusammenhängen:

$$Z_{L,diff} = 2 \cdot Z_{L,odd} \qquad \text{und} \qquad Z_{L,cm} = \frac{1}{2} Z_{L,even} \ . \qquad (4.61)$$

Der *Odd-mode-* (bzw. *Even-mode-*)Leitungswellenwiderstand entspricht dem Eingangswiderstand einer unendlich langen Leitung, die zwischen Leiter 1 und dem Bezugsleiter gespeist wird, unter der Bedingung, dass auf Leiter 2 ein entsprechend gegenphasiges (bzw. gleichphasiges) Signal eingespeist wird.

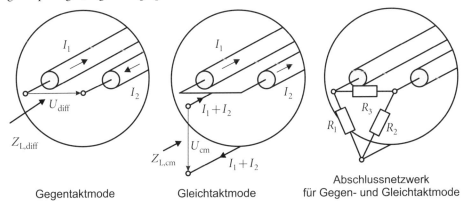

Gegentaktmode   Gleichtaktmode   Abschlussnetzwerk
für Gegen- und Gleichtaktmode

Bild 4.21 Leitungswellenwiderstände und Abschlussnetzwerk für Gegen- und Gleichtaktmode

Neben den unterschiedlichen Leitungswellenwiderständen besitzen Gegentakt- und Gleichtaktausbreitungsmode bei inhomogenem Füllmaterial der Leitung unterschiedliche Ausbreitungskonstanten γ_{diff} und γ_{cm} und damit unterschiedliche Dämpfungskonstanten und Ausbreitungsgeschwindigkeiten.

Durch nicht idealen Aufbau eines Kabels, zum Beispiel abschnittsweise veränderte Querschnittsgeometrie durch äußere Krafteinwirkung, kann es zur *Modenkonversion* kommen. Wird ein Gegentaktsignal am Kabeleingang eingespeist, so erscheint am Ausgang kein reines Gegentaktsignal mehr, sondern ein gewisser Anteil der Energie ist in den Gleichtaktmode umgewandelt worden. Da diese Modenkonversion bei Kabeln zu Signalauslöschungen führen kann, gibt es bei der Herstellung und Verlegung eines Kabels hohe Anforderungen an einen gleichbleibenden Querschnitt.

Beispiel 4.12 Gleich- und Gegentaktimpedanz einer gekoppelten Mikrostreifenleitung

Bild 4.22 zeigt Gegen- und Gleichtaktleitungswellenwiderstände sowie *Odd-* und *Even-mode-*Leitungswellenwiderstände gekoppelter Mikrostreifenleitungen. Die einzelne Mikrostreifenleitung besitzt bei einer Frequenz von $f = 5\,\text{GHz}$ einen Leitungswellenwiderstand von $Z_L \approx 50\,\Omega$ und zeichnet sich durch folgende Größen aus: Substrathöhe $h = 635\,\mu\text{m}$, relative Dielektrizitätszahl $\varepsilon_r = 9,8$, Leiterbreite $w = 600\,\mu\text{m}$, Metallisierungsdicke $t = 10\,\mu\text{m}$. Die

Spaltbreite s zwischen den Leiterbahnen wird variiert. Mit zunehmendem Abstand nähern sich *Odd-* und *Even-mode*-Leitungswellenwiderstand dem Wert $Z_L = 50\,\Omega$, da die Verkopplung immer geringer wird. Gegen- und Gleichtaktleitungswellenwiderstand nähern sich entsprechend dem doppelten bzw. halben Wert von Z_L.

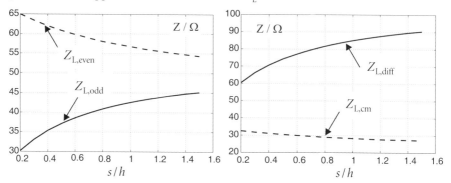

Bild 4.22 Leitungswellenwiderstände $Z_{L,diff}$ und $Z_{L,cm}$ für Gegen- und Gleichtaktwellen auf gekoppelten Mikrostreifenleitungen (links) sowie *Odd-* und *Even-mode*-Leitungswellenwiderstände $Z_{L,odd}$ und $Z_{L,even}$ (rechts)

Die Kopplung zwischen Leitungen kann beim Schaltungsaufbau genutzt werden, um aus zwei unsymmetrischen Leitungen – wie zum Beispiel zwei Mikrostreifenleitungen in Bild 4.20 – eine symmetrische Leitung zu generieren, die dann im Gegentaktmode betrieben wird. Weiterhin kann die Kopplung zwischen Leitungen dazu genutzt werden, Richtkoppler und Filter (siehe Abschnitt 6.2.4.1 und 6.2.9) aufzubauen.

Beim Schaltungsentwurf spielt der Kopplungsfaktor k eine bedeutende Rolle. Dieser hängt mit den Leitungswellenwiderständen Z_L, Z_{0e} (bzw. $Z_{L,even}$) und Z_{0o} (bzw. $Z_{L,odd}$) wie folgt zusammen.

$$Z_{L,even} = Z_{0e} = Z_L \sqrt{\frac{1+k}{1-k}} \qquad\qquad Z_{L,odd} = Z_{0o} = Z_L \sqrt{\frac{1-k}{1+k}} \qquad\qquad (4.62)$$

Bei Kenntnis der *Even-* und *Odd-mode*-Leitungswellenwiderstände können Kopplungsfaktor k und Leitungswellenwiderstand Z_L der ungekoppelten Leitung berechnet werden.

$$Z_L = \sqrt{Z_{0e} Z_{0o}} \qquad k = \frac{Z_{0e} - Z_{0o}}{Z_{0e} + Z_{0o}} \qquad\qquad (4.63)$$

Die Kopplung kann aber auch unerwünscht sein, wenn nämlich die zwei Mikrostreifenleitungen sich zwar in räumlicher Nähe befinden, eigentlich aber getrennt betrieben werden sollen. Gleiches gilt für die Verkopplung von Leitungen in der Kommunikationstechnik, bei denen Signale über größere Distanzen transportiert werden. Im Falle unerwünschter Kopplung spricht man auch von Überkopplung (*Crosstalk*).

4.7.3 Leitungsabschluss

Bleibt noch die Frage, wie wir ein Dreileitersystem nach Bild 4.20 am Leitungsende sinnvoll abschließen sollen. Wird eine Leitung im Gegentaktbetrieb ausgesteuert, so reicht am Ende als Abschlussimpedanz $Z_A = Z_{L,diff}$ zwischen den Signalleitern.

Falls bei einem nichtidealen Kabel ein Teil des Signals in den Gleichtaktmode konvertiert wird, so wird in diesem Fall die Gleichtaktwelle am offenen Ende reflektiert. Um auch den Gleichtaktmode reflexionsfrei abzuschließen, kann ein Netzwerk aus drei Widerständen (Bild 4.21) verwendet werden [Wade91]. Diesen Zusammenhang werden wir in Übung 4.1 herleiten.

$$R_1 = R_2 = 2 \cdot Z_{L,cm} \tag{4.64}$$

$$R_3 = \frac{4 Z_{L,cm} \cdot Z_{L,diff}}{4 Z_{L,cm} - Z_{L,diff}} \tag{4.65}$$

4.8 Übungsaufgaben

| Übung 4.1

Leiten Sie die Zusammenhänge in den Gleichungen (4.64) und (4.65) für den gleichzeitigen Abschluss der Gleich- und Gegentaktwellen her. Schätzen Sie aus Bild 4.22 für ein Verhältnis $s/h = 1$ den Wert der Gleich- und Gegentaktleitungswellenwiderstände der dort gegebenen gekoppelten Mikrostreifenleitung ab und bestimmen Sie die Abschlusswiderstände R_1, R_2 und R_3.

| Übung 4.2

Berechnen Sie die *Cut-off*-Frequenzen der ersten sechs ausbreitungsfähigen Moden eines R260-Hohlleiters ($a = 8,636$ mm, $b = 4,318$ mm). Wie groß ist der Leitungswellenwiderstand einer H_{10}-Welle bei einer Frequenz von $f = 1,5 f_c$?

| Übung 4.3

Gegeben sind zwei koaxiale Leitungen mit den Leitungswellenwiderständen $Z_{L1} = 75\,\Omega$ und $Z_{L2} = 125\,\Omega$. Beide Leitungen sind mit dem gleichen Material befüllt. Aufgrund der homogenen Materialfüllung beträgt die Ausbreitungsgeschwindigkeit einer TEM-Welle nur 81% der Ausbreitungsgeschwindigkeit im Vakuum. Für die Geometrie der Koaxialleitungen gilt: Außenradien: $R_{a1} = R_{a2} = 2$ mm.

Bestimmen Sie

a) die relative Dielektrizitätszahl ε_r des Füllmaterials,
b) die Innenradien R_{i1} und R_{i2} der Koaxialleitungen.

Zur Anpassung bei einer Frequenz von $f = 10$ GHz soll eine dritte Koaxialleitung mit gleichem Außenleiterradius $R_{a3} = 2$ mm und dem Innenradius von Leitung 2, also $R_{i3} = R_{i2}$, als $\lambda/4$-Transformator verwendet werden.

c) Bestimmen Sie den erforderlichen Leitungswellenwiderstand Z_{L3}.

d) Wie groß muss die relative Permittivitätszahl ε_{r3} des Mediums in Leitung 3 sein?

e) Geben Sie die geometrische Länge ℓ_3 des Leitungsstückes an.

Übung 4.4

Gegeben ist ein Hohlraumresonator mit den Abmessungen $a = 5\,\text{cm}$, $b = 7\,\text{cm}$ und $c = 9\,\text{cm}$. Berechnen Sie die niedrigsten 5 Resonanzfrequenzen und stellen Sie die Feldverteilungen mit einem Feldsimulationsprogramm dar.

5 Streuparameter

Zur Beschreibung des elektrischen Verhaltens von Schaltungen mit mehreren Ein- und Ausgängen (Mehrtore) greift man häufig auf die Impedanzmatrix **Z** zurück, die Spannungen und Ströme an Ein- und Ausgängen miteinander verknüpft.

Im Bereich der Hochfrequenztechnik verwendet man bevorzugt die *Streumatrix* **S**. Diese verknüpft *Wellengrößen* miteinander, die einen engen Bezug zu zulaufenden, ablaufenden und transmittierten Leistungen haben. Die in dieser Streumatrix auftretenden Streuparameter s_{ij} sind mit modernen Netzwerkanalysatoren auch bei sehr hohen Frequenzen komfortabel und reproduzierbar messbar und werden in Hochfrequenzschaltungs- und -feldsimulatoren bei der Berechnung von Hochfrequenzsystemen verwendet.

Wir wollen uns zunächst die grundsätzlichen Zusammenhänge ansehen, um dann an einfachen Beispielen mit der neuen Größe *Streuparameter* vertraut zu werden.

5.1 Mehrtorgleichungen in Matrixform

Bei der klassischen netzwerktheoretischen Beschreibung von n-Toren (n = Anzahl der Tore) nutzen wir Matrixgleichungen, um die Zusammenhänge von Strömen und Spannungen an den Toren darzustellen. Bild 5.1 zeigt ein Zweitor mit den Klemmenpaaren 1-1' und 2-2'.

Bild 5.1 Zählpfeile für Spannungen und Ströme an den Toren eines Zweitors

Als Torbedingung gilt, dass an jedem Tor die Summe der zulaufenden Ströme gleich null ist, also gilt $I_i = I_i'$. Die Ströme und Spannungen an den Toren können über Matrizen miteinander verknüpft werden. Am häufigsten finden die Impedanzmatrix **Z**,

$$\begin{aligned} U_1 &= Z_{11}I_1 + Z_{12}I_2 \\ U_2 &= Z_{21}I_1 + Z_{22}I_2 \end{aligned} \qquad \text{bzw.} \qquad \begin{pmatrix} U_1 \\ U_2 \end{pmatrix} = \begin{pmatrix} Z_{11} & Z_{12} \\ Z_{21} & Z_{22} \end{pmatrix}\begin{pmatrix} I_1 \\ I_2 \end{pmatrix} \qquad \text{bzw.} \qquad \mathbf{U} = \mathbf{ZI} \qquad (5.1)$$

die Admittanzmatrix **Y**

$$I_1 = Y_{11}U_1 + Y_{12}U_2 \qquad \text{bzw.} \qquad \begin{pmatrix} I_1 \\ I_2 \end{pmatrix} = \begin{pmatrix} Y_{11} & Y_{12} \\ Y_{21} & Y_{22} \end{pmatrix}\begin{pmatrix} U_1 \\ U_2 \end{pmatrix} \qquad \text{bzw.} \qquad \mathbf{I} = \mathbf{YU} \qquad (5.2)$$

und die Kettenmatrix **A** Verwendung.

$$U_1 = A_{11}U_2 + A_{12}(-I_2) \qquad \text{bzw.} \qquad \begin{pmatrix} U_1 \\ I_1 \end{pmatrix} = \begin{pmatrix} A_{11} & A_{12} \\ A_{21} & A_{22} \end{pmatrix}\begin{pmatrix} U_2 \\ -I_2 \end{pmatrix} \qquad \text{bzw.} \qquad \begin{pmatrix} U_1 \\ I_1 \end{pmatrix} = \mathbf{A}\begin{pmatrix} U_2 \\ -I_2 \end{pmatrix} \qquad (5.3)$$

Bei der Bestimmung der Matrixelemente müssen an den Toren entweder Kurzschlüsse oder Leerläufe realisiert werden. Zum Beispiel gilt für das Matrixelement Z_{11} nach Gleichung (5.1) der Zusammenhang:

$$Z_{11} = \left.\frac{U_1}{I_1}\right|_{I_2=0} . \qquad (5.4)$$

Das Matrixelement Z_{11} ergibt sich dann als Eingangsimpedanz an Tor 1, unter der Randbedingung, dass am Tor 2 ein Leerlauf ($I_2=0$) realisiert wird.

In der Hochfrequenztechnik sind Leerläufe und Kurzschlüsse nicht immer einfach zu realisieren bzw. können bei aktiven Komponenten zu instabilem Verhalten führen [Schm06]. Hinzu kommt, dass Strom und Spannung bei Toren, deren Abmessungen nicht klein gegen die Wellenlänge sind, keine geeigneten Beschreibungsgrößen mehr darstellen.

Man geht daher bei höheren Frequenzen auf eine Beschreibung über, die diesen Umständen Rechnung trägt, und führt *Wellengrößen und Streuparameter* ein.

5.2   Definition von Wellengrößen

Wir beschränken uns zu Beginn auf Zweitore. Die Betrachtungen können auf eine größere Anzahl von Toren erweitert werden. Bild 5.2 zeigt ein Zweitor, welches über zwei Leitungen mit den Leitungswellenwiderständen Z_{L1} und Z_{L2} angeschlossen ist.

Für die Beschreibung mittels der Streuparameter gehen wir von Überlegungen des dritten Kapitels über die leitungstheoretischen Grundlagen aus. Wir wissen, dass auf den Anschlussleitungen hin- und rücklaufende Spannungswellen mit den Amplitudenfaktoren U_{h} und U_{r} existieren können. Wir führen nun an allen Toren die *Wellengrößen* a und b ein, indem wir die Amplituden der hin- und rücklaufenden Spannungswellen auf die Wurzel aus den Leitungswellenwiderständen der jeweiligen Tore normieren. Die unterschiedlichen Tore kennzeichnen wir durch den Index $i \in \{1;2\}$.

$$a_i = \frac{U_{\mathrm{h}i}}{\sqrt{Z_{Li}}} \quad \text{(hinlaufende normierte Spannungswelle an Tor } i\text{)} \qquad (5.5)$$

$$b_i = \frac{U_{\mathrm{r}i}}{\sqrt{Z_{Li}}} \quad \text{(rücklaufende normierte Spannungswelle Tor } i\text{)} \qquad (5.6)$$

Für verlustlose Leitungen sind die Leitungswellenwiderstände Z_{L1} und Z_{L2} reell[1]. Die Leitungswellenwiderstände der Anschlussleitungen werden oft auch als *Normierungs-, Tor- oder Bezugswiderstände* bzw. *Systemimpedanz Z_0* bezeichnet.

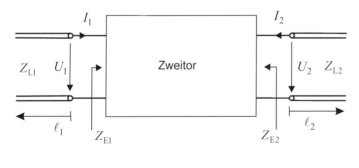

Bild 5.2 Zweitor mit Anschlussleitungen zur Definition der Wellengrößen *a* und *b*

Die physikalische Einheit der neuen Größe ist $[a_i] = [b_i] = \sqrt{W}$. Für *reelle* Torwiderstände ist ein einfacher Zusammenhang zwischen den Wellengrößen und den auf die Tore zulaufenden bzw. von diesen Toren ablaufenden *Wirk*leistungen gegeben. Es gilt:

$$P_{wai} = \frac{1}{2} a_i a_i^* = \frac{U_{hi} U_{hi}^*}{2 Z_{Li}} = \frac{1}{2} |a_i|^2 \quad \text{(auf Tor } i \text{ zulaufende Wirkleistung)} \tag{5.7}$$

$$P_{wbi} = \frac{1}{2} b_i b_i^* = \frac{U_{ri} U_{ri}^*}{2 Z_{Li}} = \frac{1}{2} |b_i|^2 \quad \text{(von Tor } i \text{ ablaufende Wirkleistung)}. \tag{5.8}$$

Im dritten Kapitel haben wir einen Zusammenhang zwischen der Spannung U_0 und dem Strom I_0 am Leitungsende und den Amplituden der hin- und rücklaufenden Spannungswellen U_r und U_h gefunden (siehe Gleichungen (3.43) und (3.44)). Wir wiederholen die Gleichungen hier der Einfachheit halber.

$$U_0 = U_h + U_r \quad \text{und} \quad I_0 = \frac{1}{Z_L} (U_h - U_r) \tag{5.9}$$

---

[1] Im Rahmen dieser Darstellung wollen wir uns auf die Verwendung reeller Torwiderstände beschränken, da komplexwertige Torimpedanzen in der Praxis nur eine sehr untergeordnete Rolle spielen.

Wir nutzen diese Beziehungen nun, um Wellengrößen sowie Spannung und Strom an den Toren ineinander umzurechnen.

$$\boxed{U_i = \left(a_i + b_i\right)\sqrt{Z_{\mathrm{L}i}}} \qquad \text{und} \qquad \boxed{I_i = \frac{a_i - b_i}{\sqrt{Z_{\mathrm{L}i}}}} \tag{5.10}$$

Durch einfache Umstellung erhalten wir umgekehrt.

$$\boxed{a_i = \frac{U_i + Z_{\mathrm{L}i} I_i}{2\sqrt{Z_{\mathrm{L}i}}}} \qquad \text{und} \qquad \boxed{b_i = \frac{U_i - Z_{\mathrm{L}i} I_i}{2\sqrt{Z_{\mathrm{L}i}}}} \tag{5.11}$$

Aus den Zusammenhängen in den Gleichungen (5.10) bis (5.11) erkennen wir, dass sich unter Verwendung eines Torwiderstandes $Z_{\mathrm{L}i}$ *formal* immer Wellengrößen a und b berechnen lassen, auch dann, wenn gar keine Anschlussleitungen vorhanden sind, sondern der Abschluss der Schaltung direkt über einen Lastwiderstand und die Speisung über eine Spannungsquelle mit Innenwiderstand geschieht. Für eine anschauliche Interpretation der Wellengrößen ist die Vorstellung von entsprechenden Anschlussleitungen aber sehr hilfreich.

5.3 Streuparameter und Leistung

Die neu eingeführten Wellengrößen a und b an den Toren in Bild 5.2 werden über die Streuparameter s_{ij} miteinander verknüpft.

$$b_1 = s_{11}a_1 + s_{12}a_2 \tag{5.12}$$
$$b_2 = s_{21}a_1 + s_{22}a_2 \tag{5.13}$$

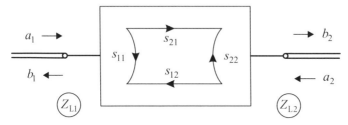

Bild 5.3 Streuparameter eines Zweitores in einpoliger Darstellung

In Matrixform schreiben wir

$$\begin{pmatrix} b_1 \\ b_2 \end{pmatrix} = \underbrace{\begin{pmatrix} s_{11} & s_{12} \\ s_{21} & s_{22} \end{pmatrix}}_{\mathbf{S}} \begin{pmatrix} a_1 \\ a_2 \end{pmatrix} \tag{5.14}$$

mit der *Streumatrix* $\mathbf{S}$. Die Matrixelemente s_{ii} mit zwei gleichen Indizes werden als *Reflexionsfaktoren* und die Matrixelemente s_{ij} mit ungleichen Indizes werden als *Transmissionsfaktoren* bezeichnet.

Die Interpretation der Elemente s_{ii} als Reflexionsfaktoren wird verständlich, wenn wir uns noch einmal Gleichung (5.12) ansehen: $b_1 = s_{11}a_1 + s_{12}a_2$. Wir nehmen an, dass a_2 verschwindet, also die Anschlussleitung mit ihrem Leitungswellenwiderstand Z_{L2} abgeschlossen ist. Somit bildet s_{11} das Verhältnis von b_1 zu a_1. Für die Wellengrößen können wir die Definitionen nach den Gleichungen (5.5) und (5.6) einsetzen.

$$s_{11} = \frac{b_1}{a_1}\bigg|_{a_2=0} = \frac{U_{r1}/\sqrt{Z_{L1}}}{U_{h1}/\sqrt{Z_{L1}}} = \frac{U_{r1}}{U_{h1}} = r \tag{5.15}$$

Das Verhältnis von rücklaufender zu hinlaufender Spannungswelle hatten wir im Kapitel 3 bereits als Reflexionsfaktor kennengelernt (siehe Gleichung (3.100)).

Für die einzelnen Streuparameter ergibt sich somit folgende Bedeutung:

$$s_{11} = \frac{b_1}{a_1}\bigg|_{a_2=0} \qquad \text{(Eingangsreflexionsfaktor bei angepasstem Ausgang)} \tag{5.16}$$

$$s_{21} = \frac{b_2}{a_1}\bigg|_{a_2=0} \qquad \text{(Vorwärtstransmissionsfaktor bei angepasstem Ausgang)} \tag{5.17}$$

$$s_{12} = \frac{b_1}{a_2}\bigg|_{a_1=0} \qquad \text{(Rückwärtstransmissionsfaktor bei angepasstem Eingang)} \tag{5.18}$$

$$s_{22} = \frac{b_2}{a_2}\bigg|_{a_1=0} \qquad \text{(Ausgangsreflexionsfaktor bei angepasstem Eingang).} \tag{5.19}$$

Bild 5.3 verdeutlicht die Beziehungen durch eine graphische Darstellung in Form von vier gerichteten Kanten, die wir in ähnlicher Form in Signalflussdiagrammen wiederfinden. Die Tore sind in dem Bild, wie in der Hochfrequenztechnik oft zu sehen, *einpolig* dargestellt. Diese Darstellung ist effizient, wenn eine Beschreibung über Wellengrößen erfolgt. Ein einpolig dargestelltes Tor kann natürlich zwei Anschlussklemmen haben, so dass eine Spannung eingezeichnet werden kann. Bei Hohlleitern ist sofort evident, dass eine Beschreibung über zwei Klemmen nicht weit führt, da es ja nur einen Leiter gibt.

> Die *einpolige Darstellung* von Toren liefert einen Hinweis darauf, dass in der Hochfrequenztechnik Tore nicht einfach durch zwei Klemmen charakterisiert werden, sondern in vielen Fällen die gesamte Torgeometrie und der Wellenausbreitungstyp berücksichtigt werden müssen.

Der Betrag eines Streuparameters wird häufig logarithmisch dargestellt.

$$\boxed{\frac{s_{ij}^{\ell}}{\text{dB}} = 20\lg|s_{ij}|} \qquad \text{(Logarithmische Darstellung des Streuparameterbetrages)} \tag{5.20}$$

Der Index ℓ zeigt formal an, dass es sich um eine logarithmierte Größe handelt. In der Praxis ersieht man dies aber stets aus der Angabe der Pseudoeinheit dB, so dass wir im Folgenden auf die zusätzliche Kennzeichnung verzichten wollen.

Die Kehrwerte der Beträge der Streuparameter werden als Dämpfungen bezeichnet. Aus den Reflexionsfaktoren erhalten wir die *Reflexionsdämpfungen* (*Return loss*).

$$\frac{RL}{dB} = 20\lg\left|\frac{1}{s_{ii}}\right| = -20\lg\left|s_{ii}\right| = -s_{ii}^{\ell} \tag{5.21}$$

Aus den Transmissionsfaktoren erhalten wir die *Einfügedämpfungen* (*Insertion loss*).

$$\frac{IL}{dB} = 20\lg\left|\frac{1}{s_{ij}}\right| = -20\lg\left|s_{ij}\right| = -s_{ij}^{\ell} \tag{5.22}$$

Reflexions- und Einfügedämpfung stimmen also bis auf das Vorzeichen mit den logarithmierten Beträgen der Streuparameter überein.

In den Gleichungen (5.7) und (5.8) haben wir einen einfachen Zusammenhang zwischen den Wellengrößen a und b und den auf ein Tor zulaufenden oder von diesem Tor ablaufenden Wirkleistungen P_{wa} und P_{wb} gefunden. Da die Streuparameter in der Streumatrix die Wellengrößen miteinander verknüpfen, stellen sie auch Beziehungen zwischen den zu- und ablaufenden Wirkleistungen dar. Für das Verhältnis von ab- und zulaufender Wirkleistung an Tor 1 gilt:

$$\left|s_{11}\right|^2 = \frac{\left|b_1\right|^2}{\left|a_1\right|^2} = \frac{P_{wb1}}{P_{wa1}} \quad . \tag{5.23}$$

Das Verhältnis der an Tor 2 auslaufenden Wirkleistung zur an Tor 1 einlaufenden Wirkleistung ist:

$$\left|s_{21}\right|^2 = \frac{\left|b_2\right|^2}{\left|a_1\right|^2} = \frac{P_{wb2}}{P_{wa1}} \quad . \tag{5.24}$$

Wird ein Mehrtor über Leitungen angeschlossen, deren Leitungswellenwiderstände gerade den Torwiderständen entsprechen, so beschreibt das Betragsquadrat der Streuparameter das Verhältnis der reflektierten bzw. transmittierten Wirkleistung zur zulaufenden Wirkleistung.

Beispiel 5.1 Reflexionsfaktor und Leistung

Für einen Eingangsreflexionsfaktor von $|s_{11}|=0{,}1$ ergibt sich eine reflektierte Wirkleistung von $|s_{11}|^2 = 0{,}01 = 1\,\%$ der zulaufenden Leistung, d.h. 99 % der zulaufenden Wirkleistung werden am entsprechenden Tor aufgenommen. Der Betrag des Reflexionsfaktors hat logarithmisch einen Wert von $|s_{11}|=-20\,$dB, die Reflexionsdämpfung (*return loss*) beträgt $RL = 20\,$dB. (Eine Übersicht über die logarithmische Darstellung von Größen befindet sich in Anhang A.)

■

5.4   Spezielle Eigenschaften von Schaltungen

Bestimmte Schaltungseigenschaften und die zugehörigen Eigenschaften der Streuparameter werden mit speziellen Begrifflichkeiten gekennzeichnet. Wir beschränken uns dabei nun nicht mehr nur auf Zweitore, sondern wollen von einem allgemeinen Mehrtor mit n Toren ausgehen.

5.4.1   Anpassung

Von (*allseitiger*) *Anpassung* spricht man, wenn alle Eingangsreflexionsfaktoren verschwinden:

$$\boxed{s_{ii} = 0 \quad \forall i} \qquad \text{(Anpassung)}. \tag{5.25}$$

Nach Gleichung (5.16) bedeutet dies, dass die rücklaufende Wellengröße b_i verschwindet, wenn eine Leitung an dieses Tor angeschlossen wird, bei der der Leitungswellenwiderstand gerade eben dem Tor- oder Bezugswiderstand entspricht. Der Eingangswiderstand Z_{Ei} an Tor i ist dann gerade gleich dem Leitungswellenwiderstand Z_{Li}. Es treten also keine Reflexionen an den Toren auf. Die Anpassung ist eine Eigenschaft, die man in der Regel bei Hochfrequenzschaltungen realisiert sehen möchte. Die Wellen laufen dann auf den Zuleitungen nur von der Quelle zur Last.

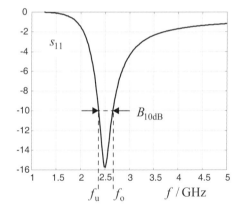

Bild 5.4 Zur Definition der 6-dB- und 10-dB-Bandbreite

Bei fehlangepassten Komponenten (zum Beispiel Transistoren in Verstärkerschaltungen) kann mittels spezieller Anpassschaltungen eine Anpassung erreicht werden. Wir werden uns mit solchen Anpassschaltungen in Abschnitt 6.2.2 befassen.

Bei Tiefpass-, Hochpass und Bandpassfiltern werden allerdings unerwünschte Signalanteile mittels *erwünschter Reflexion durch Fehlanpassung* gedämpft und so an einer Fortleitung gehindert. Solche Filter betrachten wir in Abschnitt 6.2.3.

Ein Begriff, der eng mit der Anpassung verknüpft ist, ist die Bandbreite. Je nachdem welchen maximalen Betrag des Reflexionsfaktors man zulässt (typische Werte sind: –6 dB, –10 dB und –20 dB), besitzt eine Schaltung unterschiedlich große Frequenzbereiche (*Bandbreiten B*), in denen sie betrieben werden kann. Bild 5.4 zeigt ein Beispiel.

Die 10-dB-Bandbreite B_{10dB} einer Schaltung zeichnet sich dadurch aus, dass der Reflexions-faktor kleiner als -10 dB ist, d.h. in diesem Frequenzbereich wird maximal 10 % der zuge-führten Leistung von der Antenne reflektiert. Im Bereich der 6-dB-Bandbreite ist der Refle-xionsfaktor kleiner als -6 dB, hier wird maximal 25 % der zugeführten Leistung reflektiert.

5.4.2 Leistungsanpassung

Schließt man eine Schaltung an eine Quelle an und möchte dieser die maximal zur Verfü-gung stehende Leistung entnehmen, so muss der Eingangsreflexionsfaktor konjugiert kom-plex zum Reflexionsfaktor der Quelle sein.

$$\boxed{r_A = r_I^*} \qquad \text{(Leistungsanpassung)} \tag{5.26}$$

Betrachten wir dazu das Bild 5.5 und sehen uns einige Fälle an, in denen Leistungsanpassung auftritt.

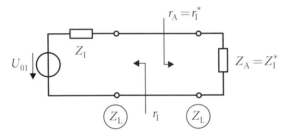

Bild 5.5 Reflexionsfaktor von Quelle und Last bei Leistungsanpassung

Fall 1: Der Abschlusswiderstand Z_A unserer Schaltung entspreche dem reellen Bezugswider-stand Z_L und zugleich auch dem Quellenwiderstand Z_I. In diesem Fall verschwinden die Reflexionsfaktoren, sie besitzen also gleiche Real- und Imaginärteile.

$$Z_A = Z_I = Z_L \in \mathbb{R}$$
$$\rightarrow \quad r_A = \frac{Z_A - Z_L}{Z_A + Z_L} = 0 \quad \text{und} \quad r_I = \frac{Z_I - Z_L}{Z_I + Z_L} = 0 \quad \rightarrow \quad r_A = r_I^* \tag{5.27}$$

Fall 2: Wir weichen nun vom ersten Beispiel nur darin ab, dass wir einen *anderen reellen Bezugswiderstand* Z_L wählen, somit gilt natürlich nach wie vor Leistungsanpassung (wir ha-ben an der Schaltung nichts geändert). Die Reflexionsfaktoren r_I und r_A sind reell und gleich, aber von null verschieden.

$$Z_A = Z_I \neq Z_L \in \mathbb{R} \quad \rightarrow \quad r_A = r_I \in \mathbb{R} \quad \rightarrow \quad r_A = r_I^* \tag{5.28}$$

Fall 3: Wir wählen nun eine komplexe Abschlussimpedanz, die konjugiert komplex zur Quellimpedanz ist.

$$\boxed{Z_A = Z_I^*} \qquad \text{(Leistungsanpassung)} \tag{5.29}$$

Aus der Netzwerktheorie wissen wir, dass dies den Fall der Leistungsanpassung für komplexe Impedanzen darstellt. Als Bezugswiderstand behalten wir einen reellen Wert Z_L bei. Wir stellen die Eingangsimpedanz und die Quellimpedanz durch Real- und Imaginärteil dar.

$$Z_A = R_A + jX_A \quad \text{und} \quad Z_I = R_I + jX_I = Z_A^* = R_A - jX_A \tag{5.30}$$

Hiermit berechnen wir die Reflexionsfaktoren r_I und r_A.

$$r_A = \frac{Z_A - Z_L}{Z_A + Z_L} = \frac{R_A + jX_A - Z_L}{R_A + jX_A + Z_L} = \frac{R_A^2 - Z_L^2 + X_A^2 + j2X_A Z_L}{R_A^2 + Z_L^2 + X_A^2} \tag{5.31}$$

$$r_I = \frac{Z_I - Z_L}{Z_I + Z_L} = \frac{R_A - jX_A - Z_L}{R_A - jX_A + Z_L} = \frac{R_A^2 - Z_L^2 + X_A^2 - j2X_A Z_L}{R_A^2 + Z_L^2 + X_A^2} = r_A^* \tag{5.32}$$

Als Ergebnis erhalten wir den bereits in Gleichung (5.26) gegebenen Zusammenhang, der bei Leistungsanpassung gilt.

5.4.3 Reziprozität (Übertragungssymmetrie)

Ein Mehrtor ist reziprok (übertragungssymmetrisch), falls die Transmissionsfaktoren sich bei Vertauschung der Torindizes i und j nicht ändern.

$$\boxed{s_{ij} = s_{ji} \qquad \forall i,j \ \text{mit} \ i \neq j} \qquad \text{(Reziprozität)} \tag{5.33}$$

Ein reziprokes Verhalten ergibt sich automatisch bei *passiven* und *verlustlosen* Mehrtoren, wenn nur isotrope (richtungs*un*abhängige) Materialien verwendet werden. Filter aus konzentrierten Bauelementen und Leitungen sind stets reziprok. Typische nichtreziproke Schaltungen sind Verstärker (Verwendung aktiver Komponenten) und Zirkulatoren (Verwendung anisotroper magnetischer Materialien). Anisotropes Verhalten kann sich zudem bei Satellitenfunkverbindungen ergeben, falls Wellenausbreitung im anisotropen Plasma der Ionosphäre auftritt.

5.4.4 Symmetrie

Der Begriff Symmetrie wird angewendet, wenn bei Reziprozität auch die Gleichheit aller Reflexionsfaktoren gegeben ist.

$$\boxed{s_{ii} = s_{jj} \qquad \forall i,j} \quad \text{und} \quad \boxed{s_{ij} = s_{ji} \qquad \forall i,j \ \text{mit} \ i \neq j} \qquad \text{(Symmetrie)} \tag{5.34}$$

Die Symmetrie erreicht man zum Beispiel durch einen symmetrischen Schaltungsaufbau.

5.4.5 Verlustlosigkeit bei Passivität

Ob eine passive Schaltung verlustlos ist, lässt sich anhand der Streumatrix leicht beurteilen. Die Streumatrix muss die Unitaritätsbedingung erfüllen.

$$\boxed{S^T \cdot S^* = E} \qquad \text{(Unitaritätsbedingung)} \tag{5.35}$$

Die transponierte Streumatrix wird dabei mit der konjugiert-komplexen Streumatrix multipliziert und es ergibt sich die Einheitsmatrix. Die Einheitsmatrix besitzt in der Hauptdiagonalen Einsen und alle anderen Matrixelemente verschwinden.

In der Unitaritätsbedingung ist eine wichtige Aussage für die Beträge der Streuparameter enthalten, die sich auch aus dem Energieerhaltungssatz ableiten lässt. Betrachten wir die Schaltung in Bild 5.6. Aufgrund der Passivität und Verlustfreiheit des Zweitores muss die Summe der zu- und ablaufenden Wirkleistungen gleich sein.

$$P_{wb1} + P_{wb2} = P_{wa1} \tag{5.36}$$

Teilen wir durch P_{wa1} und nutzen die Zusammenhänge in den Gleichungen (5.23) und (5.24), so erhalten wir:

$$\boxed{|s_{11}|^2 + |s_{21}|^2 = 1} \qquad \text{(Verlustloses Zweitor).} \tag{5.37}$$

Nach den gleichen Überlegungen erhalten wir bei Speisung über Tor 2:

$$\boxed{|s_{22}|^2 + |s_{12}|^2 = 1} \qquad \text{(Verlustloses Zweitor).} \tag{5.38}$$

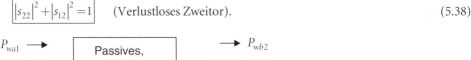

Bild 5.6 Passives, verlustloses Zweitor in einpoliger Darstellung

Beispiel 5.2 Passives, verlustloses Zweitor

Gemessen wird an einem passiven, verlustlosen Zweitor ein Betrag des Eingangsreflexionsfaktors von $|s_{11}| = 0{,}3$ (Reflexionsdämpfung $RL = 10{,}46$ dB). Der Betrag des Transmissionsfaktors ist dann nach Gleichung (5.37) $|s_{21}| = 0{,}954$ (Einfügedämpfung $IL = 0{,}41$ dB). Es werden also 9 % der zulaufenden Wirkleistung reflektiert und 91 % der zulaufenden Wirkleistung transmittiert.

■

5.4.6 Rückwirkungsfreiheit

Ein Zweitor nennt man *rückwirkungsfrei* bzw. *unilateral*, falls einer der Transmissionsfaktoren verschwindet, der andere aber ungleich null ist.

$$\boxed{s_{12} = 0 \quad \text{und} \quad s_{21} \neq 0} \qquad \text{(Rückwirkungsfreiheit)} \tag{5.39}$$

Diese Eigenschaft findet man bei einer idealen Richtungsleitung sowie näherungsweise bei Verstärkern.

5.4.7   Besondere Bedingungen bei Dreitoren

Aus den obigen Beziehungen kann man herleiten, dass bei einem passiven Dreitor die drei Bedingungen

- Verlustlosigkeit,
- allseitige Anpassung sowie
- Reziprozität

nicht gleichzeitig zu erfüllen sind (siehe Übung 5.8). Auf eine der Eigenschaften muss verzichtet werden. Unter Verzicht auf die Reziprozität kann man einen allseitig angepassten, verlustlosen Zirkulator aufbauen (siehe Abschnitt 6.2.5). Verzichtet man auf die Verlustlosigkeit, so kann man einen allseitig angepassten, reziproken Leistungsteiler entwerfen (siehe Abschnitt 6.2.6).

5.5   Berechnung von Streumatrizen

Die Elemente der Streumatrix **S** lassen sich ebenso wie die Elemente der Impedanzmatrix **Z** nach den bekannten Regeln der Netzwerkanalyse (z.B. Knotenpotentialverfahren) berechnen. Bei der Analyse müssen alle Tore definitionsgemäß mit den Torwiderständen Z_{Li} reflexionsfrei abgeschlossen sein.

5.5.1   Reflexionsfaktoren

Reflexionsfaktoren traten bereits im Zusammenhang mit der Leitungstheorie auf und die dort gefundenen Zusammenhänge können wir direkt übernehmen.

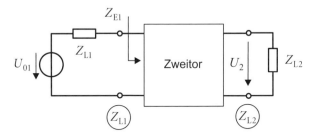

Bild 5.7 Beschaltung des Zweitores zur Berechnung von Reflexions- und Transmissionsfaktoren

Die Reflexionsfaktoren werden aus der Eingangsimpedanz Z_{Ei} am Tor i und dem Torwiderstand Z_{Li} berechnet. Alle weiteren Tore müssen mit ihren jeweiligen Torwiderständen abgeschlossen sein (siehe Bild 5.7).

$$\boxed{s_{ii} = \frac{Z_{Ei} - Z_{Li}}{Z_{Ei} + Z_{Li}}} \qquad \text{(Berechnungsformel Reflexionsfaktor)} \qquad (5.40)$$

5.5.2 Transmissionsfaktoren

Für die Berechnung der Transmission von Tor i zu Tor j fügen wir am Tor i zum Torwiderstand Z_{Li} eine ideale Spannungsquelle U_{0i} ein (Bild 5.7). Der Transmissionsfaktor s_{ji} kann dann nach folgender Formel berechnet werden.

$$s_{ji} = \frac{2U_j}{U_{0i}} \sqrt{\frac{Z_{Li}}{Z_{Lj}}} \qquad \text{(Berechnungsformel Transmissionsfaktor)} \qquad (5.41)$$

Beispiel 5.3 Streuparameter eines Zweitores mit einer Querimpedanz

Gegeben ist die in Bild 5.8 gezeigte Schaltung mit einer Querimpedanz Z und den Torwiderständen Z_L. Den Reflexionsfaktor s_{11} können wir nach Gleichung (5.40) aus der Eingangsimpedanz Z_{E1} berechnen.

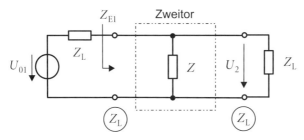

Bild 5.8 Zweitor mit einer Querimpedanz Z (Beispiel 5.3)

$$Z_{E1} = Z \| Z_L = \frac{Z \cdot Z_L}{Z + Z_L} \qquad (5.42)$$

Hiermit erhalten wir

$$s_{11} = \frac{Z_{E1} - Z_L}{Z_{E1} + Z_L} = \frac{Z Z_L - Z_L(Z + Z_L)}{Z Z_L + Z_L(Z + Z_L)} = \frac{-Z_L}{2Z + Z_L} = s_{22}. \qquad (5.43)$$

Aus Gründen der Symmetrie ergibt sich für den Ausgangsreflexionsfaktor s_{22} der gleiche Wert. Den Transmissionsfaktor berechnen wir über Gleichung (5.41). Hierzu bestimmen wir zunächst das Spannungsverhältnis nach der Spannungsteilerregel:

$$\frac{U_2}{U_{01}} = \frac{Z \| Z_L}{Z + Z \| Z_L} = \frac{Z Z_L}{Z_L(Z + Z_L) + Z Z_L} = \frac{Z}{2Z + Z_L}. \qquad (5.44)$$

Damit wird der Vorwärtstransmissionsfaktor:

$$s_{21} = \frac{2U_2}{U_{01}} \sqrt{\frac{Z_L}{Z_L}} = \frac{2Z}{2Z + Z_L} = s_{12}. \qquad (5.45)$$

Insgesamt lautet die Streumatrix:

$$\mathbf{S} = \frac{1}{2Z + Z_L} \begin{pmatrix} -Z_L & 2Z \\ 2Z & -Z_L \end{pmatrix} \qquad \text{(Streumatrix einer Querimpedanz } Z\text{)}. \qquad (5.46)$$

Es ist guter Stil, ein selbst berechnetes Ergebnis anhand von einfachen Spezialfällen zu über-prüfen. Betrachten wir zunächst den Fall $Z \to \infty$, d.h. wir ersetzen die Querimpedanz durch ei-nen Leerlauf. Die Streumatrix wird in diesem Fall zu

$$S = \begin{pmatrix} 0 & 1 \\ 1 & 0 \end{pmatrix} \; . \tag{5.47}$$

Da es sich bei dem Zweitor um eine einfache Durchverbindung handelt, treten keine Reflexi-onen auf und die Transmissionsfaktoren sind eins.

Als zweiten Spezialfall wählen wir $Z = 0$, ersetzen die Querimpedanz also durch einen Kurz-schluss. Für die Streumatrix S erhalten wir nun

$$S = \begin{pmatrix} -1 & 0 \\ 0 & -1 \end{pmatrix} . \tag{5.48}$$

Da an den Toren Kurzschlüsse sichtbar werden, ist der Reflexionsfaktor $r = -1$ (vgl. Ab-schnitt 3.1.10). Die Tore sind erwartungsgemäß voneinander entkoppelt, die Transmissions-faktoren verschwinden.

■

Beispiel 5.4 Streuparameter einer verlustlosen, angepassten Leitung

Wir betrachten nun eine verlustlose Leitung, die beidseitig mit ihrem Leitungswellenwider-stand abgeschlossen ist (Bild 5.9). Den Eingangsreflexionsfaktor s_{11} können wir nach Glei-chung (5.40) aus der Eingangsimpedanz Z_{E1} berechnen. Da nach Kapitel 3 der Eingangswider-stand einer angepassten Leitung gleich ihrem Leitungswellenwiderstand ist, gilt:

$$s_{11} = \frac{Z_{E1} - Z_L}{Z_{E1} + Z_L} = 0 = s_{22} \; . \tag{5.49}$$

Aus Gründen der Symmetrie verschwindet auch der Ausgangsreflexionsfaktor s_{22}.

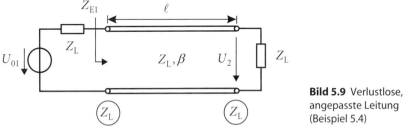

Bild 5.9 Verlustlose, angepasste Leitung (Beispiel 5.4)

Bei der Berechnung des Transmissionsfaktors s_{21} gehen wir von Gleichung (5.41) aus. Um das Spannungsverhältnis U_2/U_{01} zu bestimmen, nutzen wir geschickt unsere Kenntnisse aus dem dritten Kapitel. Bei einer abgeschlossenen Leitung breitet sich nur eine *rein fortschreitende* Welle von der Quelle zur Last aus. Wenn wir den Ursprung des Koordinatensystems an den Anfang der Leitung setzen, können wir für die Spannungswelle folgende Formel angeben:

$$U(x) = U_1 e^{-j\beta x} \; . \tag{5.50}$$

Wir finden einen Zusammenhang zwischen der Eingangsspannung U_1 und der Ausgangsspannung U_2, wenn wir für die Koordinate x die Leitungslänge ℓ einsetzen.

$$U_2 = U(\ell) = U_1 e^{-j\beta\ell} \tag{5.51}$$

Nun benötigen wir nur noch einen Zusammenhang zwischen der Spannung U_{01} und der Spannung U_1. Da die Eingangsimpedanz der angeschlossenen Leitung gerade eben dem Leitungswellenwiderstand entspricht, wird mit der Spannungsteilerregel:

$$U_1 = \frac{U_{01}}{2}. \tag{5.52}$$

Aus den obigen Überlegungen und der Reziprozität folgt für die Transmissionsfaktoren:

$$s_{21} = \frac{2U_2}{U_{01}} \sqrt{\frac{Z_L}{Z_L}} = e^{-j\beta\ell} = s_{12}. \tag{5.53}$$

Insgesamt lautet die Streumatrix der verlustlosen angepassten Leitung:

$$\boxed{\mathbf{S} = \begin{pmatrix} 0 & e^{-j\beta\ell} \\ e^{-j\beta\ell} & 0 \end{pmatrix}} \quad \text{(Streumatrix einer angepassten Leitung)}. \tag{5.54}$$

∎

Fügt man ein Stück angepasste Leitung ein, so erfahren die durchlaufenden Wellen lediglich eine Phasendrehung. Die gesamte Leistung wird übertragen, da der Betrag der Transmissionsfaktoren gleich eins ist.

5.5.3 Umnormierung einer Streumatrix auf andere Torwiderstände

Streumatrizen geben das Betriebsverhalten einer Schaltung wieder, wenn die Anschlussimpedanzen den Torwiderständen entsprechen. Soll die Schaltung aber in einer anderen Umgebung (veränderte Anschlussimpedanzen) verwendet werden, so kann das Betriebsverhalten durch eine *Umnormierung der Streumatrix auf neue Torwiderstände* ermittelt werden.

Wir betrachten eine Streumatrix $\mathbf{S}$ mit dem Torwiderstand Z_L an allen Toren. Wir wollen das Betriebsverhalten für den Fall ermitteln, dass nun ein neuer einheitlicher Torwiderstand $Z_{L,neu}$ an allen Toren verwendet wird. Nach [Mich81] können wir die Umrechnung durch folgende Matrixoperation durchführen:

$$\mathbf{S}_{neu} = (\mathbf{S} - r\mathbf{E})(\mathbf{E} - r\mathbf{S})^{-1} \quad \text{mit} \quad r = \frac{Z_{L,neu} - Z_L}{Z_{L,neu} + Z_L}, \tag{5.55}$$

wobei $\mathbf{E}$ die Einheitsmatrix ist, die nur in der Hauptdiagonalen Einsen besitzt und ansonsten mit Nullen aufgefüllt ist.

Für ein Zweitor erhalten wir:

$$S_{neu} = \begin{pmatrix} s_{11} - r & s_{12} \\ s_{21} & s_{11} - r \end{pmatrix} \cdot \begin{pmatrix} 1 - rs_{11} & -rs_{12} \\ -rs_{12} & 1 - rs_{11} \end{pmatrix}^{-1}. \tag{5.56}$$

Offensichtlich muss nun zuerst die Inverse der zweiten Matrix ermittelt werden. Diese erhalten wir nach [Bron08] über den allgemeinen Zusammenhang

$$A^{-1} = \begin{pmatrix} a_{11} & a_{12} \\ a_{21} & a_{22} \end{pmatrix}^{-1} = \frac{1}{\det A} \begin{pmatrix} A_{11} & A_{12} \\ A_{21} & A_{22} \end{pmatrix}^T, \tag{5.57}$$

mit der Adjunkten A_{ij}, d.h. der mit dem Vorfaktor $(-1)^{i+j}$ gewichteten Unterdeterminante zum Element a_{ij}. Die Unterdeterminante zum Element a_{ij} ist die Determinante der Matrix, die sich ergibt, wenn die Zeile i und die Spalte j aus der Ursprungsmatrix gestrichen werden. Nach Einsetzen erhalten wir für die umnormierte Matrix des Zweitores:

$$S_{neu} = \frac{1}{\det S} \begin{pmatrix} (s_{11} - r)(1 - rs_{22}) + rs_{12}s_{21} & s_{12}(1 - r^2) \\ s_{21}(1 - r^2) & (s_{22} - r)(1 - rs_{11}) + rs_{12}s_{21} \end{pmatrix}, \tag{5.58}$$

mit der Determinante

$$\det S = (1 - rs_{11})(1 - rs_{22}) - r^2 s_{12}s_{21}. \tag{5.59}$$

Die Umrechnung zwischen verschiedenen Torimpedanzen lässt sich in modernen HF-Schaltungssimulatoren sehr komfortabel bewerkstelligen. Allgemeinere Formeln für unterschiedliche Bezugswiderstände an den Toren finden sich u.a. in [Heue09] und [Zink00].

Beispiel 5.5 Umnormierung der Streumatrix eines Zweitores

Gegeben sei ein Zweitor mit einer Querimpedanz von $Z = 75\,\Omega$ gemäß Bild 5.8. Die Torwiderstände betragen $Z_L = 50\,\Omega$. Nach Gleichung (5.46) erhalten wir

$$S_{50\Omega} = \frac{1}{2Z + Z_L} \begin{pmatrix} -Z_L & 2Z \\ 2Z & -Z_L \end{pmatrix} = \begin{pmatrix} -0{,}25 & 0{,}75 \\ 0{,}75 & -0{,}25 \end{pmatrix} = \begin{pmatrix} s_{11} & s_{12} \\ s_{21} & s_{22} \end{pmatrix}. \tag{5.60}$$

Wir wollen die Streumatrix auf einen anderen Torwiderstand von $Z_L = 100\,\Omega$ umrechnen. Hierzu setzen wir die Streuparameter in Gleichung (5.58) ein und verwenden die Größe r aus Gleichung (5.55).

$$S_{100\Omega} = \begin{pmatrix} -0{,}4 & 0{,}6 \\ 0{,}6 & -0{,}4 \end{pmatrix} \tag{5.61}$$

Selbstverständlich ergibt sich in diesem einfachen Fall das gleiche Ergebnis, wenn wir die Größen $Z = 75\,\Omega$ und $Z_L = 100\,\Omega$ in Gleichung (5.46) einsetzen.

5.6   Signalflussmethode

Die Streumatrix verknüpft die zu- und ablaufenden Wellengrößen a und b an Ein- und Mehrtoren. Bei einer Verschaltung mehrerer Ein- und Mehrtore können die zwischen den inneren Toren hin- und rücklaufenden Wellen über Gleichungen miteinander verknüpft werden. Auf diese Art gelingt es, das Schaltungsverhalten des nach außen sichtbaren Ein- oder Mehrtores zu beschreiben. Es können dabei ganze Schaltungen inklusive Quellen untersucht werden. Bild 5.10 zeigt hierzu eine einfache Schaltung aus Quelle, Zweitor und Last.

Als Alternative zur Aufstellung eines Gleichungssystems bietet sich ein graphisches Verfahren an: die *Signalflussmethode*. Mit Hilfe einiger Regeln können die Torgrößen oft schneller als über die Gleichungen miteinander verknüpft werden.

Wir wollen im Folgenden an einem Beispiel beide Wege kennenlernen. Zunächst benötigen wir aber die grundlegenden Kenntnisse der Signalflussdiagrammdarstellung.

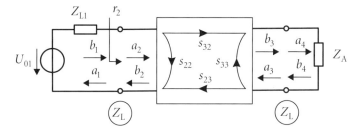

Bild 5.10 Berechnung von Hochfrequenzschaltungen mit Wellengrößen (Beispiel: Zweitor mit Quelle und Last)

Signalflussdiagramme sind eine graphische Darstellung der Verknüpfung von Wellengrößen durch Streuparameter. Die Wellengrößen a und b werden den Knoten zugeordnet und die Reflexions- und Transmissionsfaktoren stellen gerichtete Kanten dar.

Signale, die sich auf unterschiedlichen Wegen (entlang unterschiedlicher Kanten im Signalflussdiagramm) ausbreiten, können nach den in Bild 5.11 dargestellten Regeln zusammengefasst werden.

Die ersten drei Regeln in Bild 5.11 sind unmittelbar einsichtig. Wichtig ist beim Signalflussdiagramm die Richtung des Pfeils an den Kanten und damit die Richtung der Signalübertragung. Die Gleichung $b = sa$ ist damit im Sinne einer Zuweisung zu verstehen: Der Wert des Produktes aus a und s wird der Größe b zugeordnet. Ein Umstellen der Gleichung im Sinne von $a=(1/s)b$ ist nicht erlaubt [Mich81].

Die Rückkopplungsregel kann schnell hergeleitet werden (siehe Übung 5.6) und entspricht dem aus der Regelungstechnik bekannten Zusammenhang bei rückgekoppelten Systemen. Hierbei ist V_{V} die Vorwärtsverstärkung bei offener Schleife und V_{R} die Ringverstärkung bei geschlossener Schleife.

$$V_{\mathrm{ges}} = \frac{V_{\mathrm{V}}}{1 - V_{\mathrm{R}}} \tag{5.62}$$

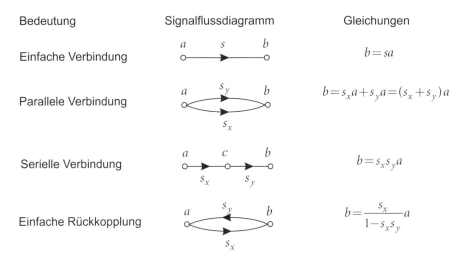

Bild 5.11 Einfache Regeln für Signalflussdiagramme

Mit den obigen Regeln kann eine Vielzahl von Signalflussdiagrammen sehr schnell analysiert werden. Will man komplexere Signalflussdiagramme auswerten, so benötigt man die *Mason-Regel*. Eine Beschreibung dieser Regel finden wir zum Beispiel in [Mich81] und [Gron01]. Alternativ kann man natürlich auch über die Gleichungen gehen bzw. einen HF-Schaltungssimulator verwenden. Betrachten wir die Zusammenhänge bei einer einfachen Schaltung aus einem Zweitor, einem Eintor und einer Quelle.

Zweitor

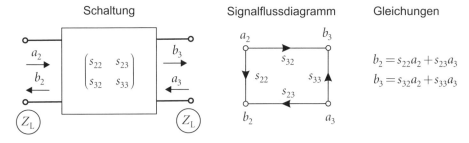

Bild 5.12 Signalflussdiagramm eines Zweitores

Das Signalflussdiagramm und die entsprechenden Gleichungen eines Zweitores sind in Bild 5.12 dargestellt. Die Tornummern entnehmen wir aus dem Beispiel in Bild 5.10.

Eintor/Last

Das Signalflussdiagramm und die Gleichungen eines Eintores sind in Bild 5.13 zusammengestellt. Die Tornummer entnehmen wir wieder aus dem Beispiel in Bild 5.10, also Nummer 4 für das Lasteintor mit dem Reflexionsfaktor r_A.

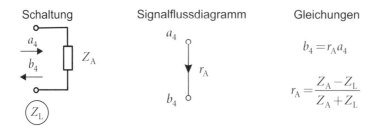

Bild 5.13 Signalflussdiagramm eines Eintores

Ersatzwellenquelle

Für die in Bild 5.10 gegebene Quelle aus idealer Spannungsquelle U_{01} und Innenimpedanz Z_{L1} benötigen wir ebenso eine Beschreibung mit Wellengrößen. (In Übung 5.5 werden wir diese Zusammenhänge herleiten.) Wir wollen hier das Ergebnis vorwegnehmen und in Bild 5.14 wiedergeben. Die Größe b_{01} wird als Urwellenquelle bezeichnet und lässt erkennen, dass es sich um ein aktives Element handelt.

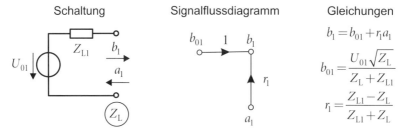

Bild 5.14 Signalflussdiagramm der Quelle

Beispiel 5.6 Schaltung mit einer angepassten Leitung und einer Querimpedanz

Wir wollen in diesem Beispiel die Kettenschaltung zweier Zweitore und den Abschluss mit einer Last gemäß Bild 5.15 betrachten. Das erste Zweitor S_1 sei eine Querimpedanz und das zweite Zweitor S_2 eine angepasste Leitung. Für beide Fälle haben wir bereits die Streumatrizen berechnet.

$$S_1 = \begin{pmatrix} s_{22} & s_{23} \\ s_{32} & s_{33} \end{pmatrix} = \frac{1}{2Z + Z_L} \begin{pmatrix} -Z_L & 2Z \\ 2Z & -Z_L \end{pmatrix} \quad \text{und} \quad S_2 = \begin{pmatrix} s_{44} & s_{45} \\ s_{54} & s_{55} \end{pmatrix} = \begin{pmatrix} 0 & e^{-j\beta\ell} \\ e^{-j\beta\ell} & 0 \end{pmatrix} \quad (5.63)$$

Mit Hilfe des *Gleichungssystems* und alternativ mit der *Signalflussmethode* wollen wir einen Ausdruck für den Reflexionsfaktor r_2 ermitteln.

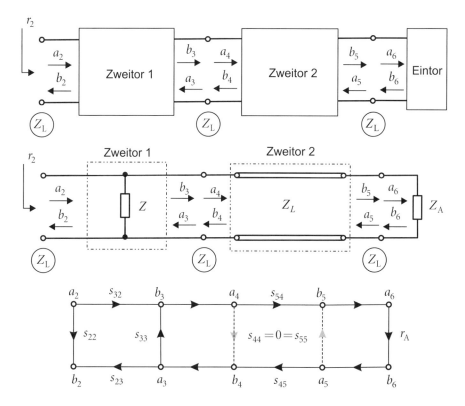

Bild 5.15 Beispiel zum Signalflussdiagramm: Schaltung mit Querimpedanz, angepasster verlustloser Leitung und Last

Zunächst stellen wir alle relevanten Gleichungen auf, beginnend bei der Last:

$$b_6 = r_A a_6 \tag{5.64}$$

$$a_5 = b_6 \quad \text{und} \quad b_5 = a_6 \tag{5.65}$$

$$b_5 = a_4 s_{54} \quad \text{und} \quad b_4 = a_5 s_{45} \tag{5.66}$$

$$a_3 = b_4 \quad \text{und} \quad b_3 = a_4 \tag{5.67}$$

$$b_2 = s_{22} a_2 + s_{23} a_3 \tag{5.68}$$

$$b_3 = s_{32} a_2 + s_{33} a_3 \; . \tag{5.69}$$

Setzen wir die Gleichungen ineinander ein und bilden den Quotienten b_2/a_2, so erhalten wir nach kurzer Zwischenrechnung:

$$\boxed{r_2 = s_{22} + s_{32} s_{23} \frac{r_A s_{45} s_{54}}{1 - s_{33} r_A s_{45} s_{54}}} \quad . \tag{5.70}$$

Diese Formel können wir *direkt* erhalten, wenn wir das Signalflussdiagramm betrachten. Es gibt zwei Wege, auf denen die zulaufende Wellengröße a_2 zur ablaufenden Wellengröße b_2 gelangt.

1. Direkter Weg über den Reflexionsfaktor s_{22}.

2. Zusätzlicher Weg über s_{32} zur Schleife und zurück über s_{23}. Die Schleife besteht aus den Faktoren s_{33}, s_{54}, s_{45} und r_A. (Aufgrund der Anpassung der Leitung verschwinden s_{44} und s_{55}.) Die Schleife können wir berücksichtigen, indem wir die Vorwärtsverstärkung $V_V = s_{45} r_A s_{54}$ und die Ringverstärkung $V_R = s_{33} s_{45} r_A s_{54}$ in Gleichung (5.62) einsetzen.

Wir gelangen also unmittelbar zu dem Ergebnis, welches wir auch über das Gleichungssystem berechnet haben:

$$\boxed{r_2 = s_{22} + s_{32} s_{23} \frac{r_A s_{45} s_{54}}{1 - s_{33} r_A s_{45} s_{54}}} \quad . \tag{5.71}$$

Wir schauen uns nun anhand eines Zahlenbeispiels an, welche Funktion die Schaltung übernehmen kann. Für die Querimpedanz wählen wir eine Kapazität $C = 5$ pF und die Leitung habe einen Leitungswellenwiderstand von $Z_L = 50\,\Omega$ bei einer Leitungslänge von $\ell = 0{,}363\,\lambda$ (bei einer Frequenz von 1 GHz). Die Lastimpedanz betrage $Z_A = 100\,\Omega + j\omega L$ mit der Induktivität $L = 15{,}92$ nH. Unser Ergebnis werten wir mit einem mathematischen Tool (*Matlab* [Matl10] von *Mathworks*) aus und stellen die Ergebnisse in Bild 5.16 dar.

Die Schaltung stellt für die Frequenz 1 GHz eine Anpassung der Lastimpedanz an die Systemimpedanz von $50\,\Omega$ dar. Der Reflexionsfaktor verschwindet für diese Frequenz. Das Thema Anpassschaltungen wird detailliert in Abschnitt 6.2.2 behandelt.

Für sehr niedrige Frequenzen ($f \to 0$) nähert sich der Wert des Eingangsreflexionsfaktors dem Wert 1/3, da hier die Kapazität zu einem Leerlauf wird und die Leitung elektrisch kurz ist. Zudem verschwindet der induktive Anteil der Last. Als Eingangswiderstand der Schaltung ergibt sich schließlich ein Wert von $Z_E(f \to 0) = 100\,\Omega$ und damit

$$r_2\left(f \to 0\right) = \frac{Z_E\left(f \to 0\right) - Z_L}{Z_E\left(f \to 0\right) + Z_L} = \frac{100 - 50}{100 + 50} = \frac{1}{3} \quad . \tag{5.72}$$

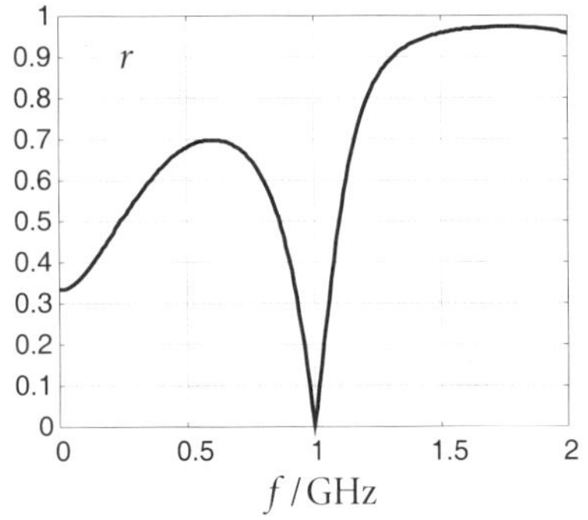

Bild 5.16 Darstellung des Ergebnisses von Beispiel 5.6 (Betrag des Reflexionsfaktors)

5.7   Messung von Streuparametern

Die Streuparameter von HF-Bauelementen und Schaltungen können heute komfortabel und mit hoher Genauigkeit durch vektorielle Netzwerkanalysatoren (VNA) gemessen werden

[Thum98] [Schi99]. Bild 5.17 zeigt einen solchen Netzwerkanalysator, an den über Leitungen eine Messhalterung (*Test-Fixture*) zur Vermessung eines Mikrostreifenfilters angeschlossen ist.

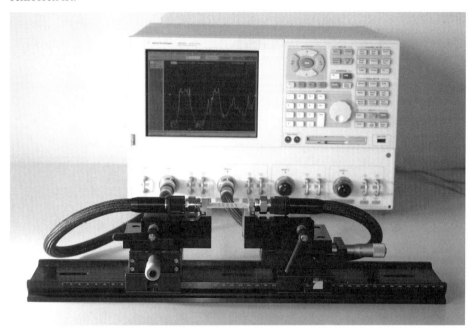

Bild 5.17 Vektorieller Netzwerkanalysator Agilent N5230A (für Messungen von 300 kHz bis 20 GHz) und *Test-Fixture* mit Mikrostreifenfilter

Ein vektorieller Netzwerkanalysator verfügt üblicherweise über zwei koaxiale Messtore mit Torwiderständen von Z_0=50 Ω. An diese zwei Tore wird das Messobjekt (DUT = *Device Under Test*) angeschlossen. Hat das Messobjekt mehr als zwei Tore, so sind alle nicht angeschlossenen Tore mit dem Bezugswiderstand (Wellensumpf) abzuschließen wie in Bild 5.18 gezeigt.

Die Messung wird über eine komfortable Bedienoberfläche gestartet und von einer zentralen Software gesteuert. Zur Vermessung von Streuparametern in einem vorgegebenen Frequenzband wird durch einen Signalgenerator ein Sinussignal erzeugt, welches zeitlich in der Frequenz ansteigt. Das Signal wird über einen Richtkoppler dem Messobjekt zugeführt. Dieses Signal wird vom Messobjekt teilweise zum Messtor 1 zurückreflektiert und teilweise zum Messtor 2 transmittiert.

An Messtor 1 koppelt der Richtkoppler einen kleinen Anteil der hin- und rücklaufenden Wellen aus und erlaubt so die Trennung von zulaufenden und ablaufenden Wellengrößen. Am Messtor 2 wird ein Anteil der transmittierten Welle über den Richtkoppler ausgekoppelt und gemessen.

Nach der Messung sind der Eingangsreflexionsfaktor und der Vorwärtstransmissionsfaktor von Tor 1 zu Tor 2 bekannt. Bei einem Zweitor besteht die Streumatrix aus 4 Elementen. Der Ausgangsreflexionsfaktor und der Rückwärtstransmissionskoeffizient werden gemessen, indem Tor 1 und Tor 2 ihre Rolle tauschen. Dies kann von der Software automatisch durchgeführt werden. Damit ist nun bei einem Zweitor die gesamte Streumatrix bekannt. Soll ein Drei- oder Mehrtor vermessen werden, so können durch mehrere Messungen leicht alle Streuparameter bestimmt werden.

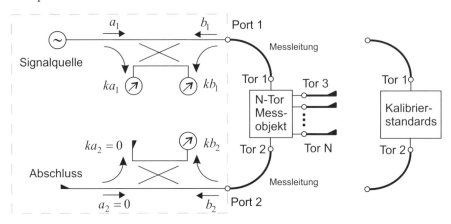

Bild 5.18 Prinzipieller Aufbau eines vektoriellen Netzwerkanalysators und Anschluss eines N-Tores

Für genaue Messungen ist es notwendig, den Netzwerkanalysator zu *kalibrieren*. Es gibt eine Reihe unterschiedlicher Verfahren, die alle hochgenaue Standards verwenden. Durch eine Vermessung der Standards vor der Vermessung des Messobjektes kann der Einfluss der nichtidealen Zuleitungen und Stecker zwischen dem VNA und dem Messobjekt herausgerechnet werden. Für die Phasen werden zudem eindeutige Referenzebenen geschaffen.

Ein einfaches Kalibrierverfahren (SOLT) verwendet zum Beispiel Kurzschlüsse (*Short*), Leerläufe (*Open*), angepasste Abschlüsse (*Load*) und Durchverbindungen (*Through*). Die Kalibrierung ist zudem wichtig, wenn vom koaxialen Leitungssystem der Messtore auf andere Leitungssysteme (z.B. Mikrostreifenleitungen) übergegangen wird.

Weitere Hinweise zum Aufbau von Netzwerkanalysatoren und zu unterschiedlichen Kalibrierverfahren finden sich in [Thum98]. Dort wird sehr anschaulich dargestellt, wie die hochfrequenten Signale im Netzwerkanalysator durch Synthesizer, Mischer, Filter und Detektoren verarbeitet werden.

Messergebnisse von Streuparametern können in *standardisierten Dateiformaten* (z.B. *Touchstone-SnP*-Datenformat) auf Datenträgern abgelegt werden, so dass die Ergebnisse in *HF-Schaltungssimulatoren* für den Entwurf von weiteren Schaltungsteilen (z.B. Anpassschaltungen) verwendet werden können. Ein Beispiel für eine gemessene Zweitorstreuparameterdatei (Dateiname: „*.s2p") findet sich in Bild 5.19.

```
!Agilent Technologies,N5230A,MY12345678,A.00.00

!Date: Wednesday, April 29, 2009 13:25:40

!Correction: S11(Full 2 Port(1,2)) S21(Full 2 Port(1,2)) S12(Full 2 Port(1,2)) S22(Full 2 Port(1,2))

!S2P File: Measurements: S11, S21, S12, S22:

# Hz S  dB  R 50

8000000000 -7.068530e-001 -1.088347e+002 -5.033566e+001 -9.525459e+001
                          -5.119051e+001 -9.444051e+001 -6.366544e-001 -1.155149e+002
8022500000 -7.183312e-001 -1.117752e+002 -5.052730e+001 -1.052149e+002
                          -5.108871e+001 -9.723354e+001 -6.364053e-001 -1.187093e+002
...
12477500000 -6.654899e-001 4.224392e+001 -3.169779e+001 1.142805e+002
                          -3.153713e+001 1.160675e+002 -8.575924e-001 3.742066e+001
12500000000 -6.905157e-001 3.936354e+001 -3.129497e+001 1.095876e+002
                          -3.115040e+001 1.089006e+002 -8.625705e-001 3.447514e+001
```

Bild 5.19 Beispiel zum Touchstone-SnP-Datenformat

Bei den ersten vier Zeilen des Textes in Bild 5.19 handelt es sich um Kommentarzeilen, die mit einem Ausrufezeichen beginnen und Hinweise auf den verwendeten Netzwerkanalysator, Datum, Kalibrierung und die gemessenen Streuparameter (in diesem Falle eine vollständige Zweitormessung: $s_{11}, s_{12}, s_{21}, s_{22}$) liefern. Die fünfte Zeile beginnt mit einem Doppelkreuz und bezeichnet das Format für die folgenden Daten: Die Frequenz ist in Hertz (Hz) angegeben und die Streuparameter werden nach Betrag (in dB) und Phase (in Grad)[2] aufgeführt. Die Systemimpedanz beträgt $R = 50\ \Omega$. Alle nachfolgenden Zeilen bestehen aus neun Spalten und enthalten nach der Angabe der Frequenz die vier komplexen Streuparameter $s_{11}, s_{12}, s_{21}, s_{22}$.

Im Bereich der Kommunikationstechnik werden verstärkt Komponenten über symmetrische Dreileitersysteme (zum Beispiel gekoppelte Mikrostreifenleitungen) gespeist. Auf einem solchen Leitungssystem können sich Gegentakt- (*Differential-mode-*) und Gleichtakt- (*Common-mode-*) Signale ausbreiten. Die kommerziellen Netzwerkanalysatoren besitzen nun unsymmetrische (koaxiale) Messtore.

Mit Hilfe von Symmetriergliedern (*Balun = Balanced unbalanced*) kann das differentielle Verhalten eines solchen Zweitores ermittelt werden (siehe Abschnitt 6.2.10). Über das Gleichtaktverhalten bekommen wir so aber keine Information. Mit Hilfe eines 4-Tor-Netzwerkanalysators (Bild 5.17) kann das Verhalten von Gleich- und Gegentaktgrößen über *Mixed-mode*-Parameter beschrieben werden [Agil02] [Heue09]. Auf diese Art kann auch die bei nichtidealen Schaltungen immer vorhandene *Modenkonversion* ermittelt werden, d.h. die gegenseitige Beeinflussung von Gegen- und Gleichtaktmode.

---

[2] Steht statt des Flags „dB" das Kürzel „RI", so werden die Streuparameter mit *Real- und Imaginärteil* gelistet. Das Flag „MA" steht für die Angabe der Werte mit *Betrag (linear) und Phase* (in Grad).

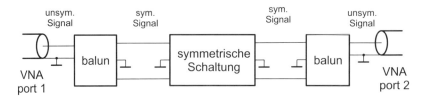

Bild 5.20 Messung von symmetrischen Komponenten

5.8   Übungsaufgaben

Übung 5.1

Gegeben sei folgende Streumatrix eines Zweitores

$$S = \begin{pmatrix} 5/13 & j12/13 \\ j12/13 & 5/13 \end{pmatrix}.$$

Die Torimpedanzen seien $Z_L = 50\ \Omega$. Welche Eigenschaften besitzt das Zweitor (Anpassung, Reziprozität, Symmetrie, Verlustlosigkeit)? Begründen Sie Ihre Antwort. Berechnen Sie die Reflexionsdämpfung (RL) und die Einfügedämpfung (IL). Rechnen Sie die Streumatrix um auf Torimpedanzen von $Z_{L,neu} = 100\ \Omega$.

Übung 5.2

An einer Antenne wird mit einem vektoriellen Netzwerkanalysator (Systemimpedanz $Z_0 = 50\ \Omega$) ein Reflexionsfaktor von $r_A = 0{,}4\,e^{-j20°}$ gemessen. Wie groß ist die Eingangsimpedanz der Antenne? Die Antenne wird nun an ein Kabel mit einem Leitungswellenwiderstand von $Z_L = 75\ \Omega$ angeschlossen und mit einer zulaufenden Wirkleistung von $P_{wa} = 1$ W gespeist. Wie groß sind die reflektierte und die von der Antenne aufgenommene Leitung?

Übung 5.3

Berechnen Sie allgemein die Streuparameter für eine Serienimpedanz, eine T- und eine π-Schaltung nach Bild 5.21.

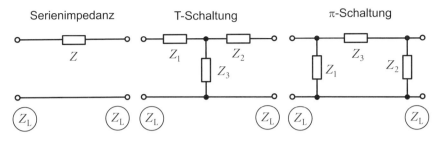

Bild 5.21 Serienimpedanz, T-und π-Schaltung

Als Bezugsimpedanz verwenden Sie Z_L.

Übung 5.4

In einer Kettenschaltung (Bild 5.22) liegt zwischen zwei angepassten Leitungen ein eingebettetes Zweitor S_x.

Bild 5.22 Zwischen zwei Leitungen eingebettetes Zweitor

Für alle Tore gelten die gleichen Torwiderstände Z_L. Die Streumatrizen lauten:

$$S_{Ltg1} = \begin{pmatrix} 0 & e^{-j\beta\ell_1} \\ e^{-j\beta\ell_1} & 0 \end{pmatrix} \quad \text{und} \quad S_x = \begin{pmatrix} s_{x,11} & s_{x,12} \\ s_{x,21} & s_{x,22} \end{pmatrix} \quad \text{und} \quad S_{Ltg2} = \begin{pmatrix} 0 & e^{-j\beta\ell_2} \\ e^{-j\beta\ell_2} & 0 \end{pmatrix} \quad (5.73)$$

Bestimmen Sie mit Hilfe eines Signalflussdiagramms die Streumatrix S des resultierenden Gesamtzweitores. Kann aus einer Messung der Streuparameter des Gesamtzweitores auf einfache Art auf die Streumatrix S_x geschlossen werden, wenn die Leitungslängen ℓ_1 und ℓ_2 bekannt sind?

Übung 5.5

Leiten Sie die Zusammenhänge für die Ersatzwellenquelle in Bild 5.14 her.

Übung 5.6

Leiten Sie die Rückkopplungsregel für Signalflussdiagramme in Gleichung (5.62) her.

Übung 5.7

Gegeben ist die Schaltung nach Bild 5.23. Mit dieser Schaltung hatten wir uns schon in Beispiel 5.6 beschäftigt. Übernehmen Sie die Zahlenwerte aus diesem Beispiel. Diesmal wollen wir die Schaltung an der gezeigten Stelle auftrennen und die Größen Z_{E1} und Z_{E2} sowie r_1 und r_2 berechnen ($f = 1$ GHz).

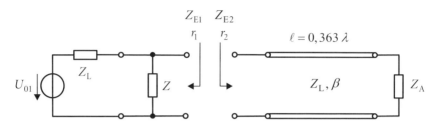

Bild 5.23 Schaltung zur Berechnung von Reflexionsfaktoren und Impedanzen

Interpretieren Sie Ihr Ergebnis!

Übung 5.8

Zeigen Sie allgemein, dass ein Dreitor nicht gleichzeitig *allseitig angepasst*, *verlustlos* und *reziprok* sein kann.

6 Hochfrequenzbauelemente und -schaltungen

In den nachfolgenden Abschnitten werfen wir zunächst einen kurzen Blick auf das Verhalten konzentrierter Bauelemente bei hohen Frequenzen. Dann wollen wir typische passive Hochfrequenzschaltungen betrachten, die aus konzentrierten Bauelementen und aus Leitungsstrukturen bestehen. Den Einsatz von Hochfrequenzschaltungssimulationen werden wir dabei an konkreten Beispielen demonstrieren.

6.1 Ersatzschaltbilder konzentrierter Bauelemente

Reale konzentrierte Bauelemente wie Widerstände, Kondensatoren und Spulen können nur bei niedrigen Frequenzen und in erster Näherung durch ihre idealen Entsprechungen beschrieben werden. Bei höheren Frequenzen treten *parasitäre Eigenschaften* immer deutlicher hervor. Diese parasitären Eigenschaften entstehen durch Zuleitungsinduktivitäten, Anschlusskapazitäten und Verluste in den Anschlussleitungen sowie in den verwendeten dielektrischen und magnetischen Materialien.

Wir wollen in den folgenden Abschnitten *einfache, physikalisch motivierte Ersatzschaltbilder* für die drei wichtigen passiven Bauteile Widerstand, Kondensator und Spule kennenlernen. Die einfachen Ersatzschaltbilder verwenden jeweils drei ideale Bauelemente und erlauben es, das Verhalten realer konzentrierter Elemente auch bei höheren Frequenzen zu beschreiben.

Durch die Wahl noch *komplexerer Ersatzschaltbilde*r [Detl09] kann der Gültigkeitsbereich zu höheren Frequenzen erweitert werden, allerdings wird die Bestimmung der Ersatzschaltbildelemente (z.B. durch Messungen) immer aufwendiger. Weiterhin muss beachtet werden, dass bei höheren Frequenzen die Einbausituation in die Schaltung eine Rolle spielt, da die konzentrierten Elemente mit ihrer Umgebung in Wechselwirkung treten.

6.1.1 Widerstände

Widerstände gibt es in vielen unterschiedlichen Bauformen [Stin07]. Bei Hochfrequenzanwendungen werden in der Regel SMD (*Surface Mounted Device*)-Bauelemente verwendet [Heue09]. Der Name rührt daher, dass die Bauteile ohne Anschlussdrähte direkt auf die planaren Leiterbahnen aufgebracht werden. Diese Anschlussweise zusammen mit der kleinen Bauform führt zu geringen parasitären Eigenschaften und macht die Bauteile bei höheren Frequenzen nutzbar.

Bild 6.1 zeigt den prinzipiellen Aufbau eines SMD-Widerstandes: Auf einem keramischen, quaderförmigen Träger liegt eine dünne flächige Widerstandsschicht mit typischen Dicken bis zu 50 μm. An den Enden befinden sich metallische Anschlusskontakte mit denen das

Bautcil auf die Leiterbahn gelötet werden kann. Typische SMD-Gehäuseabmessungen sind in Tabelle 6.1 zusammengetragen. Die Gehäusebezeichnungen bestehen aus 4 Ziffern, wobei die ersten beiden Ziffern die Länge in Einhundertstel-Inch (entspricht 0,254 mm) angeben. Die letzten beiden Ziffern geben entsprechend die Breite an. Die Werte sind mit gewissen Toleranzen behaftet, die in der Tabelle aber nicht aufgeführt sind.

(a)

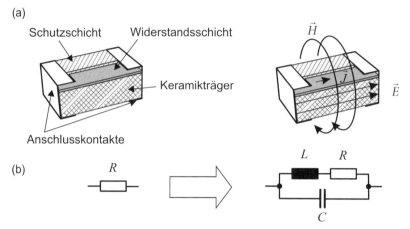

(b)

Bild 6.1 (a) Aufbau eines SMD-Widerstandes und (b) Ersatzschaltbild

Zur Ableitung des Ersatzschaltbildes sehen wir uns den Aufbau des Widerstandes in Bild 6.1a an. Zunächst ist dort der eigentliche Nennwiderstandswert R. Der Widerstandswert kann über der Frequenz als konstant angenommen werden, wenn die Dicke der Widerstandsschicht deutlich kleiner als die Skintiefe δ ist. Die Stromdichte verteilt sich dann gleichmäßig über den Querschnitt der dünnen Schicht.

Tabelle 6.1 Gehäusebezeichnungen und Abmessungen von SMD-Bauteilen

Gehäusebezeichnung	Länge L	Breite B	Höhe H
0201	0,5 mm	0,25 mm	0,23 mm
0402	1,0 mm	0,5 mm	0,35 mm
0603	1,6 mm	0,8 mm	0,45 mm
0805	2,0 mm	1,25 mm	0,5 mm
1206	3,1 mm	1,55 mm	0,55 mm
1506	3,8 mm	1,55 mm	0,55 mm

Die Widerstandsschicht wird vom Strom I durchflossen. Der Strom verursacht nach dem Durchflutungsgesetz ein umlaufendes magnetisches Feld, so dass eine parasitäre Serieninduktivität L wirksam wird. Über der Länge der Widerstandschicht liegt eine Spannung U an. Das hiermit verbundene elektrische Feld zwischen den Anschlusskontakten wird im Ersatzschaltbild als Parallelkapazität berücksichtigt.

$$Z = \left(R + j\omega L \right) \| \frac{1}{j\omega C} = \frac{R + j\omega L}{j\omega C \left(R + j\omega L \right) + 1} \tag{6.1}$$

Beispiel 6.1 Frequenzverhalten eines SMD-Widerstandes

Wir betrachten das Frequenzverhalten eines SMD-Widerstandes für drei Nennwiderstandswerte R: 10 Ω, 100 Ω, 1 kΩ. Für die parasitären Elemente wollen wir annehmen, dass gilt: $C = 0{,}04$ pF und $L = 0{,}7$ nH. Die Ergebnisse des Betrages und der Phase der Impedanz Z sind in Bild 6.2 dargestellt. Mit zunehmender Frequenz weichen Betrag und Phase deutlich vom Nennwert ab.

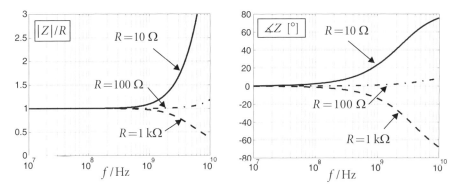

Bild 6.2 Frequenzverhalten eines SMD-Widerstandes (Beispiel 6.1)

6.1.2 Kondensatoren

Kondensatoren gibt es ebenso wie Widerstände in sehr unterschiedlichen Ausführungsformen. Im Bereich der Hochfrequenztechnik sind vor allem Chipkondensatoren interessant, die die im Zusammenhang mit SMD-Widerständen besprochenen Abmessungen aufweisen. Bild 6.3a und b zeigen Ausführungsformen. Die Kondensatorflächen können in einer Ebene liegen oder in mehreren Schichten übereinander angeordnet sein (*Multilayer*). (Zur besseren Verdeutlichung der mehrlagigen Struktur ist diese zudem in Höhenrichtung auseinandergezogen dargestellt.)

Das Ersatzschaltbild besitzt neben der Nennkapazität C aufgrund des Stromflusses und des dadurch auftretenden magnetischen Feldes eine Induktivität L. Die Anschlusskontakte weisen ohmsche Verluste auf und im keramischen Träger kommt es zu dielektrischen Verlusten. Um ein möglichst einfaches Ersatzschaltbild zu erhalten, fasst man die beiden Verlustmechanismen in einem sogenannten Ersatzserienwiderstand R_{ESR} zusammen. Die Elemente werden in Serie angeordnet (Bild 6.3c). Wir erhalten als Ersatzschaltbild einen *Serienresonanzkreis* mit der Impedanz

$$Z = R_{ESR} + j\omega L + \frac{1}{j\omega C} = R_{ESR} + j\left(\omega L - \frac{1}{\omega C}\right) \quad . \tag{6.2}$$

$$f_0 = \frac{1}{2\pi} \cdot \frac{1}{\sqrt{LC}} \quad \text{(Resonanzfrequenz)} \tag{6.3}$$

Die Resonanzfrequenz f_0 zeichnet sich dadurch aus, dass der Imaginärteil der Impedanz verschwindet, also gilt $\omega L - 1/(\omega C) = 0$.

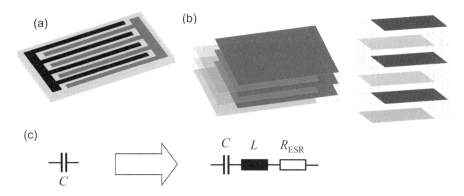

Bild 6.3 (a) und (b) Aufbau eines Chipkondensators und (c) einfaches Ersatzschaltbild

Weitere wichtige Größen sind die Güte Q und der Verlustfaktor $\tan\delta_C$ des Kondensators. Für diese Größen gilt:

$$Q = \frac{1}{\tan\delta_C} = \frac{1}{R_{\text{ESR}}\,\omega C} \quad . \tag{6.4}$$

Beispiel 6.2 Frequenzverhalten eines Chip-Kondensators

Wir betrachten einen Chipkondensator mit einer Nennkapazität von $C = 1$ nF. Die parasitären Bauelemente seien mit $R = 0{,}1\,\Omega$ und $L = 1$ nH gegeben. Das resultierende Frequenzverhalten ist in Bild 6.4 gezeigt. Unterhalb der Resonanzfrequenz verhält sich der Kondensator kapazitiv. Zum Vergleich ist der Verlauf eines idealen Kondensators mit der Nennkapazität C dargestellt. Bei der Resonanzfrequenz $f_0 \approx 159$ MHz wird die Impedanz reell und entspricht gerade dem Ersatzserienwiderstand. Für Frequenzen oberhalb der Resonanzfrequenz nähert sich das Verhalten dem dargestellten Verlauf einer idealen Spule mit der Induktivität L.

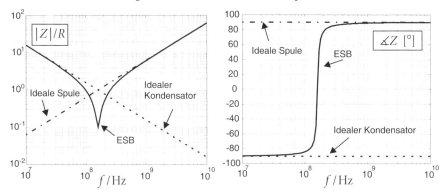

Bild 6.4 Frequenzverhalten eines Chipkondensators

6.1.3 Spulen

Anordnungen, die magnetische Feldenergie speichern können, zeigen induktives Verhalten. Man erreicht dies zum Beispiel durch das Aufwickeln von Drähten. Zur Erhöhung der Induktivität werden zudem magnetische Materialien mit hohen Werten der relativen Permeabilitätszahl μ_r eingesetzt. Kleine Bauformen mit SMD-Abmessungen lassen sich durch Miniaturisierung erreichen. Bild 6.5a zeigt eine planare Spule auf einem Substrat und Bild 6.5b eine mehrlagige Spule in einem *Multilayer*-Substrat. (Zur besseren Verdeutlichung der mehrlagigen Struktur ist diese zudem in Höhenrichtung auseinandergezogen dargestellt.)

Die in den leitfähigen und magnetischen Materialien auftretenden Verluste werden vereinfacht in einem Serienwiderstand R_S zusammengefasst. Bei einer gewickelten Spule ergeben sich zwischen den einzelnen Windungen Kapazitäten, so dass mit zunehmender Frequenz die Windungen kapazitiv überbrückt werden. Im Ersatzschaltbild erscheint daher eine Kapazität C parallel zur Nenninduktivität und zum Verlustwiderstand. Als einfaches Ersatzschaltbild erhalten wir die Schaltung in Bild 6.5c mit der Impedanz

$$Z = \left(R_S + j\omega L\right) \| \frac{1}{j\omega C} = \frac{R_S + j\omega L}{j\omega C\left(R_S + j\omega L\right) + 1} \quad . \tag{6.5}$$

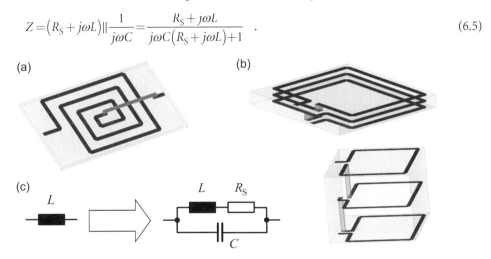

Bild 6.5 (a) und (b) Aufbau einer Spule und (c) einfaches Ersatzschaltbild

Der Verlustwiderstand nimmt im Vergleich zur Impedanz der Induktivität kleine Werte an. Die Resonanzfrequenz kann daher näherungsweise wie bei einer Parallelschaltung berechnet werden:

$$f_0 = \frac{1}{2\pi} \cdot \frac{1}{\sqrt{LC}} \quad . \tag{6.6}$$

Wie beim Kondensator können wir auch hier eine Güte Q und einen Verlustfaktor $\tan\delta_L$ angeben.

$$Q = \frac{1}{\tan\delta_L} = \frac{\omega L}{R_S} \tag{6.7}$$

Bild 6.6 zeigt das typische Frequenzverhalten einer Spule. Bei niedrigen Frequenzen steigt die Impedanz linear mit der Frequenz. bis sich schließlich aufgrund parasitärer Einflüsse eine Parallelresonanz ausbildet. Darüber hinaus wird das Verhalten kapazitiv.

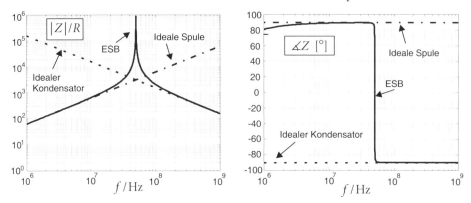

Bild 6.6 Typisches Frequenzverhalten einer Spule

6.2   Passive Schaltungen

6.2.1   Leitungsresonatoren

Mit konzentrierten Bauelementen lassen sich mit einer Induktivität L und einer Kapazität C Parallel- oder Serienschwingkreise realisieren. Die Resonanzfrequenz kann aus den Bauelementewerten einfach berechnet werden:

$$f_0 = \frac{1}{2\pi} \cdot \frac{1}{\sqrt{LC}} . \tag{6.8}$$

Bei höheren Frequenzen wird es aber immer schwieriger, mit konzentrierten Elementen Schwingkreise aufzubauen, da diese aufgrund der zuvor besprochenen parasitären Effekte vom idealen Bauteilverhalten abweichen. Hier bieten Leitungen eine interessante Alternative. Wir wollen uns diese Leitungsresonatoren genauer ansehen, weil sie auch im Zusammenhang mit Filtern eine große Bedeutung besitzen.

Weitere schwingfähige Strukturen sind Hohlraumresonatoren, die wir bereits in Abschnitt 4.5.6 kennengelernt haben. Im Zusammenhang mit Oszillatoren werden auch Quarze und dielektrische Resonatoren verwendet, für die wir hier aber nur auf die Literatur verweisen wollen [Bäch99] [Detl09] [Heue09].

λ/2-Resonator

Gemäß unseren Überlegungen in Kapitel 3 besitzen verlustlose Leitungen, die mit einem Kurzschluss oder einem Leerlauf abgeschlossen sind, eine reaktive Eingangsimpedanz. Betrachten wir zunächst eine leerlaufende Leitung. Für die Eingangsimpedanz gilt nach Gleichung (3.92):

$$Z_E = -jZ_L \cot(\beta\ell) = -\frac{jZ_L}{\tan(\beta\ell)} = -jX_E = \begin{cases} \text{kapazitiv, falls } \ell < \lambda/4 \\ \text{induktiv, falls } \lambda/4 < \ell < \lambda/2 \end{cases} \quad (6.9)$$

Um einen Parallelschwingkreis zu bilden, schalten wir zwei Leitungen parallel, wobei die Leitungslänge ℓ_1 kleiner als die Viertelwellenlänge und die Leitungslänge ℓ_2 größer als die Viertelwellenlänge sein soll (Bild 6.7). Die Gesamtlänge der Leitung ist dann $\ell = \ell_1 + \ell_2$.

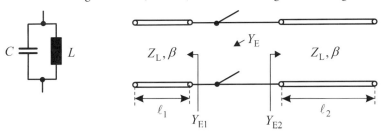

Bild 6.7 Schwingkreis aus konzentrierten Elementen und aus Leitungsstücken ($\lambda/2$-Resonator)

Die Admittanz, die an den Klemmen sichtbar wird, lautet:

$$Y_E = Y_{E1} + Y_{E2} = -\frac{1}{jZ_L}\left(\tan(\beta\ell_1) + \tan(\beta\ell_2)\right). \quad (6.10)$$

Bei Parallelresonanz verschwindet der Imaginärteil der Admittanz. Zur Berechnung formen wir die Summe der Tangensfunktionen um mit

$$\tan x \pm \tan y = \frac{\sin(x \pm y)}{\cos x \cos y} \quad (6.11)$$

und erhalten

$$\text{Im}\{Y_E\} = \frac{1}{Z_L} \cdot \frac{\sin(\beta(\ell_1 + \ell_2))}{\cos(\beta\ell_1)\cos(\beta\ell_1)} = 0 \quad \text{(bei Resonanz)}. \quad (6.12)$$

Der Imaginärteil kann nur null werden, wenn die Sinusfunktion im Zähler des Quotienten verschwindet. Dies ist der Fall, wenn das Argument ganzzahlige Werte von π annimmt.

$$\beta(\ell_1 + \ell_2) = n\pi \quad \text{mit} \quad n \in \mathbb{Z} \quad (6.13)$$

Daraus folgt für die Gesamtlänge der Leitung:

$$\boxed{\ell = \ell_1 + \ell_2 = \frac{n\pi}{\beta} = \frac{n\pi\lambda}{2\pi} = n\frac{\lambda}{2}}. \quad (6.14)$$

Bei einer an beiden Enden leerlaufenden Leitungen ist die kürzeste physikalische Leitungslänge für Parallelresonanz die halbe Wellenlänge.[1]

Bei den obigen Überlegungen sind wir von einer idealen Leitung ausgegangen, deren elektrisches Feld sich nur zwischen den Leitern befindet. Praktisch reicht aber das elektrische Feld auch über die Enden der Leitung hinaus (Bild 6.8), so dass die Leitung also an jedem Ende um die Strecke $\Delta\ell$ virtuell länger wirkt. Der Effekt kann durch eine Endkapazität C_E modellhaft berücksichtigt werden. Die geometrische Länge ℓ muss daher etwas kürzer als die halbe Wellenlänge gewählt werden. Wie groß der Verkürzungsfaktor aufgrund des Endeffektes tatsächlich ist, hängt von der jeweiligen Geometrie ab und kann nicht allgemeingültig angegeben werden.

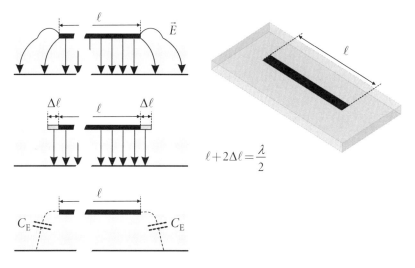

Bild 6.8 Mikrostreifenleitung als $\lambda/2$-Resonator: Verkürzung durch parasitäre Endkapazitäten

Beispiel 6.3 $\lambda/2$-Resonator mit Mikrostreifenleitung

Bild 6.9 zeigt einen $\lambda/2$-Resonator als Mikrostreifenleitung auf Aluminiumoxyd ($\varepsilon_r = 9{,}8$; $h = 635\ \mu m$). Der Resonator ist über zwei 50-Ω-Leitungen ($w = 625\ \mu m$) kapazitiv angekoppelt (Spaltbreite $s = 0{,}2$ mm). Die geometrische Länge des Resonators beträgt 6 mm. Dies würde bei einer effektiven Dielektrizitätszahl von $\varepsilon_{r,eff} = 6{,}65$ einer Resonanzfrequenz von 9,5 GHz entsprechen. Aufgrund der Verkürzung durch Endkapazitäten und zusätzlicher Einkopplungseffekte liegt die Resonanzfrequenz und damit das Maximum der Überkopplung jedoch bei 9 GHz. In Abschnitt 6.2.4 werden mit Hilfe von resonanten Leitungen Filter realisiert.

---

[1] Dies gilt ebenso für eine an beiden Seiten kurzgeschlossene Leitung (siehe Übung 6.1).

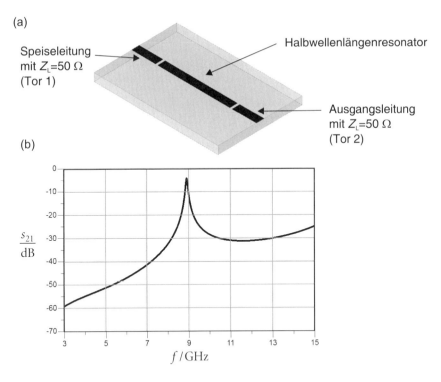

Bild 6.9 $\lambda/2$-Resonator in Mikrostreifentechnik ($l = 6$mm; $s = 0{,}2$ mm): (a) Aufbau und (b) Transmissionsfaktor (zu Beispiel 6.3)

$\lambda/4$-Resonator

Will man die Leitungslänge eines $\lambda/2$-Resonators verkürzen, so kann man eine der am Ende leerlaufenden Leitungen durch eine am Ende kurzgeschlossene Leitung ersetzen.

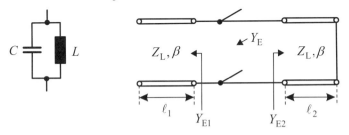

Bild 6.10 Schwingkreis aus konzentrierten Elementen und aus Leitungsstücken ($\lambda/4$-Resonator)

Nach Gleichung (3.96) ergibt sich in diesem Fall die Eingangsimpedanz zu

$$Z_{E2} = jZ_L \tan(\beta\ell) = jX_{E2} = \begin{cases} \text{induktiv, falls } \ell < \lambda/4 \\ \text{kapazitiv, falls } \lambda/4 < \ell < \lambda/2 \end{cases} . \tag{6.15}$$

Aus einer leerlaufenden Leitung mit einer Länge, die kürzer als $\lambda/4$ ist, und einer kurzgeschlossenen Leitung, deren Länge ebenfalls kürzer als $\lambda/4$ ist, kann also ein Resonator ge-
baut werden. In Übung 6.1 wird gezeigt, dass die physikalisch kürzeste Länge gerade eben
die Viertelwellenlänge ist (Bild 6.10).

6.2.2   Anpassschaltungen

Aus Kapitel 3 über die Leitungstheorie ist uns bekannt, dass fehlangepasste Leitungsab-
schlüsse ($R_A \neq Z_L$) zu Reflexionen führen. Mit Hilfe von Anpassschaltungen können vorhandene Abschlussimpedanzwerte auf gewünschte Eingangsimpedanzwerte ($Z_E = R_I$) transformiert werden (Bild 6.11).

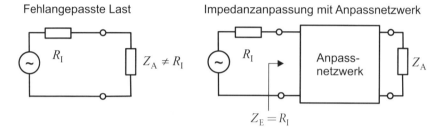

Bild 6.11 Fehlangepasste Last und Impedanzanpassung mit Hilfe eines Anpassnetzwerkes

Um die Anpassung möglichst verlustfrei zu realisieren, verwendet man reaktive Elemente
(Kapazitäten und Induktivitäten) oder Leitungen. Das Verhalten dieser Elemente ist frequenzabhängig, so dass das gewünschte Transformationsverhalten immer nur in einem
bestimmten Frequenzbereich realisiert werden kann.

Wir wollen uns hier zunächst auf die Transformation reeller Abschluss- und Zielimpedanzen
beschränken. In Übung 6.2 sehen wir aber, dass die Ergebnisse einfach auf allgemein komplexe Abschlüsse erweitert werden können. Beim Entwurf von Anpassschaltungen besitzt
das Smith-Chart auch heute noch eine große Bedeutung, so dass wir die Schaltungen anhand
des Smith-Charts erläutern wollen. Im Internet findet man Smith-Chart-Tools, die den einfachen Entwurf von Anpassschaltungen unterstützen [Dell10].

6.2.2.1   LC-Anpassnetzwerke

Soll ein reeller Abschluss in eine reelle Eingangsimpedanz transformiert werden, so kann
dies durch zwei reaktive Elemente (eine Induktivität und eine Kapazität) geschehen, von
denen eines quer und eines längs in der Schaltung auftritt. Aufgrund der „L"-förmigen (bzw.
„Γ"-förmigen) Anordnung wird die Schaltung auch als „L"-Netzwerk (oder „Γ"-
Transformator) bezeichnet [Bowi08] [Heue09].

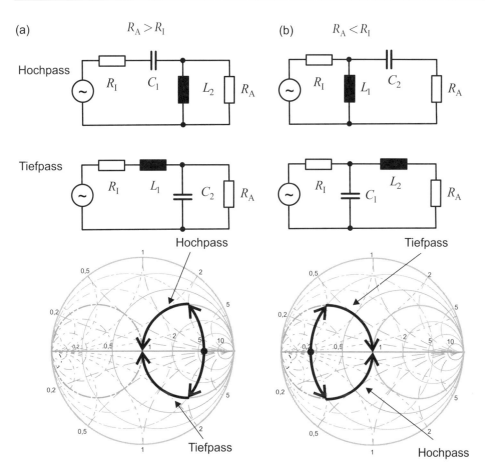

Bild 6.12 LC-Anpassnetzwerke für (a) $R_A > R_I$ und (b) $R_A < R_I$

Beim Entwurf muss unterschieden werden, ob der Abschlusswiderstand größer ($R_A > R_I$) oder kleiner ($R_A < R_I$) als die gewünschte Eingangsimpedanz sein soll. In beiden Fällen existieren dann jeweils zwei Realisierungsmöglichkeiten, entweder als Hochpass- oder als Tiefpassstruktur. (Mit Tiefpass- und Hochpassfiltern setzen wir uns in Abschnitt 6.2.3 noch auseinander.) Bild 6.12 zeigt die vier Schaltungen sowie die Transformationswege im Smith-Chart-Diagramm. Die Elementwerte können einfach berechnet werden.

Für $R_A > R_I$ gilt

$$\left|X_1\right| = R_I \cdot Q \quad \text{und} \quad \left|X_2\right| = R_A / Q \quad \text{mit} \quad Q = \sqrt{\frac{R_A}{R_I} - 1} \ . \tag{6.16}$$

Für $R_A < R_I$ gilt

$$\left|X_1\right| = R_I / Q \quad \text{und} \quad \left|X_2\right| = R_A \cdot Q \quad \text{mit} \quad Q = \sqrt{\frac{R_I}{R_A} - 1} \ . \tag{6.17}$$

Die Reaktanzen X_1 und X_2 bedeuten reaktive Bauteile, die entweder induktiv ($X = \omega L$) oder kapazitiv ($X = -1/(\omega C)$) sein können. In *einer* Schaltung müssen sie auf jeden Fall aber von unterschiedlicher Art sein (Bild 6.12). Für eine vorgegebene Frequenz f_0, bei der die Anpassung erreicht werden soll, können dann die Reaktanzwerte einfach in Kapazitäten und Induktivitäten über folgende Zusammenhänge umgerechnet werden.

$$L_{1,2} = \frac{|X_{1,2}|}{2\pi f_0} \quad \text{und} \quad C_{1,2} = \frac{1}{|X_{1,2}| 2\pi f_0} \tag{6.18}$$

Beispiel 6.4 Berechnung einer Anpassschaltung mit konzentrierten Elementen

Ein Abschlusswiderstand $R_A = 150\,\Omega$ soll bei einer Frequenz von $f_0 = 400$ MHz an eine Quelle mit $R_I = 50\,\Omega$ angepasst werden. Es gilt also $R_A > R_I$. Nach Gleichung (6.16) erhalten wir $Q = \sqrt{2}$ und für die Beträge der Reaktanzen $|X_1| = R_I\sqrt{2}$ und $|X_2| = R_A / \sqrt{2}$. Gemäß Bild 6.12 können wir zwischen zwei Realisierungen wählen: einer Hochpass- und einer Tiefpassstruktur. Über Gleichung (6.18) finden wir die Werte der Induktivitäten und Kapazitäten für beide Schaltungen. Für die Hochpassstruktur ergibt sich: $C_1 = 5,63$ pF und $L_2 = 42,2$ nH. Für die Tiefpassstruktur erhalten wir: $L_1 = 28,1$ nH und $C_2 = 3,75$ pF. Die Reflexionsfaktoren sind in Bild 6.13a ($R_A > R_I$) dargestellt. Die Tiefpassstruktur konvergiert für $f = 0$ Hz gegen den Wert $s_{11} = -6$ dB, da die Spule hier einen Kurzschluss und die Kapazität einen Leerlauf darstellt. Der Abschlusswiderstand ist dann direkt an die Quelle mit R_I angeschlossen und es gilt:

$$s_{11}(f=0) = \frac{R_A - R_I}{R_A + R_I} = \frac{1}{2} \rightarrow \frac{s_{11}}{\text{dB}} = 20\lg(s_{11}) = -6 \quad \text{(Reflexionsfaktor für } f \rightarrow 0)^2. \tag{6.19}$$

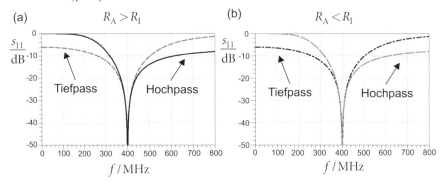

Bild 6.13 Streuparameter der Anpassschaltungen aus Beispiel 6.4

Die Hochpassstruktur konvergiert erwartungsgemäß für $f = 0$ Hz gegen $s_{11} = 0$ dB.

Um die Betrachtung abzuschließen, tauschen wir im Folgenden die Werte von R_A und R_I, so dass gilt $R_A < R_I$. Nun orientieren wir uns an Gleichung (6.17). Über Gleichung (6.18) finden wir wieder die Werte der Induktivitäten und Kapazitäten für beide Schaltungen. Für die

---

[2] Würde man auf eine Anpassschaltung gänzlich verzichten, würde der Reflexionsfaktor *im gesamten Frequenzbereich* den Wert –6 dB besitzen.

Hochpassstruktur ergibt sich wie zuvor: $C_1 = 5{,}63$ pF und $L_2 = 42{,}2$ nH. Für die Tiefpassstruktur erhalten wir ebenso: $L_1 = 28{,}1$ nH und $C_2 = 3{,}75$ pF. Die Reflexionsfaktoren sind in Bild 6.13b ($R_A < R_I$) dargestellt.

■

Die Darstellungen des Reflexionsfaktors über der Frequenz in Bild 6.13 zeigen, dass die Anpassung nur in einem gewissen Frequenzbereich gegeben ist. Je größer der Unterschied zwischen den Widerständen R_A und R_I ist, desto schmalbandiger wird die Schaltung. Ist die Bandbreite einer einfachen LC-Anpassschaltung nicht ausreichend, so kann durch eine Kaskadierung von zwei oder mehreren LC-Netzwerken die Bandbreite erhöht werden.

Übung 6.3 zeigt ein Beispiel zur Bandbreitenvergrößerung. Bei einer zweistufigen Anpassschaltung wird die Abschlussimpedanz R_A zunächst von der ersten Stufe auf einen mittleren Widerstandswert R_m transformiert, der gerade dem geometrischen Mittelwert entspricht. Die zweite Stufe transformiert den Wert R_m auf die Zieleingangsimpedanz $Z_E = R_I$.

$$R_m = \sqrt{R_I R_A} \tag{6.20}$$

6.2.2.2 Anpassung mit Leitungen

$\lambda/4$-Transformator

In Abschnitt 3.1.9.1 haben wir bereits den $\lambda/4$-Transformator kennengelernt, mit dem sich eine reelle Abschlussimpedanz auf eine reelle Eingangsimpedanz transformieren lässt. Bild 6.14a zeigt einen einfachen Leistungsteiler in Mikrostreifentechnik mit einem $\lambda/4$-Transformator zur Anpassung bei einer Frequenz von 5 GHz. Die am Eingangstor 1 eingespeiste Leistung wird zu gleichen Teilen auf die Ausgangstore 2 und 3 verteilt. Die Ausgangsleitungen zu den Toren 2 und 3 besitzen jeweils eine Eingangsimpedanz von 50 Ω. Aufgrund der Parallelschaltung der beiden Ausgangsleitungen erhalten wir am Ende des $\lambda/4$-Transformators einen Impedanzwert von 25 Ω. Dieser wird über den Viertelwellentransformator an die Impedanz der Speiseleitung von 50 Ω angepasst. Der Leitungswellenwiderstand des Viertelwellentransformators muss nach Gleichung (3.99) dem geometrischen Mittelwert von 25 Ω und 50 Ω, also ca. 35,4 Ω entsprechen. Die detaillierte Dimensionierung der Schaltung finden wir in Übung 6.4.

Bild 6.14b zeigt die Anpassung an Tor 1 bei einer Frequenz von 5 GHz. Nachteilig an dem einfachen Leistungsteiler ist der Umstand, dass ausgangsseitig keine Anpassung vorliegt: s_{22} und s_{33} liegen bei −6 dB. Dies liegt daran, dass der $\lambda/4$-Transformator die 50 Ω der Speiseleitung auf 25 Ω heruntertransformiert. Diese 25 Ω bilden dann parallel mit der 50-Ω-Leitung von Tor 3 den Anschluss für die Leitung zu Tor 2. Als Reflexionsfaktor erhalten wir dann

$$s_{22} = s_{33} = \frac{(25\,\Omega\|50\,\Omega) - 50\,\Omega}{(25\,\Omega\|50\,\Omega) + 50\,\Omega} = -0{,}5 \quad \rightarrow \quad |s_{22}| = |s_{33}| = -6\,\text{dB} \quad . \tag{6.21}$$

Die Bandbreite ist begrenzt und umso geringer, je größer der Unterschied zwischen den Widerstandswerten R_1 und R_A ist. Die Bandbreite lässt sich durch eine mehrstufige Auslegung erhöhen, wie wir in Übung 6.4 zeigen.

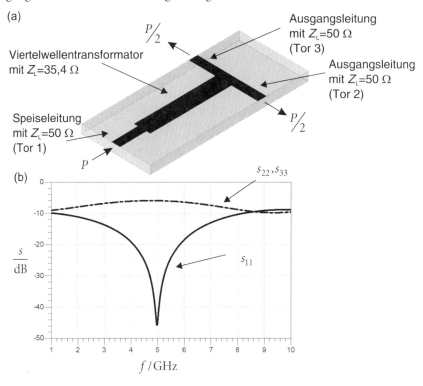

Bild 6.14 (a) Einfacher Leistungsteiler in Mikrostreifentechnik mit $\lambda/4$-Transformator; (b) Reflexionsfaktoren an den Toren

Stichleitung und Butterfly-Stubs

Anhand des Smith-Charts kann man eine weitere Möglichkeit der Anpassung nachvollziehen, die in der Praxis oft eingesetzt wird und für allgemeine komplexe Abschlüsse funktioniert. Betrachten wir dazu das Beispiel im Smith-Chart in Bild 6.15. Die Impedanz Z_A soll auf die reelle Zielimpedanz R_1 angepasst werden. Die normierte Impedanz $z_A = Z_A/R_1$ liefert den Ausgangspunkt (1) im Smith-Chart. Durch eine Leitung mit dem Wellenwiderstand $Z_L = R_1$ erreichen wir – je nach Länge der Leitung – beliebige Punkte auf einem Kreis um den Ursprung. Wir wählen die Leitungslänge so, dass wir Punkt (2) auf dem Anpassungskreis in der *Admittanzebene* erreichen. Von hier aus können wir mit einer parallelen Kapazität zum Anpassungspunkt (3) in der Mitte des Kreises gelangen. Die Kapazität führen wir aber nicht als konzentriertes Element aus, sondern wir verwenden eine leerlaufende, parallel angeschlossene Leitung (Stichleitung). Die Länge wird so gewählt, dass sich der entsprechende Kapazitätswert einstellt.

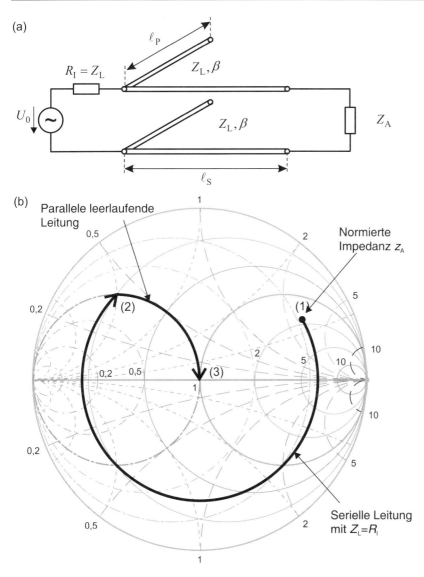

Bild 6.15 (a) Anpassschaltung mit serieller Leitung und paralleler Stichleitung; (b) Transformationsweg im Smith-Chart

Die Dimensionierung der seriellen Leitung und der Stichleitung können wir anhand des Smith-Diagramms, welches wir in Kapitel 3 kennengelernt haben, vornehmen. Übung 6.5 zeigt ein entsprechendes Dimensionierungsbeispiel mit einer Mikrostreifenleitung. Ein Beispiel für eine Frequenz von 5 GHz finden wir in Bild 6.16a. Alternativ zu einer Stichleitung können wir die Kapazität auch durch zwei fächerförmige Querleitungen (*Radial stubs*, *Butterfly stubs*) realisieren (Bild 6.16b). Dies erhöht die Bandbreite und wird in der Praxis sehr oft eingesetzt (Bild 6.16c).

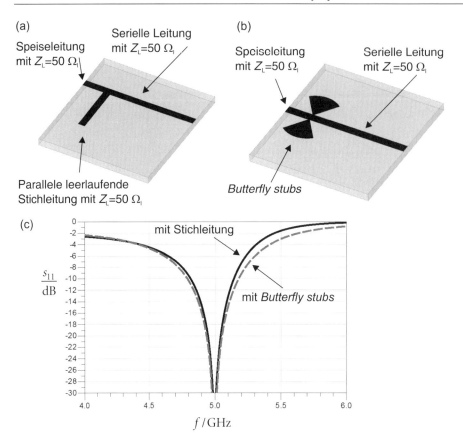

Bild 6.16 Anpassschaltung in Mikrostreifentechnik mit serieller Leitung und (a) Stichleitung sowie (b) *Butterfly stubs;* (c) Eingangsreflexionsfaktor

6.2.3   Filter

Filter sind Zweitore, die ein frequenzabhängiges Übertragungsverhalten besitzen. Ziel ist es, Signalanteile im Durchlassbereich möglichst unverändert zu lassen und Signalanteile im Sperrbereich zu dämpfen. Je nach Frequenzverlauf unterscheidet man *Tiefpass-*, *Hochpass-*, *Bandpass-* und *Bandsperrfilter* (Bild 6.17).

Die gewünschten Übertragungseigenschaften werden durch ein *Toleranzschema* festgelegt, in dem minimale Dämpfungswerte im Durchlassbereich sowie Mindestdämpfungswerte im Sperrbereich als Funktion der Frequenz vorgegeben werden. Die Übertragungsfunktion formulieren wir im Hochfrequenzbereich sinnvollerweise auf dem – in Kapitel 5 über Streuparameter eingeführten – Transmissionsfaktor s_{21} bzw. seinem Kehrwert, der Einfügedämpfung A.

Um eine verzerrungsarme Übertragung zu erhalten, ist zudem im Durchlassbereich ein möglichst linearer Phasenverlauf über der Frequenz wünschenswert. (Die Gruppenlaufzeit als Ableitung der Phase sollte möglichst konstant sein [Fett96].)

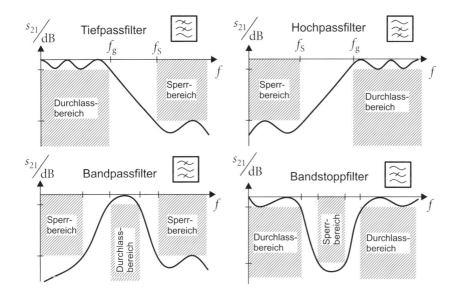

Bild 6.17 Übertragungsfunktionen $|s_{21}|$ verschiedener Filtertypen: Tiefpass, Hochpass, Bandpass, Bandsperre mit Toleranzschemata

6.2.3.1 Klassischer LC-Filterentwurf mit Induktivitäten und Kapazitäten

Der klassische Filterentwurf geht von einem Standardtiefpassfilter aus, welcher aus Kapazitäten und Induktivitäten in einer leiterförmigen Anordnung aufgebaut wird (Bild 6.18a) [Bowi08]. Die Anzahl der reaktiven Elemente bzw. Schwingkreise n bestimmt die Ordnung des Filters.

Das gewünschte Übertragungsverhalten wird durch geeignete Wahl der Filterordnung n und der entsprechenden Kapazitäts- und Induktivitätswerte erreicht. Die Wahl der Elementwerte orientiert sich dabei an Standardtiefpass-Filtertypen: *Butterworth*, *Tschebyscheff*, *Bessel* und *Cauer*. Typische Amplituden- und Phasenverläufe für Filter 5. Ordnung sind in Bild 6.18b und Bild 6.18c dargestellt.

- *Butterworth-Filter* zeichnen sich durch einen *maximal flachen Dämpfungsverlauf* im Durchlassbereich aus. Die Zunahme der Dämpfung im Übergangsbereich erfolgt vergleichsweise langsam.
- *Tschebyscheff-Filter* zeigen im *Durchlassbereich* eine gewisse *Welligkeit*. Die Zunahme der Dämpfung im Übergangsbereich erfolgt schneller als beim Butterworth-Filter. Erlaubt man größere Werte der Welligkeit im Durchlassbereich, so steigt die Dämpfung im Übergangsbereich steiler an. (Besonderheit bei gerader Ordnung n des Filters: Last- und Quellwiderstand können nicht gleich groß gewählt werden [Bowi08]!)
- *Bessel-Filter* besitzen im Durchlassbereich einen vergleichsweise linearen Phasenverlauf. Sie sind also besonders gut in Anwendungen geeignet, in denen *Signalverzerrungen klein* bleiben müssen. Die Selektivität ist allerdings nicht so hoch wie bei den anderen Filtern:

Die Zunahme der Dämpfung im Übergangsbereich liegt unter der des Butterworth-Filters.

- *Cauer-Filter* besitzen im Sperrbereich Dämpfungspole. Dies kann genutzt werden, um gezielt besonders störende Frequenzbänder zu unterdrücken. Der Übergang vom Durchlass- in den Sperrbereich ist hier am steilsten, so dass bereits mit geringen Filterordnungen steilflankige Filter realisiert werden können. Nachteilig am Cauer-Filter sind der stark nichtlineare Phasenverlauf und die sich daraus ergebenden Signalverzerrungen.

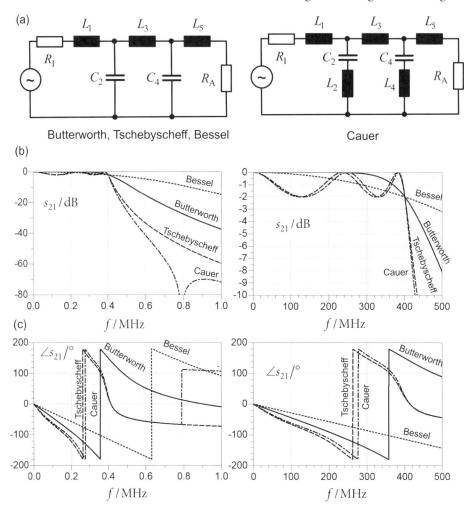

Bild 6.18 Tiefpassfilter 5. Ordnung: (a) Topologie von Butterworth-, Tschebyscheff-, Bessel- und Cauer-Filter, (b) Amplitudenverlauf und (c) Phasenverlauf der Übertragungsfunktion s_{21}

Für den *Standardtiefpass*-Filterentwurf existieren Tabellen, denen normierte Koeffizienten für die Kapazitäts- und Induktivitätswerte entnommen werden können [Bäch99] [Ludw08]. Diese lassen sich auf die Zielgrenzfrequenz und die gegebenen Quell- und Lastimpedanzen umrechnen. Die Entwurfsschritte sind ausführlich in den Standardwerken zur Filtersynthese (z.B. [Matt80]) dargestellt.

Im nachfolgenden Abschnitt werden wir exemplarisch den Entwurf für Filter mit Butterworth-Charakteristik nachvollziehen.

6.2.3.2 Entwurf von Butterworth-Filtern

Filter mit Tiefpassverhalten

Der Entwurf eines Butterworth-Tiefpassfilters ist besonders einfach, falls

- der Innenwiderstand R_i der Quelle und der Lastwiderstand R_A übereinstimmen sowie
- die maximale zulässige Dämpfung im Durchlassbereich gerade eben 3 dB entspricht.

Der theoretische Dämpfungsverlauf eines Butterworth-Filters der Ordnung n berechnet sich dann zu

$$A_{dB} = -\frac{|S_{21}|}{dB} = 10 \lg\left(1 + \left(\frac{f}{f_g}\right)^{2n}\right). \tag{6.22}$$

Aus Gleichung (6.22) kann die notwendige Filterordnung abgeleitet werden, um im Sperrbereich $(f > f_s)$ die geforderten Dämpfungswerte zu erreichen. In Tabelle 6.2 wird beispielhaft gezeigt, welche Dämpfungen sich bei einer Sperrfrequenz f_s erreichen lassen, die gerade eben dem 1,2-Fachen, dem 1,5-Fachen und dem Doppelten der 3-dB-Grenzfrequenz f_g entspricht.

Tabelle 6.2 Dämpfungen eines Butterworth-Filters n-ter Ordnung bei 1,2-facher, 1,5-facher und doppelter 3-dB-Grenzfrequenz

Filterordnung n	$n = 2$	$n = 3$	$n = 4$	$n = 5$	$n = 6$
Dämpfung $A_{dB}(f_s = 1{,}2 f_g)$	4,88 dB	6,01 dB	7,24 dB	8,57 dB	9,96 dB
Dämpfung $A_{dB}(f_s = 1{,}5 f_g)$	7,83 dB	10,9 dB	14,3 dB	17,7 dB	21,2 dB
Dämpfung $A_{dB}(f_s = 2 f_g)$	12,3 dB	18,1 dB	24,1 dB	30,1 dB	36,1 dB

Der weitere Entwurf besteht darin, dass wir zunächst mit

$$\boxed{a_i = 2 \sin\left(\frac{(2i-1)\pi}{2n}\right) \quad \text{für} \quad i = 1, 2, \ldots, n} \tag{6.23}$$

die Filterkoeffizienten a_i bestimmen und daraus über die Formeln

$$\boxed{C_i = \frac{a_i}{\omega_g R} \quad \text{und} \quad L_i = \frac{a_i R}{\omega_g} \quad \text{mit} \quad \omega_g = 2\pi f_g} \tag{6.24}$$

die endgültigen Elementwerte der Kapazitäten C_i und Induktivitäten L_i. Wir haben dann zwei Möglichkeiten, den Filter zu realisieren: beginnend mit einer Längsinduktivität (wie in Bild 6.18a) oder beginnend mit einer Quer-Kapazität. Betrachten wir dazu ein Beispiel.

Beispiel 6.5 Entwurf eines Butterworth-Tiefpassfilters

Wir geben uns in unserem Beispiel folgende Randbedingungen vor:

- $R_1 = R_A = R = 50\ \Omega$ (entspricht zugleich dem Bezugswiderstand Z_0 bei den Streuparametern)
- 3-dB-Grenzfrequenz $f_g = 400\ \text{MHz}$
- Gewünschte Mindestdämpfung bei der doppelten Grenzfrequenz: $A_{dB}(f_s = 2f_g) \geq 33\ \text{dB}$

Butterworth-Tiefpass-Filter 6. Ordnung

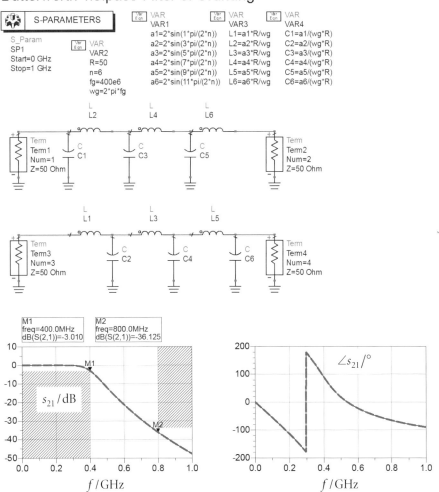

Bild 6.19 Butterworth-Tiefpassfilter 6. Ordnung zu Beispiel 6.5

Aus Tabelle 6.2 lesen wir eine Filterordnung von $n = 6$ ab, um die geforderte Mindestdämpfung von 33 dB bei der doppelten Grenzfrequenz zu erfüllen. Wir benötigen für unseren Filter also 6 reaktive Elemente. Die Elementwerte berechnen wir mit Gleichung (6.24).

In Bild 6.19 sind beide Realisierungen mit dem Schaltungssimulator ADS [Agil09] durchgerechnet. Wie erwartet erfüllt der Filter die Spezifikation. Der Phasenverlauf ist im Durchlassbereich näherungsweise linear.

■

Filter mit Hochpassverhalten

Beim Entwurf von *Hochpässen* kann das gleiche Verfahren angewendet werden. Es müssen lediglich folgende Änderungen vorgenommen werden:

1. Der zur Berechnung der Filterordnung notwendige theoretische Dämpfungsverlauf ergibt sich durch Verwendung des reziproken Wertes der normierten Frequenz. Wir erhalten:

$$A_{\mathrm{dB,HP}} = -\frac{|S_{21}|}{\mathrm{dB}} = 10 \lg\left(1 + \left(\frac{f_{\mathrm{g}}}{f}\right)^{2n}\right) . \qquad (6.25)$$

2. Kapazitäten und Induktivitäten werden getauscht: Die Kapazitäten sind nun längs und die Induktivitäten quer angeordnet.
3. Die Werte der Kapazitäten und Induktivitäten berechnen sich nun zu:

$$C_i = \frac{1}{a_i \omega_{\mathrm{g}} R} \quad \text{und} \quad L_i = \frac{R}{a_i \omega_{\mathrm{g}}} \quad \text{mit} \quad \omega_{\mathrm{g}} = 2\pi f_{\mathrm{g}} . \qquad (6.26)$$

Beispiel 6.6 Entwurf eines Butterworth-Hochpassfilters

Wir wollen von den gleichen Bedingungen wie in Beispiel 6.5 ausgehen, diesmal jedoch ein Hochpassverhalten erzielen. Es sei:

- $R_{\mathrm{I}} = R_{\mathrm{A}} = R = 50\,\Omega$
- 3-dB-Grenzfrequenz $f_{\mathrm{g}} = 400\,\mathrm{MHz}$
- Gewünschte Mindestdämpfung bei der halben Grenzfrequenz: $A_{\mathrm{dB}}(f_{\mathrm{s}} = 0{,}5 f_{\mathrm{g}}) \geq 33\,\mathrm{dB}$

Aus dem Dämpfungsverlauf in Gleichung (6.25) errechnen wir wieder die Filterordnung $n = 6$. Mit Gleichung (6.26) erhalten wir die Werte für die Bauelemente. Das Ergebnis ist in Bild 6.20 gezeigt.

Butterworth-Hochpass-Filter 6. Ordnung

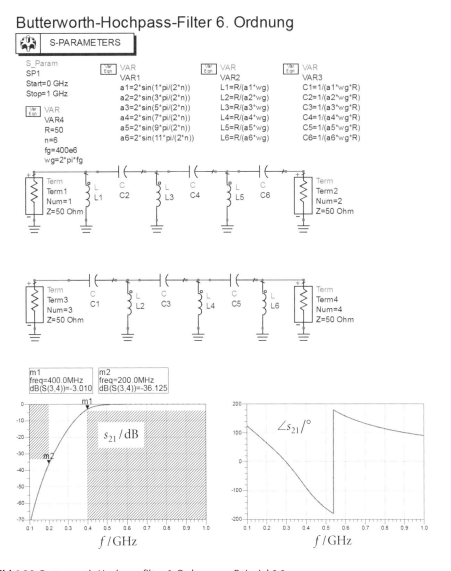

Bild 6.20 Butterworth-Hochpassfilter 6. Ordnung zu Beispiel 6.6

Filter mit Bandpassverhalten

Bandpassfilter können ebenfalls aus den Standard-Tiefpassfiltern abgeleitet werden. Hierzu sind folgende Schritte notwendig:

1. Quer-Elemente werden durch Parallelresonanzkreise ersetzt.
2. Längselemente werden durch Serienschwingkreise ersetzt.

3. Herstellung eines Zusammenhangs zwischen dem Dämpfungsverlauf des Tiefpassproto-
   typs mit der 3-dB-Tiefpassgrenzfrequenz und der (Kreisfrequenz-)Bandbreite BW und
   Mittenfrequenz f_0 des Bandpassfilters [Bowi08] [Youn72] gemäß den folgenden Beziehungen.

$$f_0 = \sqrt{f_{p1}f_{p2}} \quad \text{und} \quad \omega_0 = 2\pi f_0 \quad \text{(Mittenfrequenz)} \tag{6.27}$$

$$B = f_{p2} - f_{p1} \quad \text{und} \quad BW = 2\pi\left(f_{p2} - f_{p1}\right) \quad \text{(Bandbreite)} \tag{6.28}$$

$$B_{rel} = \frac{f_{p2} - f_{p1}}{f_0} \quad \text{(relative Bandbreite)} \tag{6.29}$$

$$\frac{f_{TP}}{f_g} = 2\frac{f_{BP} - f_0}{f_{p2} - f_{p1}} \quad \text{(Frequenzumrechnung)} \tag{6.30}$$

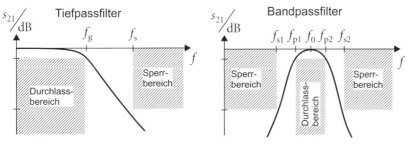

Bild 6.21 Zusammenhang zwischen Bandpass und Tiefpassprototyp

Mit Hilfe der Frequenzbeziehungen zwischen Bandpass und Tiefpassprototyp in Gleichung
(6.30) und des theoretischen Dämpfungsverlaufs in Gleichung (6.22) kann die entsprechende Filterordnung bestimmt werden.

Die Elemente der Serienschwingkreise berechnen sich mit:

$$L_{si} = \frac{a_i R}{BW} \quad \text{und} \quad C_{si} = \frac{1}{a_i R}\cdot\frac{BW}{\omega_0^2} \tag{6.31}$$

Für die Elemente der Parallelschwingkreise gilt:

$$L_{pi} = \frac{R}{a_i}\cdot\frac{BW}{\omega_0^2} \quad \text{und} \quad C_{pi} = \frac{a_i}{BW\cdot R} \tag{6.32}$$

Beispiel 6.7 Entwurf eines Bandpassfilters mit Butterworth-Charakteristik

Wir wollen ein Filter mit folgenden Eigenschaften entwerfen:

- Durchlassbereich mit Dämpfung $A < 3$ dB von $f_{p1} = 1{,}45$ GHz bis $f_{p2} = 1{,}55$ GHz
- Sperrbereich mit Dämpfung $A > 15$ dB unterhalb von $f_{s1} = 1{,}425$ GHz und oberhalb von
  $f_{s2} = 1{,}575$ GHz

Mit Gleichung (6.30) berechnen wir eine normierte Tiefpasssperrfrequenz von $f_{s2,TP}/f_g \approx 1{,}5$.
Aus Tabelle 6.2 und der Bedingung $A > 15$ dB erkennen wir, dass ein Filter erforderlich ist,
der mindestens die Ordnung $n = 5$ besitzt.

Das Ergebnis des Filterentwurfs ist in Bild 6.22 zu sehen.

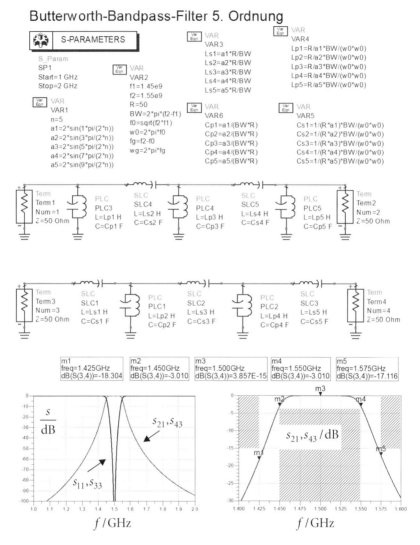

Bild 6.22 Butterworth-Bandpassfilter 5. Ordnung zu Beispiel 6.7

■

Nachdem auf diese Art – ausgehend von verlustlosen, idealen Bauteilen – ein Filter entworfen wurde, kann nun der Einfluss realer Bauteileigenschaften untersucht werden. Kapazitäten weisen im Allgemeinen geringere Verluste auf als Induktivitäten. Verluste führen zu einer unerwünschten Erhöhung der Einfügedämpfung.

6.2.4 Leitungsfilter

LC-Filter können in einem weiten Frequenzbereich eingesetzt werden. Jedoch wird bei konzentrierten Elementen zu höheren Frequenzen hin der Einfluss der parasitären Eigenschaften immer deutlicher, so dass hohe Anforderungen an die Bauteilgüte gestellt werden müssen. Im GHz-Bereich wird es daher zunehmend attraktiv, statt konzentrierter Kapazitäten und Induktivitäten verteilte Strukturen in Form von Leitungen zu verwenden.

In Abschnitt 3.1.8 haben wir gelernt, dass sich mit verlustlosen Leitungen ein reaktives Verhalten erzielen lässt, wenn diese am Ende mit einem Leerlauf bzw. Kurzschluss abgeschlossen sind. Da die Wellenlänge zu hohen Frequenzen stetig sinkt, erreichen diese Filterschaltungen realisierbare Abmessungen. Diese Leitungsfilter können wieder aus den LC-Schaltungen abgeleitet werden. Eine direkte Umsetzung führt aber zu unhandlichen Topologien.

Wir wollen an dieser Stelle einen Überblick über in der HF-Technik gebräuchliche Leitungsfilterstrukturen gewinnen. Besondere Bedeutung haben Schaltungen, die planar in Streifenleitungs- und Mikrostreifenleitungstechnik realisierbar sind. Bei höheren Frequenzen und Leistungen sowie Anforderungen an eine hohe Güte sind zudem Filter aus Hohlleiterstrukturen wichtig.

6.2.4.1 Planare Filter

Seitengekoppelte Filter (*Edge-coupled-line-filter*)

Die in der Hochfrequenztechnik am häufigsten eingesetzten Bandpassstrukturen sind seitengekoppelte Leitungsfilter. Bild 6.23 zeigt den grundsätzlichen Aufbau eines solchen Filters für die Realisierung als Mikrostreifenleitungsfilter. Die Struktur besteht aus resonanten, $\lambda/2$-langen Leitungsstücken, die an beiden Seiten leerlaufen. Für den Entwurf sind die *Even-mode-* und *Odd-mode*-Leitungswellenwiderstände (siehe Abschnitt 4.7) der gekoppelten $\lambda/4$-langen Leitungsstücke entscheidend.

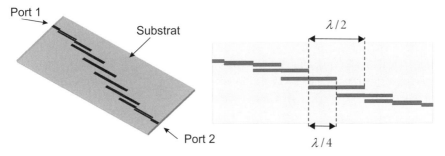

Bild 6.23 Seitengekoppelter Mikrostreifenleitungsfilter (*Edge-coupled-line*-Filter)

Für einen Entwurf als Butterworth-Filter sind zunächst wieder die Filterkoeffizienten a_i mit $i = 1...n$ nach Gleichung (6.23) zu berechnen. Zusätzlich gilt $a_0 = a_{n+1} = 1$. Der Last- und Quellwiderstand an beiden Anschlusstoren des Filters sei $R = R_\mathrm{I} = R_\mathrm{A} = Z_0$.

Weiterhin werden folgende Hilfsgrößen benötigt:

$$J_{01} = \frac{1}{R} \sqrt{\frac{\pi BW}{2\omega_0}} \cdot \frac{1}{\sqrt{a_0 a_1}} \tag{6.33}$$

$$J_{i,i+1} = \frac{1}{R} \cdot \frac{\pi BW}{2\omega_0} \cdot \frac{1}{\sqrt{a_i a_{i+1}}} \quad \text{für} \quad i = 1 \ldots n-1 \tag{6.34}$$

$$J_{n,n+1} = \frac{1}{R} \sqrt{\frac{\pi BW}{2\omega_0}} \cdot \frac{1}{\sqrt{a_n a_{n+1}}} \tag{6.35}$$

mit

$$f_0 = \frac{f_{p1} + f_{p2}}{2} \quad \text{und} \quad \omega_0 = 2\pi f_0 \quad \text{(Mittenfrequenz)} \tag{6.36}$$

$$B = f_{p2} - f_{p1} \quad \text{und} \quad BW = 2\pi \left(f_{p2} - f_{p1} \right) \quad \text{(Bandbreite).} \tag{6.37}$$

Mit den Hilfsgrößen lassen sich dann die *Even-mode-* und *Odd-mode-*Leitungswellenwiderstände der gekoppelten Leitungsstücke berechnen:

$$Z_{0e,i} = R \left(1 + R J_{i,i+1} + \left(R J_{i,i+1} \right)^2 \right) \tag{6.38}$$

$$Z_{0o,i} = R \left(1 - R J_{i,i+1} + \left(R J_{i,i+1} \right)^2 \right) . \tag{6.39}$$

Aus diesen Leitungswellenwiderständen kann für eine Realisierung mit *Microstrip-* oder *Stripline-*Leitungen mithilfe eines Schaltungssimulators die Streifenbreite w_i der $\lambda/4$-langen Leitungssegmente und der Abstand s_i zwischen den Leitungen in Abhängigkeit der Substrateigenschaften bestimmt werden. Beispiel 6.8 zeigt den Entwurf eines seitengekoppelten Mikrostreifenleitungsfilters mit Butterworth-Charakteristik.

Beispiel 6.8 Entwurf eines seitengekoppelten Filters mit Butterworth-Charakteristik

Wir wollen ein Filter mit folgenden Eigenschaften entwerfen:

- Bezugsimpedanz $Z_0 = R = 50\,\Omega$
- Durchlassbereich mit Dämpfung $A < 3\,\text{dB}$ von $f_{p1} = 4{,}8\,\text{GHz}$ bis $f_{p2} = 5{,}2\,\text{GHz}$
- Sperrbereich mit Dämpfung $A > 15\,\text{dB}$ unterhalb von $f_{s1} = 4{,}7\,\text{GHz}$ und oberhalb von $f_{s2} = 5{,}3\,\text{GHz}$

Aus Gleichung (6.30) folgt

$$\frac{f_{s,TP}}{f_g} = 2\,\frac{f_{s2,BP} - f_0}{f_{p2} - f_{p1}} = 2\,\frac{5{,}3 - 5}{5{,}2 - 4{,}8} = 1{,}5 .$$

Aus dem allgemeinen Dämpfungsverlauf des Tiefpassprototypen nach Gleichung (6.22) bzw. mit Hilfe von Tabelle 6.2 ergibt sich eine Filterordnung von $n = 5$. Die Filterkoeffizienten a_i errechnen wir nach Gleichung (6.23). Die Werte zeigt die erste Spalte der Tabelle 6.3. Über die Gleichungen (6.33) bis (6.39) berechnen wir die *Even-mode-* und *Odd-mode-*Leitungswellenwiderstände Z_{0e} und Z_{0o}. Mit einem Schaltungssimulator realisieren wir die Schaltung zunächst mit idealen gekoppelten Leitungen (Elektrische Länge $90° = \lambda/4$). Bild 6.24 zeigt die Schaltung und die resultierenden Streuparameter. Das vorgegebene Toleranzschema wird nahezu eingehalten. Neben dem Durchlassbereich um die Frequenz f_0 treten weitere (reguläre) Durchlassbereiche bei allen ungeradzahligen Vielfachen der Frequenz f_0 auf ($3f_0$, $5f_0$, ...). Bei allen geradzahligen Vielfachen der Frequenz f_0, also ($2f_0$, $4f_0$, ...), kommt es zu Dämpfungspolen ($A \to \infty$) bzw. Übertragungsnullstellen ($s_{21}/\text{dB} \to -\infty$).

Tabelle 6.3 Filterkoeffizienten, *Even-mode-* und *Odd-mode*-Leitungswellenwiderstände sowie Leiterbahn- und Spaltbreiten für eine Mikrostreifenrealisierung

a_i	Z_{0e}/Ω	Z_{0o}/Ω	$w/\mu m$	$s/\mu m$
$a_0 = a_6 = 1$	$Z_{0e,1} = Z_{0e,6} = 82{,}71$	$Z_{0o,1} = Z_{0o,6} = 37{,}62$	$w_1 = w_6 = 359{,}9$	$s_1 = s_6 = 162{,}9$
$a_1 = a_5 = 0{,}618$	$Z_{0e,2} = Z_{0e,5} = 57{,}07$	$Z_{0o,2} = Z_{0o,5} = 44{,}51$	$w_2 = w_5 = 572{,}6$	$s_2 = s_5 = 739{,}9$
$a_2 = a_4 = 1{,}618$	$Z_{0e,3} = Z_{0e,4} = 53{,}74$	$Z_{0o,3} = Z_{0o,4} = 46{,}75$	$w_3 = w_4 = 587{,}8$	$s_3 = s_4 = 1195{,}7$
$a_3 = 2$				

Wir wollen den zuvor mit idealen gekoppelten Leitungen entworfenen Filter nun mit Mikrostreifenleitungen auf Aluminiumoxyd (Al_2O_3) realisieren. Die Substrathöhe betrage $h = 635\ \mu m$ und die relative Dielektrizitätszahl $\varepsilon_r = 9{,}8$. Für den Aufbau benötigen wir zunächst die zu den *Even-mode-* und *Odd-mode*-Leitungswellenwiderständen nach Tabelle 6.3 gehörenden Leiterbahnbreiten w und Spaltbreiten s. Diese ermitteln wir mit dem Programm ADS. Die Ergebnisse sind in den letzten beiden Spalten der Tabelle 6.3 aufgeführt.

Die Längen der $\lambda/4$-langen Leitungssegmente werden ebenfalls mit dem Programm ADS ermittelt und liegen im Bereich von ca. 6 mm. Die genauen Längen können nicht exakt angegeben werden, denn es sind folgende Aspekte zu berücksichtigen:

- Bei einer Mikrostreifenleitung verteilen sich die elektrischen und magnetischen Felder unterschiedlich auf die Raumbereiche Substrat und Luft. Folglich breiten sich die *Even-mode-* und *Odd-mode*-Wellen mit unterschiedlichen Geschwindigkeiten aus und besitzen unterschiedliche Wellenlängen. Dieser Effekt führt zu Unsicherheiten bei der Bestimmung der Wellenlänge.

- Bei einer Mikrostreifenleitung mit offenem Leitungsabschluss reichen die Felder am Ende der Leitung über diese hinaus, so dass diese länger wirkt. Der Effekt kann durch eine Endkapazität berücksichtigt werden. Die Leitungen müssen also für die Realisierung gekürzt werden.

- Die einzelnen Leitungssegmente zeigen auch untereinander eine Verkopplung, die im Schaltungssimulator nicht berücksichtigt wird. Durch eine Simulation mit einem EM-Simulator kann dieser Effekt berücksichtigt werden.

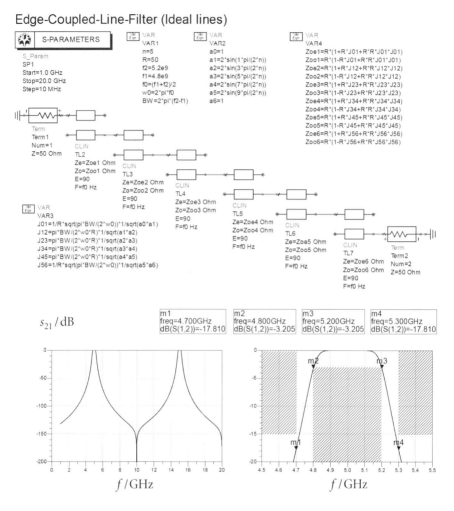

Bild 6.24 Bandpassfilter zu Beispiel 6.8 (Realisierung mit idealen gekoppelten Leitungen)

Die endgültige Schaltung ist in Bild 6.25 dargestellt. Der Vergleich mit den Ergebnissen der idealen Leitungen offenbart einige Aspekte.

- Es tritt nun auch bei ganzzahligen Vielfachen der Frequenz f_0 ($2f_0$, $4f_0$, ...) ein parasitärer Durchlassbereich auf. Dieser ist Folge unvermeidlicher Fehlanpassungen zwischen den Leitungssegmenten [Matt80].
- Aufgrund der Dispersion der Mikrostreifenleitung liegt der zweite reguläre Durchlassbereich bei einer Frequenz kleiner als $3f_0$.
- Die eigentliche Filtercharakteristik ist gut getroffen, lässt sich aber durch Optimierung und Tuning der Leitungslängen in einem Schaltungssimulator weiter verbessern.

Edge-Coupled-Line-Filter (Microstrip)

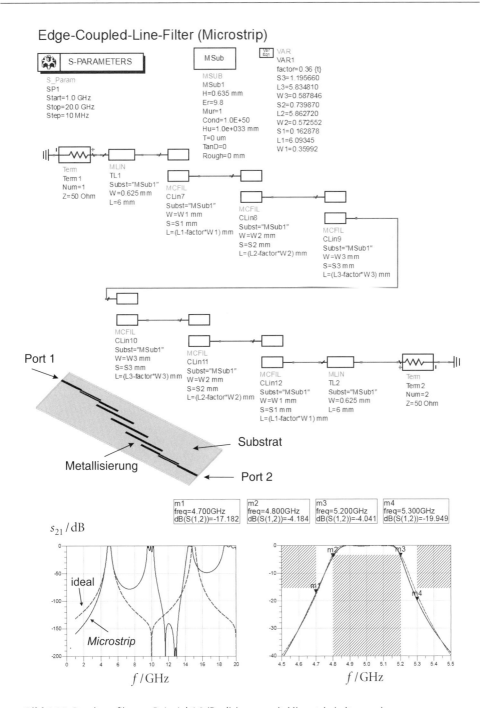

Bild 6.25 Bandpassfilter zu Beispiel 6.8 (Realisierung mit *Microstrip*-Leitungen)

Seitengekoppelte Filter (*Hairpin*-Filter)

Die oben vorgestellten seitengekoppelten Filter haben den Nachteil großer Baulänge. Durch eine veränderte Anordnung der gekoppelten Leitungsstücke entsteht ein *Hairpin*-Filter (Bild 6.26) mit kompakterem Aufbau.

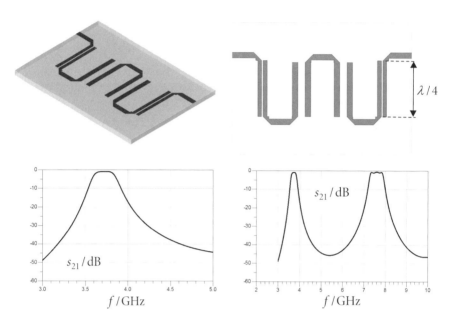

Bild 6.26 *Hairpin*-Mikrostreifenleitungsfilter

Stepped-impedance-Filter

Die seitengekoppelten Filter (*Edge-coupled-line*-Filter und *Hairpin*-Filter) stellen Bandpässe dar, die Ein- und Ausgang aufgrund der Leitungsunterbrechungen für Gleichspannungssignale sperren. Soll aber eine aktive Komponente mit einem Gleichstrom über das Filter versorgt werden, so benötigt man eine galvanische Verbindung zwischen Ein- und Ausgang.

Ein Filter, welches dies realisiert, ist das sogenannte *Stepped-impedance*-Filter (Bild 6.27). Der Name zeigt an, dass der Filter aus einer seriellen Anordnung von Mikrostreifenleitungen mit unterschiedlichen Leitungswellenwiderständen besteht. Aus Abschnitt 4.3 wissen wir, dass schmale Leitungen hohe Leitungswellenwiderstände und breite Leitungen kleine Leitungswellenwiderstände besitzen. Bei niedrigen Frequenzen stellen die schmalen Leitungsstücke serielle Induktivitäten und die breiten Leitungsstücke parallele Kapazitäten dar [Heue10] (Bild 6.27).

Dieses Verhalten wird bei niedrigen Frequenz auch direkt aus der Geometrie ersichtlich. Die breiten Leitungen erinnern mit der darunterliegenden Massefläche an einen Plattenkondensator. Eine dünne Leitung weist in ihrer Umgebung hohe magnetische Feldstärkewerte auf und besitzt daher eine hohe Induktivität.

Bei hohen Frequenzen ist das Verhalten komplexer und es stellen sich Durchlassbereiche ein, so dass der Filter auch als Bandpass verwendet werden kann.

(a)

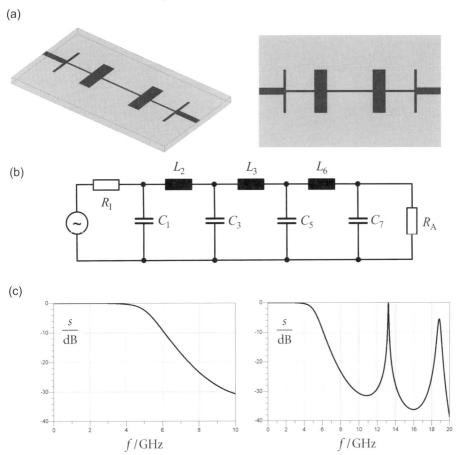

(b)

(c)

Bild 6.27 *Stepped-impedance*-Filter: (a) Realisierung als Mikrostreifenleitung, (b) Ersatzschaltbild bei niedrigen Frequenzen, (c) Transmissionsfaktor

6.2.4.2 Metallisch geschirmte Filter (Gehäuseresonanzen)

Planare Filter und andere Schaltungsteile werden in der Praxis oft in quaderförmige Gehäuse eingebaut, um Störeinkopplungen und Wechselwirkung mit anderen Schaltungsteilen zu vermeiden. Diese quaderförmigen Gehäuse stellen letztlich unbeabsichtigt Hohlraumresonatoren (siehe Abschnitt 4.5.6) dar, deren Abmessungen Einfluss auf das Verhalten der Schaltung nehmen können.

Bild 6.28 zeigt das Beispiel eines *Edge-coupled-line*-Filters mit einem Durchlassbereich bei ca. 8,7 GHz. Das Filter wird in ein Gehäuse eingebaut und zeigt nun einen weiteren sehr schmalen Durchlassbereich bei 14 GHz. In der Verteilung des elektrischen Feldes für $f = 14$ GHz in Bild 6.28a erkennen wir den typischen Verlauf einer H_{101}-Resonanz mit vertikal orientiertem elektrischen Feld und sinusförmiger Variation in die Länge und Querrichtung. Mit Gleichung (4.55) kann für gegebene Werte von Länge $c = 19{,}6$ mm und Breite $a = 12$ mm näherungsweise die Resonanz zu $f_{R,101} \approx 14{,}6$ GHz bestimmt werden. Da der Filter und das Substrat einen Teil des quaderförmigen Volumens einnehmen, liefert die Formel – die für einen leeren Hohlraumresonator gilt – nur einen Näherungswert.

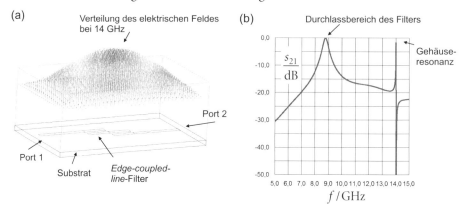

Bild 6.28 *Edge-coupled-line*-Filter in metallischem Gehäuse: (a) Verteilung des elektrischen Feldes in einer Ebene oberhalb des Filters; (b) Streuparameter mit zusätzlichem schmalen Durchlassbereich infolge der Gehäuseresonanz

Falls die zusätzliche Resonanz das Schaltungsverhalten in unzulässiger Weise beeinflusst, also zum Beispiel im Bereich von 14 GHz gerade eine gewisse Mindestdämpfung gefordert ist, so kann das Resonanzverhalten durch konstruktive Maßnahmen verändert werden.

- Eine Änderung der Abmessungen des Gehäuses kann dazu genutzt werden, die Resonanz in einen unkritischeren Bereich zu verschieben. Eine Vergrößerung der Abmessungen verschiebt die Resonanzfrequenz nach unten, eine Verkleinerung nach oben. Die Höhenabmessung hat auf die H_{101}-Resonanz jedoch keine Auswirkung.
- Durch das Einbringen verlustbehafteter Materialien in das Gehäuse kann die Resonanz gedämpft werden. Da das zusätzliche Material aber die eigentliche Schaltung nicht beeinflussen soll, bietet es sich an, dieses direkt unter dem Gehäusedeckel flächig anzubringen.

Das Beispiel des Filters mit Gehäuseresonanz zeigt, dass der Entwurf einer Schaltung nicht mit dem isolierten Design des eigentlichen Filters zu Ende ist, sondern die Einbausituation mit Bedacht werden muss. Wichtig hierbei ist ein fundiertes Verständnis feldtheoretischer Zusammenhänge. Gute Berechnungsmöglichkeiten bieten zudem Feldsimulatoren.

6.2.4.3 Hohlleitungsfilter

Das beim *Edge-coupled-line*-Filter verwendete Konzept der gekoppelten $\lambda/2$-langen Mikrostreifenresonatoren lässt sich auch auf Hohlleiterstrukturen übertragen. Hierzu werden in einen Hohlleiter metallische Stege im Abstand einer halben Hohlleiterwellenlänge λ_H eingezogen (Bild 6.29a). Es entstehen im Hohlleiter resonante Bereiche mit den Abmessungen $a \times b \times \lambda_H/2$. Die einzelnen Bereiche werden über die zwischen den Stegen verbleibenden Öffnungen miteinander gekoppelt. Über die Breite dieser Öffnungen kann die Kopplung und damit das Filterverhalten gesteuert werden.

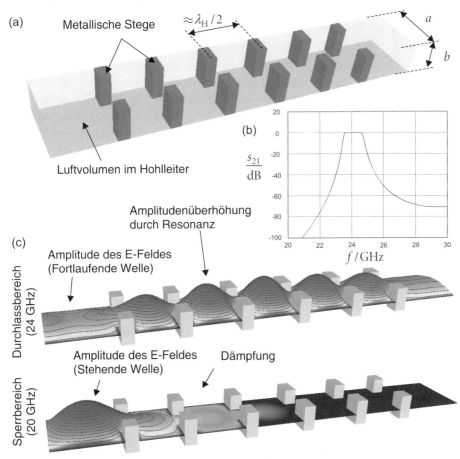

Bild 6.29 Hohlleiterfilter: (a) Aufbau, (b) Übertragungsverhalten und (c) Betrag des elektrischen Feldes im Durchlass- und Sperrbereich

Aus dem Verlauf des Streuparameters s_{21} in Bild 6.29b erkennen wir, dass der gezeigte Filter einen Durchlassbereich um 24 GHz besitzt. Für zwei ausgewählte Frequenzen (20 und 24 GHz) ist zudem die Amplitude des elektrischen Feldes in einer horizontalen Ebene dargestellt. Im Durchlassbereich des Filters (24 GHz) stellt sich vor dem Filter eine fortlaufende Welle ein, die den Filter am anderen Tor wieder verlässt. Wir erkennen dies an dem konstanten Amplitudenverlauf (siehe Abschnitt 3.1.8). In den $\lambda_H/2$-langen Kammern des Filters gibt es resonante Überhöhungen der Feldamplitude. Im Sperrbereich des Filters tritt keine Resonanz auf. Die Welle durchläuft die Kammern nicht, sondern wird reflektiert, so dass wir vor dem Filter eine stehende Welle mit ortsfesten Minima und Maxima erhalten.

Hohlleiterfilter können im Gegensatz zu Mikrostreifenleitungsfiltern auch bei höheren Leistungen verwendet werden. Die geringeren Verluste in Hohlleitern gegenüber Mikrostreifenleitungsfiltern erlauben geringere Einfügedämpfungen und steilere Filterflanken auch bei hohen Frequenzen.

6.2.5   Zirkulatoren

Die bisher betrachteten Schaltungen (Anpassnetzwerke, Filter) besaßen zwei Tore. Wir wollen nun Schaltungen betrachten, die drei Tore aufweisen. Dreitore zeichnen sich nach Abschnitt 5.4.7 dadurch aus, dass die drei Eigenschaften „allseitige Anpassung", „Reziprozität" und „Verlustlosigkeit" *nicht gleichzeitig* erreicht werden können. Auf *eine* der Eigenschaften muss also verzichtet werden. Dies führt auf zwei wichtige Schaltungselemente: Den *Zirkulator* und den *Leistungsteiler*. Bei Zirkulatoren verzichtet man auf die Reziprozität und bei Leistungsteilern auf die Verlustlosigkeit (siehe Abschnitt 6.2.6).

Ein idealer Zirkulator überträgt Signale unverändert von Tor 1 zu Tor 2, von Tor 2 zu Tor 3 und von Tor 3 zu Tor 1 (Bild 6.30a). Das Signalflussdiagramm des idealen Zirkulators veranschaulicht die Transmission zwischen den verschiedenen Toren: Die Transmissionsfaktoren s_{21}, s_{32} und s_{13} besitzen *betraglich* den Wert Eins (Bild 6.30b). Bei Vernachlässigung der Signallaufzeit ist dieser Transmissionsfaktor $s_{21} = s_{32} = s_{13} = \tau = 1$. Bei Hinzunahme der endlichen Abmessungen setzt man in Gleichung (6.40) zudem einen Phasenterm $e^{-j\varphi}$ an.

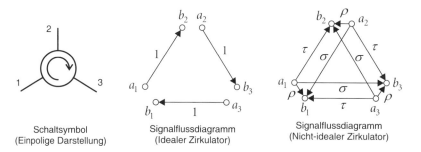

| Schaltsymbol | Signalflussdiagramm | Signalflussdiagramm |
| (Einpolige Darstellung) | (Idealer Zirkulator) | (Nicht-idealer Zirkulator) |

Bild 6.30 Schaltsymbol und Signalflussdiagramm eines Zirkulators

Der ideale Zirkulator ist ferner allseitig angepasst ($s_{11} = s_{22} = s_{33} = \rho = 0$) und die Isolation entgegen der Flussrichtung ist unendlich groß: $\sigma = 0$. Der Zirkulator ist nicht reziprok, da gilt $s_{ij} \neq s_{ji}$. Beim nichtidealen Zirkulator können alle neun Streuparameter von null verschieden sein. In diesem Fall gelten die allgemeine Streumatrix nach Gleichung (6.40) und das vollständige Signalflussdiagramm in Bild 6.30c.

$$S_Z = \begin{pmatrix} \rho & \sigma & \tau \\ \tau & \rho & \sigma \\ \sigma & \tau & \rho \end{pmatrix} \qquad S_{Z,\text{ideal}} = \begin{pmatrix} 0 & 0 & 1 \\ 1 & 0 & 0 \\ 0 & 1 & 0 \end{pmatrix} \qquad S_{Z,\text{ideal},\varphi} = \begin{pmatrix} 0 & 0 & e^{-j\varphi} \\ e^{-j\varphi} & 0 & 0 \\ 0 & e^{-j\varphi} & 0 \end{pmatrix} \qquad (6.40)$$

Ein Zirkulator lässt sich in der Praxis zum Aufbau einer Sende-Empfangsweiche verwenden: Vom Sender (Tor 1) läuft das Signal zur Antenne (Tor 2) und wird dort abgestrahlt. Ein von der Antenne aufgenommenes Empfangssignal läuft zum Empfänger (Tor 3) (Bild 6.31a). Um die notwendige Isolation von Sender und Empfänger zu erhalten, kann die Schaltung zusätzlich um Filter erweitert werden.

Zirkulatoren lassen sich vorteilhaft in Mikrostreifen-, Streifenleitungs- oder Hohlleitertechnik realisieren [Jans92] [Zink00]. Beim Aufbau eines Zirkulators werden vormagnetisierte Ferrite verwendet. Bild 6.31b zeigt schematisch einen Zirkulator in Rechteckhohlleitertechnik. Das statische Magnetfeld B_0 – meist erzeugt von einem Permanentmagneten – magnetisiert einen Ferritzylinder, der in der Mitte eines zylindrischen Hohlraumes sitzt. Von diesem gehen drei Hohlleiterabschnitte unter einem Winkel von jeweils 120° zueinander ab. In dem zylindrischen Hohlraum wird durch die an Tor 1 zulaufende Hohlleitergrundwelle eine E_{110}-Schwingung angeregt. Der Schwingungszustand kann in zwei gegensinnig in Umfangsrichtung laufende Wellenanteile zerlegt werden. Durch das vormagnetisierte Ferrit sind die Ausbreitungseigenschaften für die Wellenanteile verschieden. Durch geeignete Wahl des Gleichfeldes B_0 kann erreicht werden, dass die an Tor 1 zulaufende Welle zu Tor 2 weitergeleitet wird und Tor 3 entkoppelt ist.

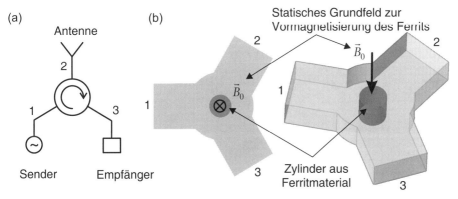

Bild 6.31 (a) Verwendung eines Zirkulators als Sende-Empfangsweiche; (b) Aufbau in Rechteck-hohlleitertechnik mit einem vormagnetisierten Ferritzylinder

6.2.6 Leistungsteiler

6.2.6.1 Wilkinson-Leistungsteiler

Im vorangegangenen Abschnitt haben wir den Zirkulator als allseitig angepasstes, verlustloses, aber *nicht reziprokes* Dreitor betrachtet. Wir wollen nun ein Bauteil betrachten, welches allseitig angepasst, reziprok, aber *nicht verlustfrei* ist: den Leistungsteiler.

Im Zusammenhang mit der $\lambda/4$-Transformation zur Impedanzanpassung haben wir in Abschnitt 6.2.2.2 einen einfachen Leistungsteiler betrachtet, der jedoch ausgangsseitig nicht angepasst war. Mit Hilfe von zwei Leitungen und einem Widerstand R kann ein Leistungsteiler mit allseitiger Anpassung realisiert werden. Der prinzipielle Aufbau dieses *Wilkinson*-Leistungsteilers ist in Bild 6.32 dargestellt.

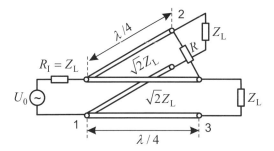

Bild 6.32 Aufbau eines Wilkinson-Leistungsteilers

Die an Tor 1 zulaufende Leitung P wird zu gleichen Teilen auf die Ausgangstore 2 und 3 aufgeteilt. Aufgrund des symmetrischen Aufbaus der Schaltung bezüglich der Tore 2 und 3 liegt bei Speisung über Tor 1 über dem Widerstand R keine Spannung an. Es fließt daher über den Widerstand R auch kein Strom, so dass die Leistungsteilung verlustfrei erfolgt. Der Widerstand R ist lediglich notwendig, um auch ausgangsseitig eine Anpassung zu erzielen.

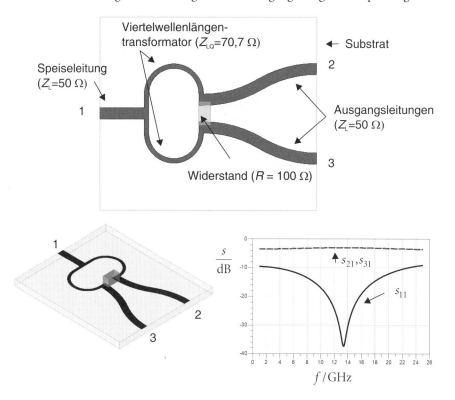

Bild 6.33 Wilkinson-Leistungsteiler in Mikrostreifentechnik

Die beiden $\lambda/4$-Transformatoren mit $Z_{\mathrm{LQ}} = \sqrt{2}Z_{\mathrm{L}}$ transformieren die 50-Ω-Abschlüsse der Ausgangstore auf eine Eingangsimpedanz von jeweils 100 Ω, die dann als Parallelschaltung den angepassten Abschluss (50 Ω) an Tor 1 bilden.

Ein Wilkinsonteiler kann in Mikrostreifentechnik realisiert werden (Bild 6.33). Der notwendige Querwiderstand von $R = 2Z_L$ ist hier als SMD-Widerstand berücksichtigt. Die Darstellung der Streuparameter zeigt die Anpassung, die gleichmäßige Leistungsaufteilung und die Bandbreite der Schaltung. Sollte die Bandbreite in einem speziellen Anwendungsfall nicht ausreichend sein, so kann durch mehrstufige Auslegung ein breitbandigeres Verhalten erreicht werden [Heue09].

Bei der Mittenfrequenz lautet die Streumatrix des idealen Wilkinson-Leistungsteilers wie folgt:

$$S_{\text{Wilkinson}} = \frac{-j}{\sqrt{2}} \begin{pmatrix} 0 & 1 & 1 \\ 1 & 0 & 0 \\ 1 & 0 & 0 \end{pmatrix} . \tag{6.41}$$

Wir erkennen sofort die allseitige Anpassung und die Reziprozität. Dass die Schaltung verlustbehaftet ist, lässt sich bereits aus der Verwendung des Widerstandes ableiten. Das Vorliegen einer verlustbehafteten Schaltung kann aber auch über die Unitaritätsbeziehung gezeigt werden (siehe Übung 6.6).

6.2.6.2 Leistungsteiler mit ungleicher Leistungsaufteilung

Ein Leistungsteiler lässt sich auch so entwerfen, dass er die Leistung *ungleichmäßig* zwischen den Ausgängen aufteilt. Als Beispiel für eine Entwurfsmöglichkeit wählen wir eine allgemeine Designformeln für ungleiche Leistungsteilung nach [Ahn06]. Hierbei müssen die Leitungswellenwiderstände aus Bild 6.34a folgendermaßen berechnet werden.

$$Z_{\text{Lb}} = Z_0 \sqrt{1 + \left(\frac{k}{1-k}\right)^2} \tag{6.42}$$

$$Z_{\text{La}} = \frac{1-k}{k} Z_{\text{Lb}} \tag{6.43}$$

$$R = 2Z_0 \tag{6.44}$$

Die Größe k entspricht dem Anteil der Eingangsleistung, die am Ausgang 2 (gespeist über den Arm mit dem Leitungswellenwiderstand Z_{La}) zugeleitet wird.

Für gleiche Leitungsteilung ($k = 0{,}5$) ist wie bereits weiter oben gesehen $Z_{\text{La}} = Z_{\text{Lb}} = \sqrt{2}Z_0$.

Beispiel 6.9 Leistungsteiler mit 2:1-Leistungsteilung

Es soll ein Leistungsteiler für $f = 1$ GHz entworfen werden, der die an Tor 1 zugeführte Leistung an den Toren 2 und 3 im Verhältnis 2:1 aufteilt. Die theoretisch zu erwartenden Streuparameterwerte lauten $s_{21} = -1{,}76$ dB und $s_{31} = -4{,}77$ dB. Der Unterschied beträgt 3 dB, was im Leistungsbereich einem Verhältnis von 2:1 entspricht.

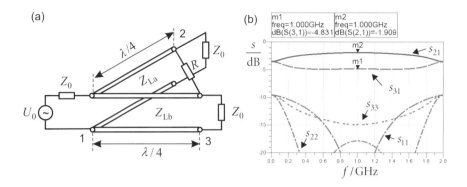

Bild 6.34 (a) Prinzip des Leistungsteilers mit ungleicher Leistungsteilung und (b) Simulations-
ergebnis für Beispiel 6.9

Für den Entwurf berechnen wir zunächst $k = 2/3$. Aus den Gleichungen (6.42) bis (6.44) erhalten wir

$$Z_{\text{Lb}} = \sqrt{5} Z_0 \quad \text{und} \quad Z_{\text{La}} = \frac{\sqrt{5}}{2} Z_0 \ . \tag{6.45}$$

Die Leitungslängen wählen wir wieder zu einer Viertelwellenlänge. Die Ergebnisse einer
Schaltungssimulation sehen wir in Bild 6.34b. Die Ergebnisse der Transmissionsfaktoren s_{21}
und s_{31} sind nahe an den theoretischen Werten. Der Eingang (Tor 1) ist sehr gut angepasst, die
Ausgangsreflexionsfaktoren (s_{22} und s_{33}) sind in der Regel ausreichend.

■

6.2.7 Branchline-Koppler

6.2.7.1 Konventioneller 3-dB-Koppler

Der 3-dB-*Branchline*-Koppler ist ein Viertor und kann wahlweise als Leistungsteiler oder als
Signal-*Combiner* – zur Zusammenführung zweier Signale – verwendet werden. Bild 6.35a
zeigt die Funktion als Leistungsteiler: Das an Tor 1 zugeführte Signal wird zu gleichen Teilen
auf die Tore 2 und 3 aufgeteilt. Tor 4 ist entkoppelt. Die Phase zwischen den beiden Aus-
gangssignalen ist 90°. Bild 6.35b zeigt die Funktion als Signal-*Combiner*. An den Toren 1 und
4 eingespeiste Signale mit gleicher Amplitude, aber 90° Phasendifferenz werden am Tor 2
zusammengeführt. Tor 3 ist entkoppelt.

Der *Branchline*-Koppler besteht aus zwei Serienleitungen (Leitungswellenwiderstände
$Z_{\text{L}} / \sqrt{2}$) und zwei Querleitungen (Leitungswellenwiderstände Z_{L}), die jeweils eine Viertelwellenlänge lang sind (Bild 6.35c). Die Eigenschaften gelten also genau nur für eine Frequenz
(Mittenfrequenz). Innerhalb eines Frequenzbereichs um diese Mittenfrequenz gelten die
Eigenschaften aber näherungsweise.

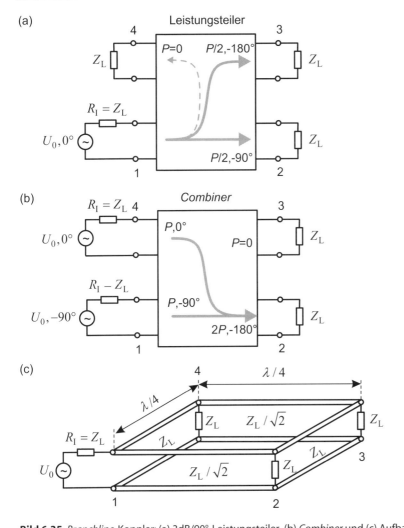

Bild 6.35 *Branchline*-Koppler: (a) 3dB/90°-Leistungsteiler, (b) *Combiner* und (c) Aufbau

Bei der Mittelfrequenz lautet die Streumatrix des idealen *Branchline*-Kopplers:

$$S_{Branchline} = \frac{-1}{\sqrt{2}} \begin{pmatrix} 0 & j & 1 & 0 \\ j & 0 & 0 & 1 \\ 1 & 0 & 0 & j \\ 0 & 1 & j & 0 \end{pmatrix}. \tag{6.46}$$

Bild 6.36a zeigt die Realisierung mit Mikrostreifenleitungen. Die Frequenzabhängigkeit des Betrages der Streuparameter ist in Bild 6.36b dargestellt. Die Phasendifferenz zwischen den Ausgängen 2 und 3 beträgt bei der Mittenfrequenz 90°.

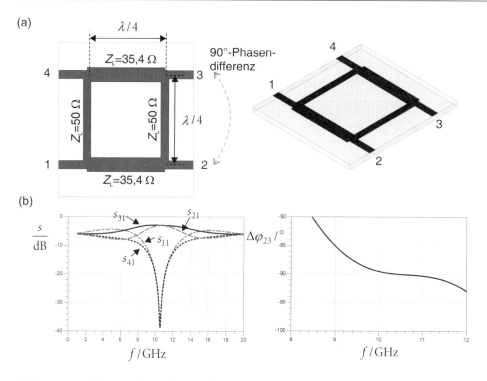

Bild 6.36 *Branchline*-Koppler in Mikrostreifentechnik: (a) Aufbau und (b) Streuparameter

6.2.7.2 Ungleiche Leistungsaufteilung und Impedanztransformation

Durch Veränderung der Leitungswellenwiderstände der Längs- und Quer-Leitungen kann auch eine ungleiche Leistungteilung erreicht werden (*Unequal-split branchline coupler*). Gleichzeitig kann eine Impedanzanpassung vorgenommen werden, wobei die Tore 1 und 4 an die Bezugsimpedanz Z_{01} und die Tore 2 und 3 an die Bezugsimpedanz Z_{02} angepasst sein sollen (Bild 6.37a).

Wir betrachten dazu eine allgemeine Designformel nach [Ahn06]:

$$Z_{La} = \frac{Z_{01}}{k} \quad \text{(Querarm eingangsseitig)} \tag{6.47}$$

$$Z_{Lb} = \sqrt{\frac{Z_{01}Z_{02}}{1+k^2}} \quad \text{(Längsarm)} \tag{6.48}$$

$$Z_{Lc} = \frac{Z_{02}}{k} \quad \text{(Querarm ausgangsseitig)} \tag{6.49}$$

mit

$$k = \left|\frac{s_{31}}{s_{21}}\right|. \tag{6.50}$$

Beispiel 6.10 Entwurf eines *Branchline*-Kopplers mit ungleicher Leistungsaufteilung und Impedanztransformation

Ein *Branchline*-Koppler soll eingangsseitig (Tor 1 und 4) an $Z_{01} = 50\,\Omega$ und ausgangsseitig (Tor 2 und 3) an $Z_{02} = 75\,\Omega$ angepasst sein. Die Leistung zwischen den Ausgängen soll ungleichmäßig aufgeteilt werden. Es gelte $|s_{21}| = 2|s_{31}|$ bei einer Frequenz von $f = 2\,\text{GHz}$. Die Leistung wird also zwischen den Ausgängen 2 und 3 im Verhältnis 4:1 aufgeteilt. 80 % der Eingangsleistung gehen an Tor 4 und 20 % der Eingangsleistung an Tor 3.

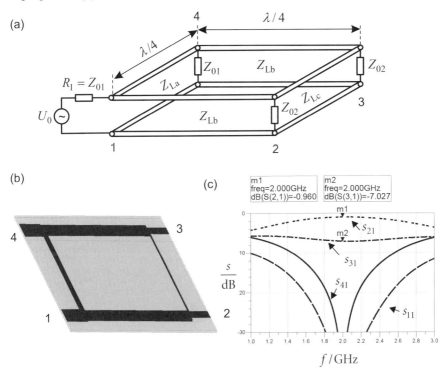

Bild 6.37 Entworfener Koppler mit Leistungsaufteilung im Verhältnis 4:1 aus Beispiel 6.10

Mit Gleichung (6.50) ist $k = 0{,}5\,(= -6\,\text{dB})$. Über die Gleichungen (6.47) bis (6.49) erhalten wir

$$Z_{\text{La}} = 100\,\Omega \qquad Z_{\text{Lb}} = 54{,}8\,\Omega \qquad Z_{\text{Lc}} = 150\,\Omega\,.$$

Bild 6.37a zeigt den Koppler realisiert mit idealen Leitungsstücken und realisiert in Streifenleitungstechnik (Substratparameter: $h = 1{,}524\,\text{mm}$, $\varepsilon_{\text{r}} = 2{,}2$). Die Speiseleitungen an den Toren 1 und 4 haben einen Leitungswellenwiderstand von 50 Ω und sind daher breiter als die Anschlussleitungen an den Toren 2 und 3 mit einem Leitungswellenwiderstand von 75 Ω. Die theoretisch zu erwartenden Streuparameterwerte von $s_{21} = -0{,}969\,\text{dB} \approx -1\,\text{dB}$ und $s_{31} = -6{,}989\,\text{dB} \approx -7\,\text{dB}$ werden sehr gut erreicht (Bild 6.37c).

Aus Bild 6.37b und den Designformeln ist zu erkennen, dass mit zunehmend ungleicher Leistungsaufteilung die Leitungswellenwiderstände der Querleitungen steigen und die Leitungen somit immer schmaler werden. Aufgrund von unvermeidlichen Fertigungstoleranzen sind dem Entwurf daher Grenzen gesetzt.

Interessant ist zu sehen, dass für den Grenzfall $k{\rightarrow}0$ (d.h. die gesamte Leistung wird von Tor 1 zu Tor 2 geführt) die Querleitungen unendlich große Leitungswellenwiderstände bekommen, ihre Breite also null wird und die Leitungen damit entfallen. Die Tore 3 und 4 sind somit vom Eingangstor entkoppelt. Zwischen den Toren 1 und 2 ergibt sich als verbleibende Schaltung einfach ein $\lambda/4$-Transformator mit dem Leitungswellenwiderstand $Z_{1b} = \sqrt{Z_{01}Z_{02}}$.

■

6.2.8 Rat-Race-Koppler

Beim in Bild 6.38a gezeigten *Rat-Race*-Koppler in Mikrostreifenleitungstechnik handelt es sich ebenso wie beim *Branchline*-Koppler um ein Viertor. Die am Tor 1 zugeführte Leistung wird auch hier zu gleichen Teilen an die Tore 2 und 3 verteilt. Tor 4 ist entkoppelt. Die Ausgangssignale besitzen beim *Rat-Race*-Koppler aber eine Phasendifferenz von 180°.

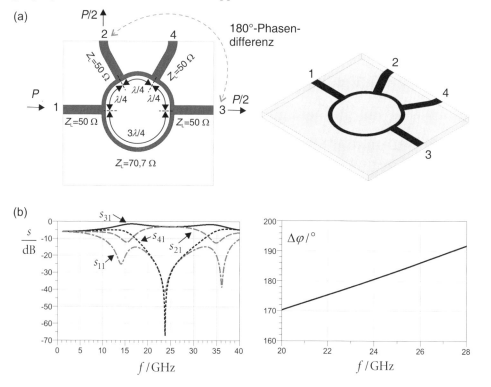

Bild 6.38 *Rat-Race*-Koppler in Mikrostreifentechnik

Das Verhalten kann anhand der Laufwege der Wellen überlegt werden, die sich in der ringförmigen Struktur im und gegen den Uhrzeigersinn ausbreiten können. Bei gegenphasiger Überlagerung entsteht ein entkoppeltes Tor, bei gleichphasiger Überlagerung ein Tor mit der Ausgangsleistung $P/2$. Diese Eigenschaften gelten ideal nur bei der Mittenfrequenz, das frequenzabhängige Verhalten in der Nähe dieser Mittenfrequenz wird in Bild 6.38b deutlich. Ebenso wie der *Branchline*-Koppler kann der *Rat-Race*-Koppler auch als *Combiner* eingesetzt werden.

Bei der Mittenfrequenz lautet die Streumatrix des idealen *Rat-Race*-Kopplers:

$$S_{\text{Ratrace}} = \frac{j}{\sqrt{2}} \begin{pmatrix} 0 & -1 & 1 & 0 \\ -1 & 0 & 0 & -1 \\ 1 & 0 & 0 & -1 \\ 0 & -1 & -1 & 0 \end{pmatrix}. \tag{6.51}$$

Rat-Race-Koppler lassen sich auch mit ungleicher Leistungsaufteilung realisieren.

6.2.9 Richtkoppler

Soll nur ein kleiner Teil der Leistung ausgekoppelt werden oder ist eine galvanische Trennung von Eingangs- und Koppeltor notwendig, so kann ein Richtkoppler verwendet werden. Ein Richtkoppler besteht im einfachsten Fall aus zwei im Abstand s parallel geführten Leitungen mit der Länge einer Viertelwellenlänge (Bild 6.39).

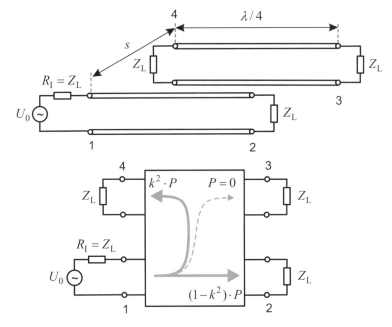

Bild 6.39 Richtkoppler mit zwei parallelen gekoppelten Leitungen der Länge $\lambda/4$

Bei dem Koppler handelt es sich um einen Rückwärtskoppler, der den Anteil $k^2 P$ der Eingangsleistung P von Tor 1 an das Tor 4 weiterleitet. Der Rest der Leistung wird auf dem Durchgangspfad zu Tor 2 weitergeleitet. Tor 3 ist entkoppelt.

Der Koppelfaktor wird häufig logarithmisch angegeben:

$$\frac{k}{\text{dB}} = |20\lg(k)| \quad . \tag{6.52}$$

Bei einem 20-dB-Koppler ($k = 0{,}1$) wird 1 % der Eingangsleistung ausgekoppelt und 99 % der Eingangsleistung durchlaufen den Koppler auf dem Durchgangspfad. Richtkoppler finden zum Beispiel Verwendung bei der Netzwerkanalyse zur Messung von Streuparametern (siehe Abschnitt 5.7).

Nach Abschnitt 4.7 lassen sich zwei gekoppelte Leitungen über ihre *Even-* und *Odd-mode*-Leitungswellenwiderstände beschreiben. Diese hängen mit dem Kopplungsfaktor k und den Leitungswellenwiderständen Z_L der ungekoppelten Leitungen wie folgt zusammen.

$$Z_\text{oe} = Z_\text{L}\sqrt{\frac{1+k}{1-k}} \tag{6.53}$$

$$Z_\text{oo} = Z_\text{L}\sqrt{\frac{1-k}{1+k}} \tag{6.54}$$

Bei Kenntnis der *Even-* und *Odd-mode*-Leitungswellenwiderstände können Kopplungsfaktor k und Leitungswellenwiderstand Z_L der ungekoppelten Leitung berechnet werden.

$$Z_\text{L} = \sqrt{Z_\text{oe}Z_\text{oo}} \tag{6.55}$$

$$k = \frac{Z_\text{oe} - Z_\text{oo}}{Z_\text{oe} + Z_\text{oo}} \tag{6.56}$$

Die Streumatrix des idealen Richtkopplers lautet bei der Mittenfrequenz:

$$S_\text{Richtkoppler} = \begin{pmatrix} 0 & -j\sqrt{1-k^2} & 0 & k \\ -j\sqrt{1-k^2} & 0 & k & 0 \\ 0 & k & 0 & -j\sqrt{1-k^2} \\ k & 0 & -j\sqrt{1-k^2} & 0 \end{pmatrix} \quad . \tag{6.57}$$

Bei Vorgabe eines gewünschten Kopplungsfaktors k und einer Leitung mit dem Leitungswellenwiderstand Z_L können über den Abstand s zwischen den gekoppelten Leitungen die *Even-* und *Odd-mode*-Leitungswellenwiderstände entsprechend eingestellt werden.

Beispiel 6.11 Berechnung eines 20-dB-Streifenleitungskopplers

Ein 20-dB-Streifenleitungskoppler soll für eine Frequenz von 6 GHz entworfen werden. Für das Substrat gilt: $h = 1{,}6$ mm und $\varepsilon_\text{r} = 2{,}5$. Der Leitungswellenwiderstand der einzelnen Streifenleitung sei $Z_\text{L} = 50\ \Omega$.

Für einen Wert von $k = 0{,}1$ (entspricht logarithmisch $k = 20$ dB) berechnen wir aus den Gleichungen (6.53) und (6.54) $Z_\text{oe} = 55{,}28\ \Omega$ und $Z_\text{oe} = 45{,}23\ \Omega$. Mit einem Programm zur Berechnung von Leitungswellenwiderständen (*TX-Line* [AWR10] oder *LineCalc* von [Agil09]) erhalten wir für gekoppelte Streifenleitungen und eine angenommene Metallisierungsdicke von 10 μm die Werte $L = 7,9$ mm, $W = 1,148$ mm und $s = 0,535$ mm. Das Modell und die Streuparameter sind in Bild 6.40 dargestellt.

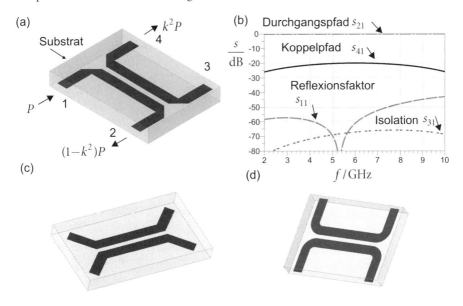

Bild 6.40 20-dB-Richtkoppler in Streifenleitungstechnik: (a) Modell mit abgeschrägten 90°-Knicken; (b) Streuparameter; alternative Zuleitungsführung: (c) 45°-Leitungsstücke oder (d) Kurvenstücke.

Um die Signale den beiden gekoppelten Leitungen reflexionsarm zuzuführen, werden in dem Modell 90°-Knicke mit abgeschrägten Ecken verwendet. Alternativ können die Speiseleitungen auch über 45°-Winkel oder Kurvenstücke zugeführt werden, wobei der Radius der Kurvenstücke mit Bedacht gewählt werden muss: Ein zu kleiner Radius führt zu höheren Reflexionen, ein zu großer Radius zu einer Verlängerung der Koppelstrecke.

■

6.2.10 Symmetrierglieder

Symmetrische und unsymmetrische Leitungssysteme haben wir bereits in Abschnitt 4.7 unterschieden. Unsymmetrische Leitungssysteme sind u.a. die Koaxialleitung, die Mikrostreifenleitung und die Streifenleitung. Symmetrische Leitungssysteme sind die Zweidrahtleitung sowie gekoppelte Mikrostreifen- und Streifenleitungen. Symmetrische Leitungen werden i.A. mit gegenüber der Masse *gegenphasigen* Signalen gespeist.

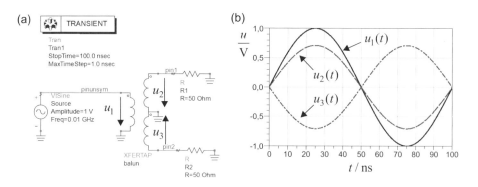

Bild 6.41 Symmetrieübertrager mit Transformator

Der Übergang von einer symmetrischen zu einer unsymmetrischen Leitung kann bei niedrigen und mittleren Frequenzen breitbandig mit einem *Übertrager mit Mittelabgriff* realisiert werden. Bild 6.41 zeigt einen solchen *Symmetrieübertrager*, dem eingangsseitig die unsymmetrische Spannung $u_1(t)$ zugeführt wird und der ausgangsseitig die gegenphasigen Spannungen $u_2(t)$ und $u_3(t)$ bereitstellt. Der sekundärseitige Mittelabgriff stellt die Bezugsmasse dar. (Alternativ lassen sich gegenphasige Signale auch durch eine Induktivität mit Mittelabgriff (Spartransformator) realisieren.)

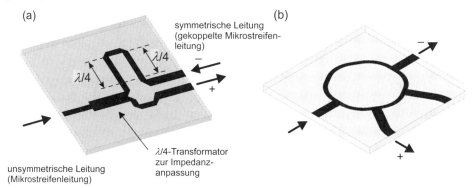

Bild 6.42 Symmetrierschaltung mit (a) *Rat-Race*-Koppler und (b) $\lambda/2$-Umwegleitung

Bei höheren Frequenzen sind die Verluste in den Induktivitäten zu groß, so dass hier Leitungsstrukturen verwendet werden. Eine Möglichkeit stellt die $\lambda/2$-*Umwegleitung* in Bild 6.42a dar. Das Eingangssignal der unsymmetrischen Mikrostreifenleitung wird über einen Viertelwellentransformator und einen Leistungsteiler in zwei Anteile mit gleicher Amplitude und Phase aufgespalten. Die Signale laufen dann über unterschiedlich lange Wege (Wegdifferenz = $\lambda/4 + \lambda/4 = \lambda/2$), so dass am Ende gegenphasige Signale eine symmetrische Leitungsstruktur (hier als gekoppelte Mikrostreifenleitung) anregen.

Eine weitere Möglichkeit stellt der in Abschnitt 6.3.4 betrachtete *Rat-Race*-Koppler dar, dessen Ausgangssignale um 180° gegeneinander verschoben sind und der somit als Symmetrierglied verwendet werden kann (Bild 6.42b).

6.3 Elektronische Schaltungen

Dieses Buch behandelt lineare, passive Strukturen, aus denen zusammen mit aktiven, nichtlinearen Elementen (Transistoren, Dioden) elektronische Hochfrequenzschaltungen wie Oszillatoren, Verstärker und Mischer entworfen werden können.

Das Verhalten der passiven und linearen Komponenten basiert auf Wellenausbreitungsvorgängen. Zum Verständnis sind Zusammenhänge aus der elektromagnetischen Feldtheorie nötig. Der Entwurf geschieht mit 3D-Feldberechnungsprogrammen und linearen (Hochfrequenz-) Schaltungssimulatoren.

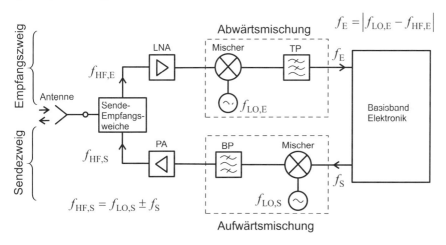

Bild 6.43 Beispielhafter Aufbau einer Sende-Empfangseinheit für drahtlose Kommunikationsanwendungen

Aktive und nichtlineare HF-Schaltungen gehen von der allgemeinen Schaltungstheorie aus und beziehen hochfrequenztechnische Aspekte mit ein. Die Grundlagen liegen hier nicht im Bereich des Feldtheorie, sondern in den Bereichen Charakterisierung von Transistoren, Prinzipien des klassischen Verstärkerentwurfs, Stabilität, nichtlineares Verhalten von Dioden und Transistoren, Kenngrößen des nichtlinearen Verhaltens wie 1-dB-Kompressionspunkt und Intermodulationspunkt 3. Ordnung (IP$_3$, *3rd-Order Intercept Point*), Rauschverhalten etc. Für den Entwurf werden spezielle HF-Schaltungssimulatoren benötigt, die diese Kenngrößen ermitteln. Weiterführende Literatur zu dem Thema findet der Leser unter anderem in [Bäch02] [Detl09] [Heue09] [Goli08] [Maas88] [Maas98] [Elli07] [Hage09].

Die für die HF-Übertragungstechnik elementaren Schaltungen sollen aber dennoch in Form einer kurzen Einführung angesprochen werden, um dem Leser eine erste Orientierung für ein vertieftes Studium des Themas zu bieten. Bild 6.43 zeigt als Anwendungsfall den prinzipiellen Aufbau einer Sende-Empfangseinheit für drahtlose Kommunikationssysteme. Das für die Übertragung bestimmte Nutzsignal (Sprache, Daten) wird dabei in der Regel in einen für die Übertragung geeigneten – und durch den verwendeten Funkstandard bestimmten – höheren Frequenzbereich umgesetzt.

Im *Sendezweig* wird das Basisbandsignal im Frequenzbereich f_S über einen Mischer, Bandpass, Leitungsverstärker (PA: *Power Amplifier*) und eine Sende-Empfangsweiche zur Antenne geleitet und dort als Funksignal abgestrahlt.

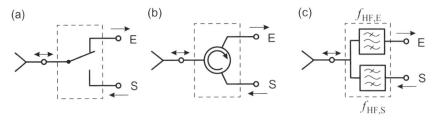

Bild 6.44 Sende-Empfangsweiche (a) mit HF-Schalter, (b) mit einem Zirkulator und (c) als Frequenzweiche (Diplexer)

Der Mischer setzt dabei mit Hilfe des Lokaloszillators das Basisbandsignal von der Frequenz f_S auf die Frequenz $f_{HF,S}$ um. Ungewünschte Signalanteile[3] werden dabei durch den nachfolgenden Bandpass ausgefiltert. Der Leistungsverstärker hebt die Signalleistung im entsprechenden Frequenzbereich an. Die Sende-Empfangsweiche trennt die Signale des Sende- und Empfangspfades (Bild 6.44). Falls Sende- und Empfangssignal im gleichen Frequenzbereich liegen, wird mit einem HF-Schalter (z.B. mit PIN-Dioden) zwischen beiden umgeschaltet. Alternativ können die Signale über einen Zirkulator geführt werden. Sind die Frequenzbänder im Sende- und Empfangszweig jedoch unterschiedlich, so kann die Trennung über einen Diplexer (Frequenzweiche) stattfinden. Ein Diplexer besteht aus zwei Filtern mit unterschiedlichen Durchlassbereichen und einem gemeinsamen Antennenanschluss.

Im *Empfangszweig* wird das im Allgemeinen sehr schwache Signal im Frequenzbereich $f_{HF,E}$ zunächst über einen rauscharmen Vorverstärker (LNA: *Low Noise Amplifier*) in der Amplitude angehoben und dann einem Mischer zugeführt. Der Mischer setzt das Signal mit Hilfe des Lokaloszillators in ein niederfrequentes Signal (Zwischenfrequenzsignal oder Basisbandsignal) um. Ein Tiefpassfilter eliminiert alle ungewünschten höherfrequenten Anteile.

Um hochfrequente elektronische Schaltungen miniaturisiert herzustellen, existieren verschiedene Verfahren [Goli08]. *Integrierte Mikrowellenschaltungen* (MMIC: *Monolithic Microwave Integrated Circuit*) verwenden Halbleitermaterial wie Galliumarsenid (GaAs), um passive Strukturen (wie Leitungen, Filter, Koppler) und aktive und nichtlineare Strukturen (Transistoren, Dioden) auf einem Chip zu integrieren. So lassen sich kompakt Mischer, Leistungsverstärker und rauscharme Verstärker für Funkmodule aufbauen. *Hybridschaltungen* kombinieren passive planare Strukturen mit konzentrierten Elementen (Transistoren, Dioden, ICs, SMD-Bauelemente). SMD (*Surface-Mounted-Device*)-Bauelemente sind Schaltelemente (Spulen, Kondensatoren, Widerstände), die auf die Oberfläche des Substrates aufgebracht werden und so im Zusammenspiel mit den planaren Strukturen eine Schaltung bilden.

---

[3] Welche Frequenzanteile als ungewollt gelten, wird im Abschnitt 6.3.1, noch genauer erläutert.

6.3.1 Mischer

Der ideale Mischer verhält sich wie ein Multiplizierer. Aufgrund des mathematischen Zusammenhangs

$$\cos(\alpha)\cdot\cos(\beta)=\frac{1}{2}\left[\cos(\alpha-\beta)+\cos(\alpha+\beta)\right] \tag{6.58}$$

wird aus den Zeitsignalen $u_S(t)$ und $u_{LO}(t)$ bei der Produktbildung:

$$u_{LO}(t)\cdot u_S(t)=U_{LO}\cos(\omega_{LO}t)\cdot U_S\cos(\omega_S t+\varphi_S)=$$
$$\frac{1}{2}U_S U_{LO}\left[\cos((\omega_{LO}-\omega_S)t-\varphi_S)+\cos((\omega_{LO}+\omega_S)t+\varphi_S)\right] \quad . \tag{6.59}$$

Das Ausgangssignal ist proportional zur Amplitude des Eingangssignals U_S, die Phase des Eingangssignals φ_S ist auch im Ausgangssignal enthalten. Das Eingangssignal ist jedoch in der Frequenz verschoben, es tauchen die Summe und die Differenz der Signalfrequenzen auf (Bild 6.45a und b).

Wir betrachten nun nicht mehr ein monofrequentes Eingangssignal, sondern ein Eingangssignal, welches einen bestimmten Frequenzbereich abdeckt, wie in Bild 6.45c gezeigt. Der Frequenzbereich des Eingangssignals erscheint nun oberhalb und unterhalb der Lokaloszillatorfrequenz. Die Spektren werden als oberes und unteres Seitenband bezeichnet. Das untere Seitenband ist in der Frequenzlage invertiert, d.h. ursprünglich höhere Frequenzanteile liegen nach der Mischung tiefer.

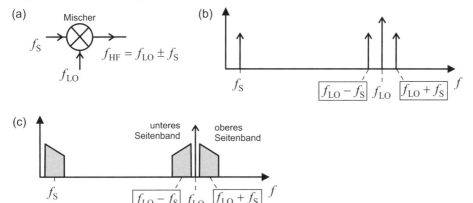

Bild 6.45 Der Mischer als Multiplizierer

Beide Seitenbänder enthalten vollständig die Information des ursprünglichen Eingangssignals, so dass in der Regel eines der beiden Seitenbänder durch ein Bandpassfilter selektiert und weiterverwendet wird. Bei Verwendung des oberen Seitenbandes spricht man von *Aufwärtsmischung in Gleichlage*. Wählt man das untere Seitenband aus, so spricht man von *Aufwärtsmischung in Kehrlage*.

Bei der Abwärtsmischung gelten ähnliche Überlegungen. Existieren beide Seitenbänder, so überlagern sich diese am Ausgang. Man wird also vor der Mischung durch ein Filter zunächst eines der beiden Seitenbänder auswählen. Je nachdem ob das obere oder untere Seitenband selektiert wird, sprechen wir von *Abwärtsmischung in Gleich- oder Kehrlage.*

Der oben beschriebene ideale Mischer ist nicht realisierbar. Bei der realen Mischung werden zwei Signale an einem Bauteil mit nichtlinearer Kennlinie überlagert. Hierdurch entsteht eine Vielzahl von Frequenzen, die in Bild 6.46 gezeigt und in Tabelle 6.4 systematisch aufgeführt sind.

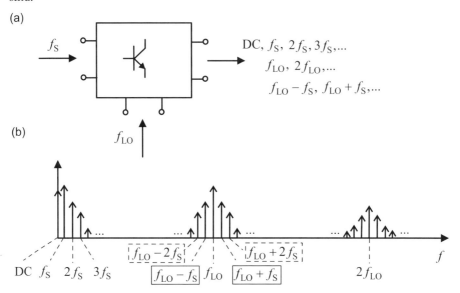

Bild 6.46 Frequenzanteile des Ausgangssignals bei Mischung mit zwei Frequenzen f_S und f_{LO}

In Bild 6.46 sind die nach der Mischung gewünschten Signalanteile von einem durchgezogenen Rahmen umgeben. Die ihnen am nächsten kommenden und damit am meisten störenden Frequenzanteile sind mit einem gestrichelten Rahmen versehen. Ihr Verhalten wird daher als Kenngröße mit herangezogen (Bild 6.47).

Tabelle 6.4 Frequenzanteile des Ausgangssignals bei Mischung mit zwei Frequenzen f_S und f_{LO}

0 Hz (DC)				
f_S	f_{LO}			
$2f_S$	$2f_{LO}$	$f_{LO} \pm f_S$		
$3f_S$	$3f_{LO}$	$2f_{LO} \pm f_S$	$f_{LO} \pm 2f_S$	
$4f_S$	$4f_{LO}$	$3f_{LO} \pm f_S$	$2f_{LO} \pm 2f_S$	$f_{LO} \pm 3f_S$
...	...	...	...	...

Wichtige Kenngrößen, die das nichtlineare Verhalten beschreiben sind der *1-dB-Kompressionspunkt* und der *Intermodulationspunkt 3. Ordnung*. Zur Definition sehen wir uns den doppeltlogarithmisch aufgetragenen Verlauf der Ausgangsleistung über der Eingangsleistung für das Nutzsignal und für das am meisten störende Intermodulationsprodukt an.

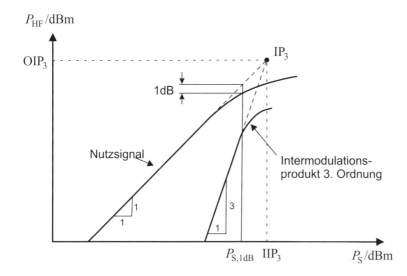

Bild 6.47 Zur Definition des 1-dB-Kompressionspunktes und des Intermodulationspunktes 3. Ordnung (IP$_3$)

Die störenden nichtlinearen Effekte begrenzen den Einsatzbereich des Mischers nach oben. Nach unten wird der Einsatzbereich durch Rauscheffekte begrenzt, so dass sich insgesamt ein nutzbarer Dynamikbereich zwischen diesen Grenzen ergibt.

Für die einfache Berücksichtigung eines Mischers bei der Berechnung mittels der Signalflussmethode ist eine weitere Größe, der Konversionsverlust L_C, wichtig, welcher das Verhältnis von Eingangs- zu nutzbarer Ausgangsleistung beschreibt. In logarithmischer Darstellung erhalten wir für den Aufwärtsmischer mit der Eingangsleistung P_S und der Ausgangsleistung P_HF:

$$\frac{L_\mathrm{C}}{\mathrm{dB}} = 10\lg\left(\frac{P_\mathrm{S}}{P_\mathrm{HF}}\right) \quad . \tag{6.60}$$

Der Konversionsverlust wird positiv, wenn die Ausgangsleistung kleiner als die Eingangsleistung ist [Ludw08]. Bei Verwendung des Kehrwerts des Leitungsverhältnisses erhält man den Konversionsgewinn: $G_\mathrm{C}/\mathrm{dB} = -L_\mathrm{C}/\mathrm{dB}$.

6.3.2 Verstärker und Oszillatoren

Die Aufgabe eines Verstärkers besteht darin, ein Signal möglichst verzerrungsfrei in der Amplitude anzuheben. Hierzu wird ein nichtlineares Bauteil über ein Gleichspannungssignal in einen geeigneten Arbeitspunkt gebracht. In diesem Arbeitspunkt kann das lineare Verhalten der Schaltung über eine Streumatrix S beschrieben werden. Als aktive verstärkende nichtlineare Elemente kommen dabei Hochfrequenztransistoren mit hoher Transitfrequenz zum Einsatz, beispielsweise MESFET, also Feld-Effekt-Transistoren mit einem Metall-Halbleiter-Übergang (MESFET: *Metal-Semiconductor-Field-Effect-Transistor*). Mittels eingangs- und ausgangsseitiger Anpassnetzwerke (Bild 6.48) wird die Schaltung an Quell- und

Lastimpedanz angepasst (Leistungsanpassung). Beim Schaltungsentwurf ist besonderes Augenmerk auf die Stabilität des Verstärkers zu legen. Fehlerhafte Auslegung kann zu unerwünschtem Schwingungsverhalten führen.

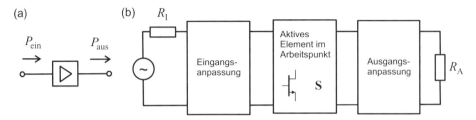

Bild 6.48 Verstärker: (a) Schaltsymbol und (b) Verstärkeraufbau mit aktivem Element im Arbeitspunkt und ein- und ausgangsseitiger Anpassung

Die Beschreibung des nichtlinearen Verhaltens geht von einem detaillierten Transistormodell aus und folgt im Wesentlichen den Überlegungen, die auch beim Mischer für das nichtlineare Verhalten angestellt wurden. Aus dem Verlauf der Ausgangsleistung über der Eingangsleistung kann der 1-dB-Kompressionspunkt bestimmt werden (Bild 6.47). Zur Bestimmung des Intermodulationspunktes 3. Ordnung wird der Verstärker gleichzeitig mit zwei Signalen leicht verschiedener Frequenzen f_1 und f_2 angeregt und der Schnittpunkt gemäß Bild 6.47 bestimmt.

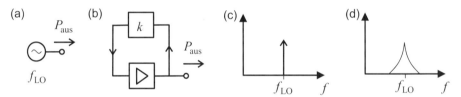

Bild 6.49 Oszillator: (a) Schaltsymbol, (b) Aufbau mit rückgekoppeltem Verstärker, (c) ideales Spektrum, (d) durch Phasenrauschen verbreitertes Spektrum

Bei Verstärkern ist neben dem verzerrungsfreien und rauscharmen Verhalten der Leistungsverstärkungsfaktor G eine wichtige Größe:

$$\frac{G}{\text{dB}} = 10 \lg\left(\frac{P_{\text{aus}}}{P_{\text{ein}}}\right) . \tag{6.61}$$

Oszillatoren dienen der Schwingungserzeugung. Sie stellen im Idealfall ein stabiles monofrequentes Signal zur Verfügung (Bild 6.49). Ein Oszillator lässt sich aus einem Verstärker unter Verwendung eines geeigneten Rückkoppelnetzwerkes und eines frequenzbestimmenden Elements aufbauen. Als frequenzbestimmendes Element mit hoher Frequenz- und Temperaturstabilität kommen Quarze und dielektrische Resonatoren zum Einsatz. Wichtige Kenngröße für die Frequenzstabilität ist das *Phasenrauschen*.

6.4 Moderne HF-Entwurfswerkzeuge

6.4.1 HF-Schaltungssimulatoren

HF-Schaltungssimulatoren sind heute sehr mächtige Werkzeuge, die den Entwickler beim Entwurf komplexer Schaltungen unterstützen. Sie umfassen in vielen Fällen unterschiedlichste Simulationsmöglichkeiten, u.a.

- Schaltungsberechnung im Zeit- oder Frequenzbereich
- Schaltungen mit *konzentrierten* Elementen
- Schaltungen mit *verteilten* Elementen (Leitungen)
- nichtlineare Analyse
- Rauschparameterberechnung.

Für Standardprobleme (Anpassung, Filter, Leistungsteiler, Koppler) gibt es oft Assistenten (*Design-Guides*), welche auf Basis allgemeiner Designformeln Schaltungen entwerfen, die dann mit Softwareunterstützung optimiert werden können.

Innerhalb dieses Buches wird der HF-Schaltungssimulator ADS der Firma Agilent an vielen Stellen eingesetzt [Agil09], beispielsweise für die Zeitbereichssimulationen von Impulsen auf Leitungen in Abschnitt 3.2 oder die Frequenzbereichssimulationen von Filterstrukturen in Abschnitt 6.2.3.

Schaltungssimulatoren berechnen Schaltungen auf der Basis von Ersatzmodellen sehr effizient. Diese Modelle sind jedoch auf einen gewissen Gültigkeitsbereich beschränkt. Außerhalb dieses Gültigkeitsbereiches oder wenn für ein Szenario kein Modell vorliegt, müssen aufwendigere Rechnungen angestellt werden. Dies führt zu den elektromagnetischen 3D-Feldsimulationen. Antennenprobleme erfordern generell den Einsatz eines Feldsimulators.

6.4.2 Elektromagnetische 3D-Feldsimulation

Neben der Schaltungssimulation gewinnt das noch vergleichsweise junge Gebiet der 3D-Feldsimulation an Bedeutung. Die Methoden in diesem Bereich gestatten die Berechnung von Streuparametern, Feldverteilungen und Strahlungsfeldern auf der Basis von dreidimensionalen Modellen, indem numerische Näherungslösungen der Maxwellschen Gleichungen ermittelt werden [Gust06] [Swan03] [Weil08]. Bild 6.50 zeigt exemplarisch das 3D-Simulationsmodell eines Mikrowellenbandpassfilters.

Derzeit ist eine Reihe leistungsfähiger und anwendungsfreundlicher Softwarepakete auf dem Markt. Die Softwareprodukte entwickeln sich rasch weiter, so dass die in Tabelle 6.5 gezeigte Liste nur eine unvollständige Momentaufnahme verbreiteter Softwareprodukte sein kann.

(a)   Foto des Filters im Test-Fixture   (b)   3D-Simulationsmodell

 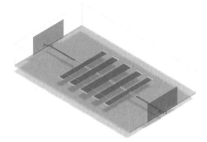

(c)   Diskretisierung der Struktur

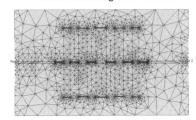

(d)   Vergleich Simulation/Messung

Measurement
Agilent N5230A
Momentum
(20/40 cells/wavelength)
EMDS for ADS (8:14 min)
(with dummy objects)
EMDS for ADS (14:16 min)
(without dummy object)

f / GHz

Bild 6.50 Analyse eines Mikrowellenfilters mit dem FEM-Tool innerhalb des Softwarepakets ADS der Firma Agilent

In den Programmen kommen unterschiedliche numerische Verfahren zum Einsatz, u.a.:

- Finite-Elemente-Methode (FEM, *Finite Element Method*)
- finite Differenzen im Zeitbereich (FDTD, *Finite-Difference Time-Domain*)
- Momentenmethode (MoM, *Method of Moments*)
- verallgemeinerte Beugungstheorie (UTD, *Uniform Theory of Difraction*).

Tabelle 6.5 Kommerzielle 3D-Feldsimulatoren (Auswahl)

Produktname	Unternehmen
ADS (Advanced Design System)	Agilent, USA
EMPIRE	IMST, Deutschland
EMPro (Electromagnetic Professional)	Agilent, USA
HFSS (High Frequency Structure Simulator)	Ansoft, USA
Microwave Studio	CST, Deutschland
SEMCAD	Schmid&Partner Engineering AG, Schweiz
XFDTD	Remcom, USA

Bild 6.51 zeigt die Abläufe bei der Verwendung eines 3D-Simulationswerkzeuges. Zunächst wird über eine graphische CAD-Oberfläche die Geometrie der zu untersuchenden Komponente erstellt. Moderne Simulatoren verfügen darüber hinaus über die Möglichkeit, komple-

xe CAD-Geometriemodelle zu importieren und diese effizient zu verarbeiten. Den so definierten Körpern werden dann elektrische Materialeigenschaften zugeordnet.

Je nach numerischem Verfahren muss das Lösungsgebiet begrenzt werden. Auf den Rändern des Simulationsgebietes werden Randbedingungen gesetzt, die das Verhalten des Feldes auf diesen Flächen bestimmen. Weiterhin werden Tore (*Ports*) definiert, die Ein- und Ausgänge für Signale darstellen.

Um eine Näherungslösung des elektromagnetischen Feldproblems zu finden, wird das gesamte Simulationsmodell in kleinere Elemente (Quader, Tetraeder, ...) unterteilt (Diskretisierung). Je feiner die Unterteilung ist, desto akkuratere Ergebnisse werden erwartet, allerdings steigt auch der Rechenaufwand. Weiter werden Simulationsparameter festgelegt, die den Ablauf des Lösungsfindungsprozesses steuern: Hierzu gehören eine Eingrenzung des interessierenden Frequenzbereichs, die Festlegung von Konvergenz- und Verfeinerungskriterien sowie die Auswahl von Gleichungslösern.

Während der Simulation wird eine Näherung für die Feldverteilung im Lösungsgebiet bestimmt. In einer Nachverarbeitung (*Post-processing*) werden Netzwerkgrößen an den Toren (Spannung, Strom, Impedanz, Streuparameter) sowie Fernfelder von Antennen berechnet.

Numerische Simulationen haben mittlerweile einen festen Platz im Entwicklungsprozess von HF-Komponenten und Antennen, denn sie bieten eine Reihe von Vorzügen.

*   Die Darstellungsmöglichkeit von Feldverteilungen innerhalb des Simulationsgebietes erleichtert das Verständnis der Funktionsweise des HF-Bauelements. Hieraus entwickeln sich oft Ideen für Verbesserungen.
*   Die numerischen Modelle lassen sich in der Regel parametrieren. Dies erlaubt die automatische Optimierung von Simulationsmodellen, die von der Software selbständig durchgeführt werden kann.
*   Durch die stetig steigende Rechenleistung moderner PCs und die Parallelisierbarkeit numerischer Berechnungen erweitern sich die Einsatzmöglichkeiten der Softwaretools.
*   Simulationen bedeuten gegenüber der Fertigung und der Messung oft einen Kosten- und Geschwindigkeitsvorteil.
*   Nicht zuletzt ist für Einsteiger in das Gebiet der Hochfrequenztechnik die Anschaulichkeit und Übersichtlichkeit sowie die Entlastung von aufwendigen Berechnungen motivierend. Aus diesem Grund werden die Verfahren auch intensiv in der Ingenieurausbildung genutzt [Mant04].

Innerhalb des Buches wird ausgiebig Gebrauch von den 3D-Feldsimulatoren *Empire* (IMST), *Momentum* (Agilent) und *EMPro* (Agilent) gemacht.

Gegenwärtig ist ein Trend festzustellen, die Schaltungs- und Feldsimulatoren unter einer Oberfläche zusammenzuführen, so dass Simulationsmodelle entstehen, die gleichzeitig Schaltungs- und Feldsimulatoranteile beinhalten können (*Electromagnetic co-simulation*). Auf diese Art und Weise können unterschiedliche Schaltungsteile mit unterschiedlichen Methoden behandelt werden. Beispielsweise kann innerhalb eines übergeordneten Modells die Anpassschaltung mit dem Schaltungssimulator und die Antenne mit dem Feldsimulator berechnet werden.

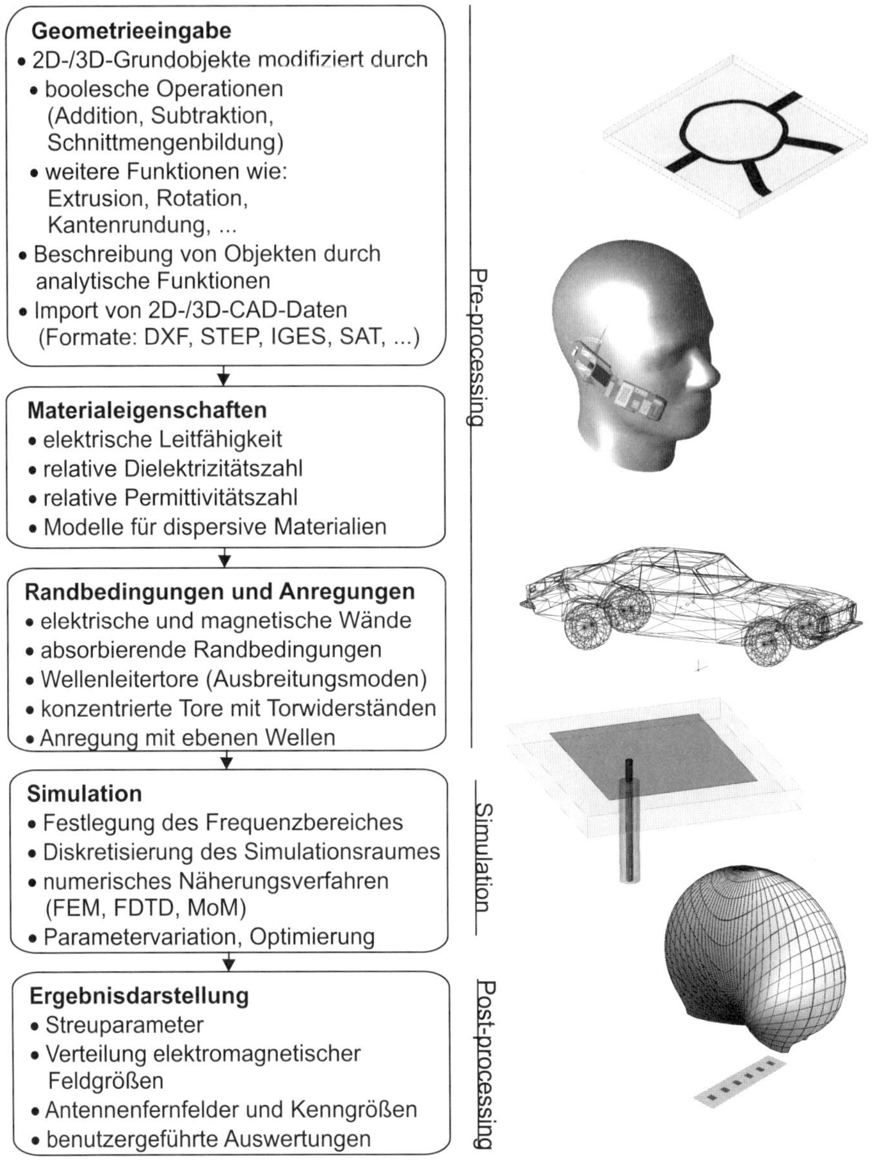

Geometrieeingabe
- 2D-/3D-Grundobjekte modifiziert durch
  - boolesche Operationen
    (Addition, Subtraktion,
    Schnittmengenbildung)
  - weitere Funktionen wie:
    Extrusion, Rotation,
    Kantenrundung, ...
- Beschreibung von Objekten durch
  analytische Funktionen
- Import von 2D-/3D-CAD-Daten
  (Formate: DXF, STEP, IGES, SAT, ...)

Materialeigenschaften
- elektrische Leitfähigkeit
- relative Dielektrizitätszahl
- relative Permittivitätszahl
- Modelle für dispersive Materialien

Randbedingungen und Anregungen
- elektrische und magnetische Wände
- absorbierende Randbedingungen
- Wellenleitertore (Ausbreitungsmoden)
- konzentrierte Tore mit Torwiderständen
- Anregung mit ebenen Wellen

Simulation
- Festlegung des Frequenzbereiches
- Diskretisierung des Simulationsraumes
- numerisches Näherungsverfahren
  (FEM, FDTD, MoM)
- Parametervariation, Optimierung

Ergebnisdarstellung
- Streuparameter
- Verteilung elektromagnetischer
  Feldgrößen
- Antennenfernfelder und Kenngrößen
- benutzergeführte Auswertungen

Pre-processing

Simulation

Post-processing

Bild 6.51 Simulationsflow bei der Verwendung von 3D-Feldsimulationsverfahren (links) und Modellbeispiele: *Rat-Race*-Koppler, Mobiltelefon am Kopf, PKW-Modell, Patch-Antenne, Gruppenantenne und Strahlungsdiagramm (rechts) gerechnet mit *EMPro* (Agilent) und *Empire* (IMST)

6.5   Übungsaufgaben

Übung 6.1

Zeigen Sie, dass eine an beiden Seiten kurzgeschlossene Leitung für Vielfache der halben Wellenlänge Resonanz aufweist. Zeigen Sie, dass die kürzeste resonante Länge bei Verwendung einer kurzgeschlossenen und einer leerlaufenden Leitung gerade eben die Viertelwellenlänge ist.

Übung 6.2

Passen Sie folgende Abschlussimpedanzen bei einer Frequenz von $f = 900$ MHz mit Hilfe eines einfachen LC-Netzwerkes an die Systemimpedanz $Z_0 = 50\ \Omega$ an:

$$Z_{A1} = 330\ \Omega; \qquad Z_{A2} = 10\ \Omega; \qquad Z_{A3} = (200 + j100)\ \Omega; \qquad Z_{A4} = (15 - j75)\ \Omega\,.$$

Nutzen Sie ein ausgedrucktes Smith-Diagramm, oder verwenden Sie ein Smith-Chart-Tool aus dem Internet.

Übung 6.3

Ein Abschlusswiderstand $R_A = 1100\ \Omega$ soll bei einer Frequenz von $f_0 = 1$ GHz an eine Quelle mit $R_I = 50\ \Omega$ angepasst werden.

1. Entwerfen Sie ein einstufiges LC-Netzwerk.
2. Entwerfen Sie ein zweistufiges LC-Netzwerk zur Erhöhung der Bandbreite.
3. Erhöhen Sie die Bandbreite weiter durch einen dreistufigen Aufbau. Wählen Sie bei jeder Stufe des Netzwerkes die gleichen Transformationsverhältnisse R_A/Z_E.

Stellen Sie die Transformationswege im Smith-Diagramm dar.

Übung 6.4

Der in Bild 6.14 gezeigte Leistungsteiler in Mikrostreifentechnik soll auf Aluminiumoxydsubstrat ($\varepsilon_r = 9{,}8$; $h = 635\ \mu$m) aufgebaut werden. Anpassung soll bei einer Frequenz von $f = 5$ GHz erreicht werden (Systemimpedanz $Z_0 = 50\ \Omega$).

1. Dimensionieren Sie den $\lambda/4$-Transformator zur Impedanzanpassung, d.h. geben Sie die Länge ℓ_Q und Breite w_Q an.
2. Erhöhen Sie die Bandbreite, indem Sie die Schaltung zweistufig realisieren. Geben Sie die Längen und Breiten der verwendeten $\lambda/4$-Transformatoren an.

Übung 6.5

Für eine Frequenz von $f = 10$ GHz soll die Abschlussimpedanz $Z_A = (100 + j20)\ \Omega$ an die Quellimpedanz von $R_I = 50\ \Omega$ angepasst werden. Entwerfen Sie eine Anpassschaltung aus einer seriellen Leitung und einer Stichleitung (Bild 6.16). Dimensionieren Sie die Schaltung anhand des Smith-Diagramms für einen Leitungswellenwiderstand von $Z_L = 50\ \Omega$. Realisieren Sie die Schaltung in Mikrostreifentechnik (Substrateigenschaften $\varepsilon_r = 7{,}8$; $h = 254\ \mu$m).

Übung 6.6

Zeigen Sie mit Hilfe der Unitaritätsbedingung, dass der Wilkinson-Leistungsteiler nach Abschnitt 6.2.6 nicht verlustfrei ist.

Übung 6.7

Entwerfen Sie einen *Branchline*-Koppler für eine Frequenz von $f = 6$ GHz, bei dem sich die Leistung zwischen den Ausgängen im Verhältnis 3:1 aufteilt. Alle Tore sollen an die Systemimpedanz $Z_0 = 50\,\Omega$ angepasst sein. Als Substratmaterial steht Aluminiumoxid Al_2O_3 zur Verfügung (Substratparameter: $h = 0,635$ mm; $\varepsilon_r = 9,8$).

Übung 6.8

Entwerfen Sie einen Butterworth-LC-Tiefpassfilter mit folgenden Randbedingungen:

- $R_1 = R_A = R = 100\,\Omega$ (entspricht zugleich dem Bezugswiderstand Z_0 bei den Streuparametern)
- 3-dB-Grenzfrequenz $f_g = 700$ MHz.

Gewünschte Mindestdämpfung bei der doppelten Grenzfrequenz: $A_{dB}(f_s = 2f_g) \geq 17$dB.

Übung 6.9

Entwerfen Sie einen seitengekoppelten Filter mit Butterworth-Charakteristik in Mikrostreifentechnik. Für das Substrat gelte: $h = 0,4$ mm und $\varepsilon_r = 7,8$.

Der Filter besitze folgende Eigenschaften:

- Bezugsimpedanz $Z_0 = R = 50\,\Omega$
- Durchlassbereich mit Dämpfung $A < 3$ dB von $f_{p1} = 8,0$ GHz bis $f_{p2} = 8,5$ GHz
- Sperrbereich mit Dämpfung $A > 20$ dB unterhalb von $f_{s1} = 7,5$ GHz und oberhalb von $f_{s1} = 9$ GHz.

7   Antennen

Antennen erzeugen und empfangen elektromagnetische Wellen, die sich im freien Raum ausbreiten. *Sendeantennen* wandeln die ihnen an ihrem Tor zugeführte Leistung möglichst effizient in elektromagnetische Wellenfelder um. *Empfangsantennen* nehmen aus einem elektromagnetischen Wellenfeld Leistung auf und stellen sie an ihrem Netzwerktor zur Verfügung.

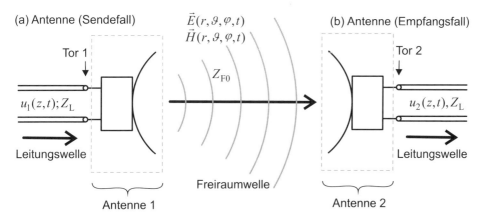

Bild 7.1 Antenne als Wandler zwischen Leitungs- und Freiraumwelle

Die Signalübertragung mit zwei Antennen ist in Bild 7.1 dargestellt: Eine leitungsgeführte Welle wird zum Eingangstor (Tor 1) einer Antenne geführt und dort idealerweise reflexionsfrei aufgenommen. Die Antenne erzeugt ein Wellenfeld (Freiraumwelle), welches Leistung von der Antenne fortführt (Bild 7.1a). Das erzeugte elektromagnetische Wellenfeld verlangt eine mathematisch sehr komplexe Behandlung. Von technischem Interesse ist zumeist nur das elektromagnetische Feld in einem größeren Abstand von der Antenne (*Fernfeld*). Da jede Antenne in hinreichend großem Abstand als klein angesehen werden kann, ist eine Beschreibung in Kugelkoordinaten zweckmäßig. Im Empfangsfall (Bild 7.1b) nimmt eine Antenne Energie aus einem Wellenfeld auf und regt eine Leitungswelle an ihrem Netzwerktor (Tor 2) an.

Die Strahlungseigenschaften und auch die Impedanz einer Antenne sind im Sende- und Empfangsfall gleich. Dieser wichtige Zusammenhang wird als *Reziprozität* bezeichnet. Praktisch bedeutet die Reziprozität, dass eine Antenne, die im Sendefall in einer bestimmten Richtung ihre maximale Strahlungsleistungsdichte abgibt, im Empfangsfall aus einer Welle auch die maximale Leistung auskoppelt, wenn die Welle aus dieser Richtung auf die Antenne trifft.

Im Folgenden wollen wir die wichtigsten Begriffe kennenlernen, die zur Charakterisierung von Antennen verwendet werden, und einige häufig vorkommende Antennenbauformen näher betrachten.

7.1 Grundbegriffe und Kenngrößen

7.1.1 Nahfeld und Fernfeld

Bei der Beschreibung von Antennen macht es einen großen Unterschied, ob man sich für die Feldverteilung im unmittelbaren Umfeld der Antenne (Nahfeld) oder nur für Beobachtungspunkte in größerer Entfernung (Fernfeld) interessiert. Die wichtigen Antennenkenngrößen sind alle für das Fernfeld einer Antenne definiert.

Bei der mathematischen Behandlung des Hertzschen Dipols in Abschnitt 7.3 werden wir sehen, dass sich beim Übergang vom Nahfeld zum Fernfeld einer Antenne eine Reihe von Vereinfachungen ergibt. Das Nahfeld zeichnet sich durch starke reaktive Feldanteile aus, in denen elektrische und magnetische Energie gespeichert wird. Im Fernfeld dominiert hingegen der radial orientierte Leistungstransport. Der Übergang vom reaktiven Nahfeld zum strahlenden Fernfeld vollzieht sich kontinuierlich. Historisch gesehen haben sich bei der analytischen Behandlung von Strahlungsproblemen unterschiedliche Näherungen (Fresnel-Näherung, Fraunhofer-Näherung) bewährt (Bild 7.2). Hieraus abgeleitet ergeben sich Formeln für den Abstand, den man zur Antenne einnehmen muss, wenn man mit den für das Fernfeld definierten Antennenkenngrößen arbeiten will (Fernfeldabstand). Im Fernfeld ist die Winkelabhängigkeit der Strahlungsleistungsdichte unabhängig von der Entfernung r [Mein92].

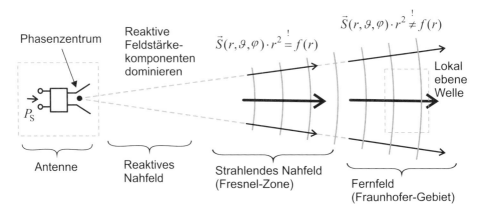

Bild 7.2 Darstellung des Nah- und Fernfeldbereiches einer Antenne

Der *Fernfeldabstand* hängt von der verwendeten Wellenlänge λ und den geometrischen Abmessungen der Antenne ab. Nach [Kark10] ergeben sich Fernfeldbedingungen nach einem Abstand von mindestens

$$\boxed{r \geq 2\lambda} \quad \text{(Fernfeldbedingung)}. \tag{7.1}$$

Bei Antennen, deren maximale Abmessungen L_{max} größer als die Wellenlänge sind, treten die Fernfeldzustände erst bei noch größerem Abstand ein.

$$\boxed{r \geq \frac{2L_{max}^2}{\lambda}}$$ (Fernfeldbedingung elektrisch großer Antennen) $\qquad$ (7.2)

Das Fernfeld $(r \rightarrow \infty)$ einer Antenne zeigt einige besondere Eigenschaften:

- Die Beträge der Feldgrößen E und H sind reziprok zum Abstand: $|E|, |H| \sim 1/r$
- Die Amplituden der Feldgrößen E und H sind *in Phase* und über den Feldwellenwiderstand Z_{F0} des freien Raumes miteinander verknüpft: $E = Z_{F0}H$
- Die Vektoren des elektrischen und magnetischen Feldes besitzen nur noch transversale Komponenten, der radiale Anteil verschwindet $(E_r = H_r = 0)$.
- Der Betrag der Strahlungsleistungsdichte ist reziprok zum Abstandsquadrat: $|S| \sim 1/r^2$
- Die transversalen Anteile der Strahlungsleistungsdichte verschwinden $(S_\vartheta = S_\varphi = 0)$, es bleibt nur ein radialer Anteil S_r.

Für das Fernfeld können wir mit den komplexwertigen Amplituden E_ϑ und E_φ allgemein schreiben [Kark10] [Geng98]:

$$\vec{E}(r,\vartheta,\varphi) = E_\vartheta(r,\vartheta,\varphi) \cdot \vec{e}_\vartheta + E_\varphi(r,\vartheta,\varphi) \cdot \vec{e}_\varphi \quad .$$ (7.3)

Die Feldkomponenten sind proportional zur *Greenschen Funktion* des freien Raumes. Die Greensche Funktion beschreibt die aus Abschnitt 2.5.4 bekannte sich radial ausbreitende Kugelwelle.

$$E_\vartheta(r,\vartheta,\varphi); E_\varphi(r,\vartheta,\varphi) \sim \frac{e^{jkr}}{r}$$ (7.4)

Führt man die Kugelwelle auf ihren Ursprung zurück, so erhält man das *Phasenzentrum* (Bild 7.2). Die Zusammenhänge aus den Gleichungen (7.3) und (7.4) gelten im übertragenen Sinne ebenso für das magnetische Feld.

7.1.2 Isotroper Kugelstrahler

Der isotrope Kugelstrahler ist eine theoretische Antenne, die die ihr zugeführte Leistung gleichmäßig in alle Raumrichtungen abstrahlt (Bild 7.3a). Die Strahlungsleistungsdichte S des isotropen Kugelstrahlers im Abstand r kann einfach aus der zugeführten Leistung P_S und der Kugeloberfläche $O = 4\pi r^2$, auf die sich die Leistung verteilt, berechnet werden. Die Strahlungsleistungsdichte ist unabhängig von den Winkeln φ und ϑ.

$$\vec{S}_i(r) = \frac{P_S}{4\pi r^2}\vec{e}_r = \frac{E_i^2}{Z_{F0}}\vec{e}_r = H_i^2 \cdot Z_{F0}\vec{e}_r$$ (7.5)

Bei einer allgemeinen Antenne stellt sich immer eine gewisse Richtwirkung ein, so dass hier die Strahlungsleistungsdichte im Fernfeld auch von den Winkel φ und ϑ abhängt, also gilt $\vec{S} = S(r,\vartheta,\varphi)\vec{e}_r$ (siehe Bild 7.3b).

(a) Isotroper Kugelstrahler   (b) Antenne mit Richtwirkung

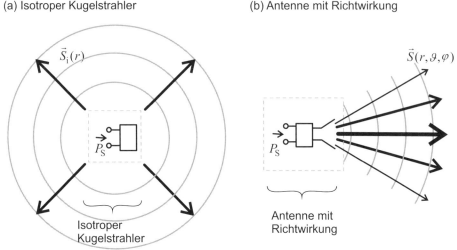

Bild 7.3 Strahlungsleistungsdichteverteilung (a) eines isotropen Kugelstrahlers und (b) einer richtenden Antenne (z.B. einer Parabolantenne)

Der isotrope Kugelstrahler ist technisch nicht realisierbar, dient aber bei den Antennenkenngrößen realer Antennen als wichtige Bezugsgröße.

7.1.3   Kenngrößen für das Strahlungsfeld einer Antenne

Strahlungsfelder realer Antennen sind sehr komplex. Zur einfacheren Charakterisierung werden einige Größen verwendet, die im Fernfeld definiert sind. Antennen senden ihre Strahlungsleistung nicht gleichmäßig in alle Raumrichtungen. Die *reelle, skalare, feldstärke-bezogene* Richtcharakteristik (3D-Strahlungsdiagramm, *Radiation pattern*) beschreibt diese Richtungsabhängigkeit als Funktion der Winkel φ und ϑ [Bala08]. Die Richtcharakteristik kann auf die Feldstärke des isotropen Kugelstrahlers oder auf ihr eigenes Maximum bezogen werden. Wir wollen als Bezeichnungen C_i und C einführen. Im Fernfeld lautet die Richtcharakteristik C_i

$$\boxed{C_i(\vartheta,\varphi) = \frac{E(r,\vartheta,\varphi)}{E_i(r)}\bigg|_{r\to\infty}} \quad \text{bzw.} \quad \boxed{C_i(\vartheta,\varphi) = \frac{H(r,\vartheta,\varphi)}{H_i(r)}\bigg|_{r\to\infty}} \, , \tag{7.6}$$

hierbei ist die elektrische (oder magnetische) Feldstärke bezogen auf die Feldstärke eines isotropen Kugelstrahlers im gleichen Abstand.[1]

---

[1] Neben der Richtcharakteristik C für die Gesamtfeldstärke kann auch eine Richtcharakteristik jeweils für die φ- oder ϑ-Komponente angegeben werden.

Entfällt der Index *i*, so wollen wir die Richtcharakteristik auf ihren Maximalwert im gleichen Abstand beziehen:

$$\boxed{C(\vartheta,\varphi)=\left.\frac{E(r,\vartheta,\varphi)}{E_{\max}(r)}\right|_{r\to\infty}} \qquad \text{bzw.} \qquad \boxed{C(\vartheta,\varphi)=\left.\frac{H(r,\vartheta,\varphi)}{H_{\max}(r)}\right|_{r\to\infty}} . \qquad (7.7)$$

Zur besseren Auflösung kleiner Zahlenwerte ist die logarithmische Darstellung gebräuchlich.

$$C^{\ell}(\vartheta,\varphi)/\text{dB}=20\lg\big(C(\vartheta,\varphi)\big) \qquad \text{bzw.} \qquad C_{i}^{\ell}(\vartheta,\varphi)/\text{dBi}=20\lg\big(C_{i}(\vartheta,\varphi)\big) \qquad (7.8)$$

Die Pseudoeinheit dBi weist auf den isotropen Kugelstrahler als Bezugsantenne hin. Bild 7.4a zeigt zwei Ansichten der logarithmischen Darstellung eines 3D-Strahlungsdiagramms. Die Richtung, in der der maximale Wert erscheint, wird als *Hauptstrahlrichtung* bezeichnet.

Die reelle, skalare Richtcharakteristik *C* wird häufig noch ergänzt um die Angabe der *Polarisation* der Antenne in Hauptstrahlrichtung. Nach (7.3) setzt sich die elektrische Feldstärke im Fernfeld aus zwei unabhängigen orthogonalen Komponenten E_{ϑ} und E_{φ} zusammen. Je nach Verhältnis der Beträge und Phasen der Amplituden unterscheiden wir unterschiedliche Polarisationen. Es treten die gleichen Polarisationsbezeichnungen (linear, zirkular, elliptisch) wie bei der homogenen ebenen Welle in Abschnitt 2.5.2 auf. Die skalare Richtcharakteristik und die Polarisation in Hauptstrahlrichtung liefern für die meisten Anwendungsfälle eine ausreichende Beschreibung des Fernfelds.

Die reelle, skalare Richtfunktion *C* beschreibt das Fernfeld *nicht vollständig*, da die Feldstärken Vektoren mit komplexwertigen Komponenten sind. Eine vollständige Beschreibung liefert die *komplexe, vektorielle Richtcharakteristik*, die aber wegen ihres vektoriellen und komplexen Charakters nicht mehr einfach in einem Diagramm dargestellt werden kann. Eine vollständige Beschreibung ist von Bedeutung, wenn man Wellenausbreitungsvorgänge von Antennen in komplexen Umgebungen modelliert [Geng98] oder das Strahlungsfeld von Gruppenantennen aus den Einzelstrahlercharakteristiken berechnet.

In einigen Fällen, vor allem bei elementaren Antennentypen, weist das 3D-Strahlungsdiagramm eine einfache Form auf. Hier reicht es zur Beschreibung oft aus, zweidimensionale Schnitte durch die Richtcharakteristik darzustellen. Bei der Auswahl der Schnittebenen kann man sich an der Lage der Antenne im Raum orientieren: Bild 7.4b zeigt einen vertikalen und einen horizontalen Schnitt durch das Strahlungsdiagramm aus Bild 7.4a. Zum Vergleich ist auch der 0-dB-Kreis (entspricht dem Verhalten des isotropen Kugelstrahlers) enthalten. Die Schnitte werden in der Regel so ausgewählt, dass das Maximum des 3D-Strahlungsdiagramms enthalten ist. Weiterhin sind bei linear-polarisierenden Antennen Diagrammschnitte gebräuchlich, in denen das elektrische bzw. das magnetische Feld transversal verläuft. Diese Schnitte werden auch als *E*-Ebene und *H*-Ebene bezeichnet.

Basierend auf der feldstärkebezogenen Richtfunktion *C* werden weitere wichtige Kenngrößen definiert (Bild 7.4d). Bei Antennen mit einer ausgeprägten Richtwirkung der Strahlung bezeichnet man die Bereiche mit hohen Werten als *Hauptkeule* (für das absolute Maximum) und *Nebenkeulen* oder *Nebenzipfel* (für die relativen Maxima). Das Amplitudenverhältnis von Hauptkeule und größter Nebenkeule wird als *Nebenzipfeldämpfung* bezeichnet und sollte bei Richtantennen möglichst groß sein, d.h. es sind nur relativ kleine Nebenzipfel gewünscht.

Als *Halbwertsbreite* ψ (oder Öffnungswinkel) bezeichnet man den Winkelbereich, in dem die Hauptkeule Werte besitzt, die größer als $C_{max} / \sqrt{2}$ ist. Die Halbwertsbreite wird in der Regel in 2D-Strahlungsdiagrammen bestimmt. So ist es üblich, bei Antennen mit einer horizontal liegenden Hauptkeule eine horizontale und eine vertikale Halbwertsbreite anzugeben.

Neben der feldstärkebezogenen Richtcharakteristik C wird auch die leistungsbezogene Richtfunktion D im Fernfeld verwendet. Sie ergibt sich aufgrund von Gleichung (7.5) als Quadrat der Richtfunktion C_i.

$$D\left(\vartheta,\varphi\right)=C_i^2\left(\vartheta,\varphi\right)=\left.\frac{S\left(r,\vartheta,\varphi\right)}{S_i\left(r\right)}\right|_{r\to\infty}=D\cdot C^2\left(\vartheta,\varphi\right) \qquad \text{(Richtfunktion)} \qquad (7.9)$$

Das Maximum der Richtfunktion ist der *Richtfaktor D*.

$$D=\max\left\{D\left(\vartheta,\varphi\right)\right\} \qquad \text{(Richtfaktor)} \qquad (7.10)$$

Der Richtfaktor (*Directivity*) gibt an, um welchen Faktor die Strahlungsleistungsdichte der Antenne in Hauptstrahlrichtung größer ist als die Strahlungsleitungsdichte des isotropen Kugelstrahlers. Tabelle 7.1 zeigt typische Werte des Richtfaktors D für einige praktische Antennenbauformen. Auch wenn der Richtfaktor eines einzelnen Antennenelements (z.B. Dipol oder *Patch*) zunächst eher gering ist, so kann durch Anordnung mehrerer Antennen in einer Gruppe eine deutliche Erhöhung der Richtwirkung erreicht werden (siehe Abschnitt 7.6).

Die logarithmische Darstellung der leistungsbezogenen Richtfunktion ist gegeben mit:

$$D^{\ell}\left(\vartheta,\varphi\right)/\mathrm{dBi}=10\lg\left(D\left(\vartheta,\varphi\right)\right)=C_i^{\ell}\left(\vartheta,\varphi\right)/\mathrm{dBi}=20\lg\left(C_i\left(\vartheta,\varphi\right)\right)\ . \qquad (7.11)$$

Tabelle 7.1 Typische Werte des Richtfaktors für einige praktische und theoretische Antennen

Antennentyp (siehe auch Abschnitt 7.2)	Richtfaktor D (logarithmisch)	Richtfaktor D (linear)
Isotroper Kugelstrahler	0 dBi	1
Hertzscher Dipol	1,76 dBi	1,5
$\lambda/2$-Dipol	2,15 dBi	1,64
Patch-Antenne	6 dBi	4,0
Logarithmisch-periodische Antenne	7 dBi	5,0
Hornantenne	20 dBi	100
Parabolantenne ($\varnothing = 65 \ldots 75$ cm; $f \approx 11$ GHz)	>30 dBi	>1000

Durch die Verwendung der Pseudoeinheit dBi ist eine Verwechselung der logarithmischen mit der linearen Darstellung ausgeschlossen. Zur Schreibvereinfachung entfällt daher im Folgenden stets der Index ℓ.

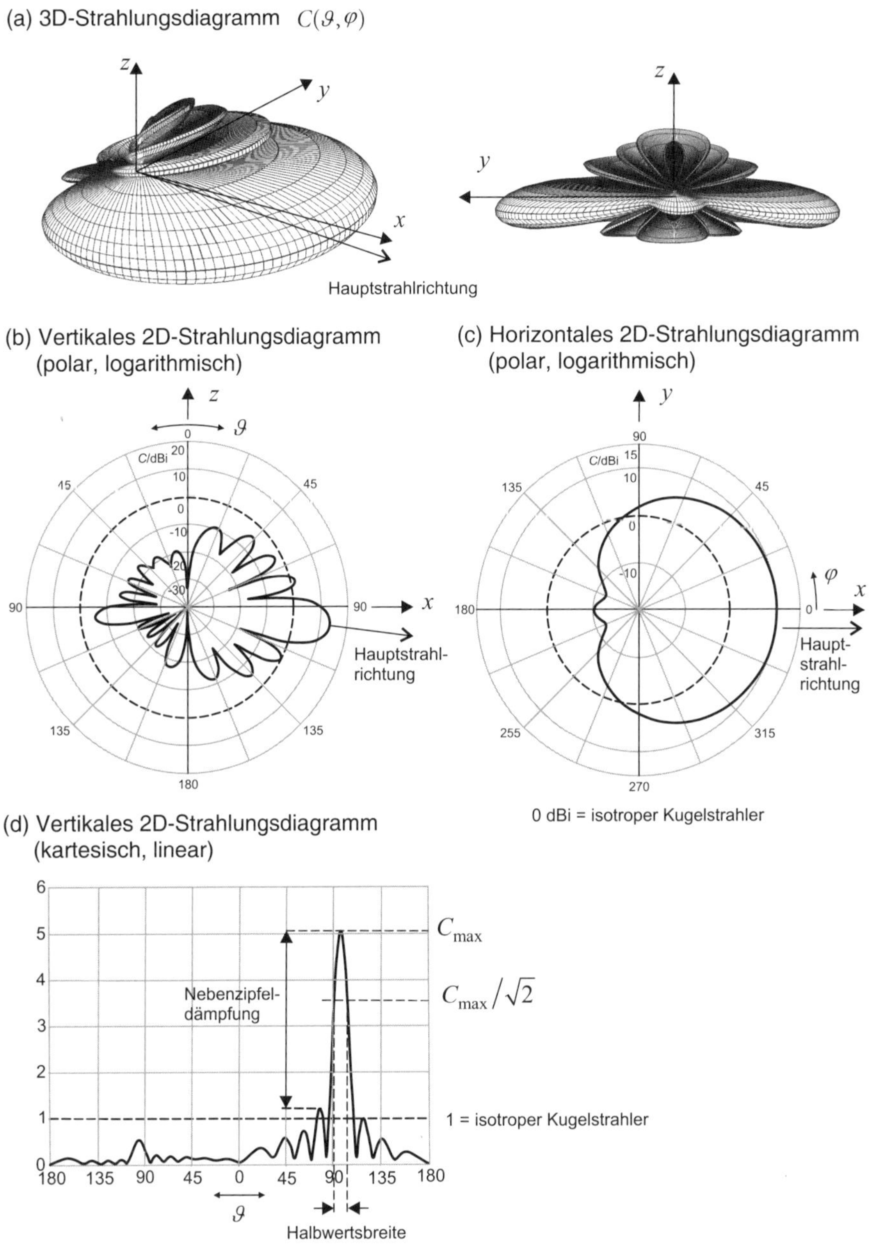

(a) 3D-Strahlungsdiagramm $C(\vartheta, \varphi)$

Hauptstrahlrichtung

(b) Vertikales 2D-Strahlungsdiagramm
(polar, logarithmisch)

(c) Horizontales 2D-Strahlungsdiagramm
(polar, logarithmisch)

Hauptstrahl-
richtung

Haupt-
strahl-
richtung

0 dBi = isotroper Kugelstrahler

(d) Vertikales 2D-Strahlungsdiagramm
(kartesisch, linear)

C_{max}

$C_{max}/\sqrt{2}$

Nebenzipfel-
dämpfung

1 = isotroper Kugelstrahler

Halbwertsbreite

Bild 7.4 (a) 3D-Strahlungsdiagramm $C(\vartheta,\varphi)$; (b) vertikales und (c) horizontales 2D-Strahlungs-diagramm in Polardarstellung und (d) kartesisches 2D-Strahlungsdiagramm

Die Richtcharakteristik und die Richtfunktion veranschaulichen sehr gut den *Sendefall* einer Antenne, gelten jedoch aufgrund der *Reziprozität* (Sende- und Empfangscharakteristik sind gleich) auch im Empfangsfall. Eine Antenne, die in eine bestimmte Raumrichtung *maximal* abstrahlt, ist auch in dieser Richtung als Empfangsantenne maximal empfindlich, d.h. falls das einfallende Wellenfeld aus dieser Richtung einfällt, entnimmt die Antenne dem Feld die maximale Leistung.

Eine Größe, die im *Empfangsfall* gut verständlich ist, ist die *Antennenwirkfläche*, die sich direkt aus dem Richtfaktor D und der Wellenlänge berechnen lässt.

$$\boxed{A_\mathrm{W} = \frac{\lambda^2}{4\pi} D}\quad \text{(Antennenwirkfläche)} \tag{7.12}$$

Fällt eine homogene ebene Welle mit der Strahlungsleistungsdichte S aus Richtung der Hauptstrahlrichtung auf die Antenne, so ist die empfangene Wirkleistung

$$P_\mathrm{E} = A_\mathrm{W} S\ . \tag{7.13}$$

Die Antenne nimmt also die durch die Antennenwirkfläche tretende Strahlungsleistung auf und stellt sie als Empfangsleistung zur Verfügung.

Richtfaktor D und Antennenwirkfläche A_W berücksichtigen die Verluste einer Antenne nicht, sondern nur deren Richtwirkung. Bei einer realen Antenne treten jedoch zwei Verlustmechanismen auf:

- Absorption durch ohmsche oder dielektrische Verluste,
- Anpassungsverluste durch Fehlanpassungen zwischen Quell- und Antennenimpedanz.

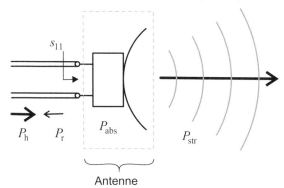

Bild 7.5 Hinlaufende, reflektierte, absorbierte und abgestrahlte Leistung

Bild 7.5 zeigt die Verlustmechanismen auf. Auf die Antenne läuft die Leistung P_h vom Sender zu. Da im Allgemeinen Quell- und Antennenimpedanz nicht ideal übereinstimmen, ist der Reflexionsfaktor $|r| = |s_{11}| > 0$. Die Leistung $P_\mathrm{r} = |s_{11}|^2 P_\mathrm{h}$ wird reflektiert. Von der Antenne wird also nur die Leitung $P_\mathrm{auf} = P_\mathrm{h}(1 - |s_{11}|^2)$ aufgenommen. Diese aufgenommene Leistung wird teilweise absorbiert und in Wärme umgesetzt (P_abs) und teilweise abgestrahlt (P_str). Basierend auf diesen Überlegungen kann ein *Antennenwirkungsgrad* η definiert werden, der die ohmschen und dielektrischen Verluste beschreibt.

$$\boxed{\eta = \frac{P_\mathrm{str}}{P_\mathrm{auf}} = \frac{P_\mathrm{str}}{P_\mathrm{h} - P_\mathrm{r}} = \frac{P_\mathrm{str}}{P_\mathrm{str} + P_\mathrm{abs}}}\quad \text{(Antennenwirkungsgrad)} \tag{7.14}$$

Unter Berücksichtigung der Fehlanpassung kann ein *totaler Wirkungsgrad* η_total definiert werden, der auch noch die Anpassungsverluste einschließt.

$$\boxed{\eta_{\text{total}} = \frac{P_{\text{str}}}{P_{\text{h}}} = \left(1 - |s_{11}|^2\right)\eta} \quad \text{(Totaler Antennenwirkungsgrad)} \tag{7.15}$$

Der *Gewinn G* einer Antenne berücksichtigt im Gegensatz zum Richtfaktor die Verluste und lässt sich aus Antennenwirkungsgrad und Richtfaktor berechnen.

$$\boxed{G = \eta D} \quad \text{(Gewinn)} \tag{7.16}$$

Das Produkt aus Gewinn G und zugeführter Sendeleistung P_{S} wird als *EIRP* (*Equivalent Isotropically Radiated Power*) bezeichnet.

$$EIRP = GP_{\text{S}} \quad \text{bzw.} \quad EIRP/\text{dBm} = 10\lg\left(\frac{GP_{\text{S}}}{1\text{mW}}\right) \tag{7.17}$$

Die Größe *EIRP* gibt die Leistung an, die man einem isotropen Kugelstrahler zuführen muss, damit er – in Hauptstrahlrichtung – die gleiche Strahlungsleistungsdichte erzeugt, wie die Antenne mit dem Gewinn G, die mit der Leistung P_{S} gespeist wird.

Standards für drahtlose Netzwerke geben im Allgemeinen Grenzwerte für die Größe *EIRP* vor [Bala08]. Wird zur Kommunikation eine Antenne mit dem Gewinn G verwendet, so kann nach Gleichung (7.17) die maximal zulässige Sendeleistung P_{S} berechnet werden.

7.1.4 Anpassung und Bandbreite

Am Eingangstor der Antenne ist die allgemein komplexwertige und frequenzabhängige Eingangsimpedanz (Fußpunktimpedanz) Z_{A} sichtbar. Bild 7.6a zeigt einen typischen Verlauf von Real- und Imaginärteil der Eingangsimpedanz über einen größeren Frequenzbereich.

$$Z_{\text{A}} = R_{\text{A}} + jX_{\text{A}} \tag{7.18}$$

Der ohmsche Anteil der Eingangsimpedanz beschreibt die abgestrahlte Wirkleistung und die durch ohmsche und dielektrische Absorption bestimmte Verlustleistung.

$$R_{\text{A}} = R_{\text{str}} + R_{\text{abs}} \tag{7.19}$$

Wird die Antenne über eine Leitung mit einem Leitungswellenwiderstand Z_{L} gespeist, so ergibt sich der Reflexionsfaktor wie aus Abschnitt 3.1.10 bekannt durch:

$$r_{\text{A}} = s_{11} = \frac{Z_{\text{A}} - Z_{\text{L}}}{Z_{\text{A}} + Z_{\text{L}}} . \tag{7.20}$$

Bild 7.6b zeigt den zur nebenstehenden Antennenimpedanz gehörenden Betrag des Eingangsreflexionsfaktors bei einem Bezugswiderstand von $Z_{\text{L}} = 50\,\Omega$. Im Betriebsfrequenzbereich wird man bemüht sein, den Reflexionsfaktor möglichst klein zu halten. Je nachdem welchen maximalen Betrag des Reflexionsfaktors man zulässt (typische Werte sind: $-6\,\text{dB}$, $-10\,\text{dB}$ und $-20\,\text{dB}$), besitzt die Antenne unterschiedlich große Frequenzbereiche (*Bandbreiten B*), in denen sie betrieben werden kann.

Ziel des Antennenentwurfs ist es, die Eingangsimpedanz an die Quell- oder Bezugsimpedanz anzupassen. Durch konstruktive Maßnahmen (z.B. Lage des Speisepunktes) ist dies bei vielen Antennentypen (siehe z.B. *Patch*-Antenne in Abschnitt 7.5.1.3) möglich.

Falls es nicht gelingt, die Antennenimpedanz hinreichend an die Bezugsimpedanz anzunähern, so kann durch ein zusätzliches Anpassnetzwerk der Reflexionsfaktor minimiert werden. Dieses Anpassnetzwerk bedeutet aber einen zusätzlichen Schaltungsaufwand.

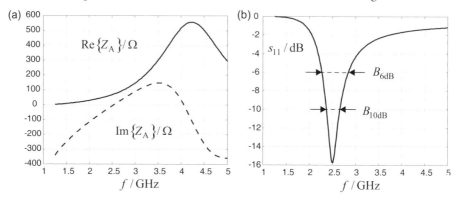

Bild 7.6 (a) Eingangsimpedanz und (b) Eingangsreflexionsfaktor (Bezugsimpedanz 50 Ω) einer Antenne

Die Bandbreite einer Antenne wird in der Regel aber nicht nur an der oben beschriebenen Bedingung der Impedanzanpassung festgemacht, sondern bezieht auch die Konstanz anderer wichtiger Antenneneigenschaften wie Richtung der Hauptkeule, Gewinn und Polarisation ein. Eine breitbandige Antenne zeichnet sich dadurch aus, dass sich ihre wesentlichen Eigenschaften über einem weiten Frequenzbereich nur in einem vorgegebenen Rahmen ändern.

7.2   Praktische Antennenbauformen

Antennen erscheinen in einer Vielzahl von Bauformen, denn je nach technischer Anforderung und Betriebs-Frequenzbereich ergeben sich unterschiedliche Lösungen. Bild 7.7 zeigt eine kleine Übersicht an typischen Antennengeometrien. Antennenparameter, die optimiert werden können, sind zum Beispiel: die Bandbreite, der Gewinn oder ein speziell vorgegebenes Abstrahlverhalten. Oft ergeben sich aber auch zusätzliche Anforderungen, wie geringe Baugröße oder kostengünstiger bzw. vorgegebener Herstellungsprozess.

Der *Dipol* in Bild 7.7a stellt eine einfache, rundstrahlende Antenne dar und besteht lediglich aus zwei metallischen Dipolarmen mit einer Speisestelle in der Mitte. Besitzt der Dipol die Abmessung einer halben Wellenlänge, so stellen sich aufgrund der Resonanz besonders günstige Verhältnisse in Hinsicht auf Abstrahlung und Anpassung an eine übliche Speiseleitung (Leitungswellenwiderstand 50 Ω oder 75 Ω) ein.

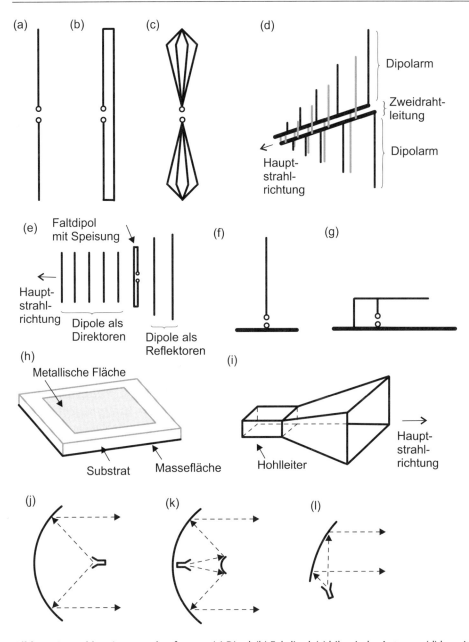

Bild 7.7 Auswahl an Antennenbauformen: (a) Dipol, (b) Faltdipol, (c) bikonische Antenne, (d) logarithmisch-periodische Dipolantenne, (e) Yagi-Uda-Antenne, (f) Monopol, (g) *Inverted-F*-Antenne, (h) *Patch*-Antenne, (i) Hornantenne, (j) Parabolantenne, (k) Parabolantenne mit Subreflektor (Cassegrain), (l) Parabolantenne mit *Offset*-Speisung (Muschelantenne)

Ergänzt man den Dipol um ein in unmittelbarer Nähe parallel verlaufendes Element, so erhält man den *Faltdipol* in Bild 7.7b mit einem erhöhten Wert der Eingangsimpedanz. Dies kann vorteilhaft sein, wenn eine Speiseleitung mit höherem Leitungswellenwiderstand verwendet wird oder sich aufgrund eines Symmetriergliedes die Impedanz vergrößert.

Um die Bandbreite eines Dipols zu steigern, können die Leiter konisch mit wachsendem Querschnitt ausgeführt werden, dies führt zur *bikonischen Antenne* in Bild 7.7c. Bikonische Antennen werden zum Beispiel im Bereich der EMV-Messtechnik bei niedrigen Frequenzen eingesetzt.

Dipole werden häufig als Grundelemente verwendet, um komplexere Antennensysteme zu bauen. Die *logarithmisch-periodische Dipolantenne* (LPDA) besteht aus einer Zweidrahtleitung, an der Dipole alternierend, mit wachsender Länge und mit zunehmendem Abstand zueinander angeordnet sind (Bild 7.7d). Die Bezeichnung der Antenne rührt her von einem logarithmischen Gesetz, welches die Lage der Dipole längs der Leitung festlegt. Wird an der Spitze der Antenne ein Signal eingespeist, so läuft es zunächst längs der Leitung, bis es den Bereich erreicht, wo die Länge der Dipole in etwa der halben Wellenlänge des Signals entspricht. In diesem Antennenbereich wird das Signal dann abgestrahlt. Die strahlende Zone der Antenne hängt also von der Frequenz ab und liegt bei höheren Frequenzen näher an der Spitze und bei tieferen Frequenzen im Bereich der langen Dipole am Ende der Zweidrahtleitung. Die Antenne zeichnet sich durch eine hohe Bandbreite (bestimmt durch die Längen der Dipole) aus und wird zum Beispiel bei EMV-Messungen im mittleren Frequenzbereich eingesetzt.

Steht nicht die Bandbreite im Vordergrund, sondern ein hoher Gewinn, so können Dipole zu einer *Yagi-Uda-Antenne* (Bild 7.7e) kombiniert werden. Diese Antenne besitzt einen gespeisten Strahler (Faltdipol oder Dipol) und wird ergänzt um Direktoren (verkürzte Dipole in Hauptstrahlrichtung) und Reflektoren (verlängerte Dipole in rückwärtiger Richtung). Das Zusammenspiel zwischen Speiseelement, Direktoren und Reflektoren geschieht mittels Strahlungskopplung. Im Gegensatz zur logarithmisch-periodischen Antenne gibt es hier keine gemeinsame Leitung. Die Yagi-Uda-Antennen waren lange Zeit die Standardantennen für terrestrischen TV-Empfang und auf vielen Hausdächern anzutreffen.

Die Dipolantenne aus Bild 7.7a und ihre elektromagnetische Feldverteilung besitzen eine horizontale Symmetriefläche auf Höhe der Speisung. Die Feldverteilung in der oberen Hälfte wird nicht gestört, wenn die ebene Symmetriefläche durch eine ausgedehnte metallische Massefläche ersetzt wird. Wir erhalten damit den *Monopol* in Bild 7.7f. Die Höhe des Monopols beträgt nun nur noch ein Viertel der Wellenlänge. Der Monopol lässt sich gut als Empfangsantenne auf metallischen Gehäusen einsetzen (z.B. Rundfunkempfang in Fahrzeugen).

Die große Bauhöhe einer Viertelwellenlänge bei einem Monopol ist oft hinderlich, wenn eine Antenne in ein Gerät integriert werden soll. Die *Inverted-F-Antenne* (IFA) in Bild 7.7g zeigt hier eine reduzierte Bauhöhe. Die Antenne leitet sich von einem Monopol ab, der geknickt und dessen Speisung verändert wird. *Inverted-F*-Antennen lassen sich hervorragend in planare Schaltungen integrieren und werden daher zum Beispiel bei Bluetooth-Anwendungen eingesetzt.

Die *Patch-Antenne* in Bild 7.7h weist ebenfalls eine geringe Bauhöhe auf und kann gut integriert werden. Sie besteht aus einer häufig rechteckigen Metallfläche auf einer dünnen nichtleitenden Substratschicht. Die Rückseite des Substrates stellt die Massefläche dar. *Patch*-Antennen besitzen eine kleine Bandbreite, sind jedoch aufgrund der Permittivität des Substrates gut miniaturisierbar und können kostengünstig hergestellt werden. Mit *Patch-*

Antennen lassen sich Einzel- und Gruppenantennen sehr effizient aufbauen (siehe Abschnitt 7.6), z.B. für Radaranwendungen oder als Reader-Antennen für die RFID-Technik [Fink08] [Dobk08].

Ab einer Frequenz von etwa einem Gigahertz können *Hornantennen* verwendet werden. Diese bestehen aus einem sich pyramidenförmig aufweitenden Hohlleiter (Bild 7.7i) und besitzen mit zunehmender Hornlänge wachsende Gewinnwerte. Hornantennen werden zum Beispiel in Speisesystemen von Parabolantennen oder in der EMV-Messtechnik bei höheren Frequenzen verwendet.

Parabolantennen bestehen aus einem Reflektor mit einer paraboloidförmigen Fläche. Die Reflektorfläche ist im Allgemeinen deutlich größer als die Betriebswellenlänge, so dass näherungsweise von einer strahlförmigen Ausbreitung elektromagnetischer Wellen ausgegangen werden kann. Wie im optischen Bereich werden Strahlen, die von einem Brennpunkt ausgehen, zu achsenparallelen Strahlen (Bild 7.7j). Befindet sich im Brennpunkt eine Antenne, so kann mit einer solchen Antenne ein hoher Gewinn realisiert werden. Anwendung finden diese Bauformen zum Beispiel bei Satellitenfunkstrecken.

Bei Verwendung eines konvexen Subreflektors (Bild 7.7k) erhält man eine Cassegrain-Parabolantenne. Die Speiseantenne liegt dann kurz vor dem Parabolspiegel oder ist in diesen integriert. Sowohl bei der einfachen Parabolantenne als auch bei der Parabolantenne mit Subreflektor wird ein Teil des Parabolspiegels durch den Empfänger oder Subreflektor abgeschattet. Die Abschattung lässt sich durch eine Offsetspeisung vermeiden, bei der die Speiseantenne außerhalb des Strahlengangs angebracht ist und nur ein Teil der Paraboloidfläche als Reflektor verwendet wird (Bild 7.7l). Es verbleibt ein muschelförmiges Stück der Reflektorfläche, weshalb auch die Bezeichnung Muschelantenne üblich ist. Muschelantennen werden häufig bei Richtfunkverbindungen eingesetzt.

7.3 Mathematische Behandlung des Hertzschen Dipols

Beim *Hertzschen Dipol* handelt es sich um ein strahlendes infinitesimal kleines Stromelement. Für dieses Problem kann eine mathematisch geschlossene Lösung angegeben werden [Kark10] [Bala97]. Praktische Bedeutung erlangt dieses Modell, da man sich viele technische Antennenstrukturen als aus solchen kleinen Stromelementen zusammengesetzt denken kann. Wesentliche Antenneneigenschaften lassen sich am Beispiel des Hertzschen Dipols mathematisch nachvollziehbar erläutern.

Bild 7.8a zeigt den Aufbau des Strahlers. Längs der z-Achse fließt der Strom I auf einer Länge ℓ. Die Länge ℓ soll gegen null tendieren, allerdings soll das Produkt aus Strom und Länge endlich sein. Am Ende des Stromes entstehen dann die Ladungen Q und $-Q$. Wir betrachten eine harmonische Zeitabhängigkeit und rechnen daher mit komplexen Größen.

Die Berechnung der Feldgrößen E und H erfolgt zweckmäßigerweise über das magnetische Vektorpotential $\vec{A}$, welches sich aus der Quellstromdichteverteilung $\vec{J}$ berechnen lässt [Zink00] [Kark10].

$$\vec{A}(\vec{r}) = \frac{\mu_0}{4\pi} \iiint\limits_{V'} \frac{\vec{J}e^{-jk|\vec{r}-\vec{r}'|}}{|\vec{r}-\vec{r}'|} dV' \quad \text{(Magnetisches Vektorpotential)} \tag{7.21}$$

Die gestrichenen Größen $(\vec{r}', V')$ bezeichnen die Koordinaten des Quellpunktes, die ungestrichene Größe $\vec{r}$ die Koordinaten des Aufpunktes.

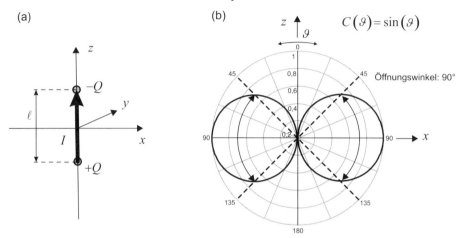

Bild 7.8 Hertzscher Dipol: (a) Aufbau und (b) vertikaler Schnitt durch die normierte Richtfunktion in einer *E*-Ebene

Aus dem magnetischen Vektorpotential und unter Verwendung der Lorenz-Eichung

$$\text{div}\vec{A} = -j\omega\mu_0\varepsilon_0\varphi \tag{7.22}$$

lassen sich dann in einem zweiten Schritt das magnetische Feld $\vec{H}$

$$\vec{H} = \frac{1}{\mu_0}\text{rot}\vec{A} \tag{7.23}$$

und das elektrische Feld $\vec{E}$ bestimmen:

$$\vec{E} = -\text{grad}\varphi - j\omega\vec{A} = \frac{\text{grad div}\vec{A}}{j\omega\mu_0\varepsilon_0} - j\omega\vec{A} \quad . \tag{7.24}$$

Berechnen wir zunächst das magnetische Vektorpotential nach Gleichung (7.21). Das Integral erstreckt sich über das Quellvolumen V'. Die Berechnung können wir einfach in kartesischen Koordinaten durchführen. Für den Aufpunkt $\vec{r}$ und Quellpunkt $\vec{r}'$ gelten:

$$\vec{r} = \begin{pmatrix} x \\ y \\ z \end{pmatrix} \quad \text{und} \quad \vec{r}' = \begin{pmatrix} 0 \\ 0 \\ z' \end{pmatrix} \quad \Rightarrow \quad |\vec{r}-\vec{r}'| = \left\| \begin{pmatrix} x \\ y \\ z-z' \end{pmatrix} \right\| = \sqrt{x^2 + y^2 + (z-z')^2} \quad . \tag{7.25}$$

Hiermit folgt

$$\vec{A}(\vec{r}) = \frac{\mu_0}{4\pi} \int\limits_{-\ell/2}^{\ell/2} \int\limits_{F'_{xy}} \int \frac{\vec{J} e^{-jk\sqrt{x^2+y^2+(z-z')^2}}}{\sqrt{x^2+y^2+(z-z')^2}} dx' dy' dz' \quad . \tag{7.26}$$

Aufgrund der infinitesimal kleinen Abmessungen $\ell \to 0$ gehen Aufpunktsvektor und Differenz aus Aufpunktsvektor und Quellpunktsvektor ineinander über.

$$|\vec{r} - \vec{r}'| = \sqrt{x^2 + y^2 + (z-z')^2} \to |\vec{r}| = \sqrt{x^2+y^2+z^2} = r \tag{7.27}$$

Die Integration über die Querschnittsfläche F'_{xy} liefert den Strom I:

$$\iint\limits_{F'_{xy}} \vec{J} dx' dy' = I \vec{e}_z \quad . \tag{7.28}$$

Wir erhalten damit für das magnetische Vektorpotential des Hertzschen Dipols:

$$\boxed{\vec{A}(\vec{r}) = \frac{\mu_0 I \ell}{4\pi} \cdot \frac{e^{-jk\sqrt{x^2+y^2+z^2}}}{\sqrt{x^2+y^2+z^2}} \vec{e}_z = \frac{\mu_0 I \ell}{4\pi} \cdot \frac{e^{-jkr}}{r} \vec{e}_z} \quad \text{(Magn. Vektorpotential)}. \tag{7.29}$$

Das magnetische Vektorpotential besitzt – ebenso wie die Quellstromdichte – nur eine z-Komponente.

Für die Berechnung der Felder ist es sinnvoll, auf Kugelkoordinaten überzugehen. Hierzu drücken wir den Einheitsvektor in z-Richtung gemäß Anhang A durch die Einheitsvektoren in Kugelkoordinaten aus.

$$\vec{e}_z = \vec{e}_r \cos\vartheta - \vec{e}_\vartheta \sin\vartheta \tag{7.30}$$

Das Vektorpotential hat also eine r- und eine ϑ-Komponente. Für die Auswertung der Zusammenhänge in den Gleichungen (7.23) und (7.24) benötigen wir die Rotation-, Divergenz- und Gradientoperatoren in Kugelkoordinaten aus dem Anhang A. Diese lauten:

$$\text{rot} \vec{A} = \frac{1}{r\sin\vartheta} \left(\frac{\partial(A_\varphi \sin\vartheta)}{\partial\vartheta} - \frac{\partial A_\vartheta}{\partial\varphi} \right) \vec{e}_r +$$
$$\frac{1}{r} \left[\frac{1}{\sin\vartheta} \frac{\partial A_r}{\partial\varphi} - \frac{\partial(rA_\varphi)}{\partial r} \right] \vec{e}_\vartheta + \frac{1}{r} \left(\frac{\partial(r A_\vartheta)}{\partial r} - \frac{\partial A_r}{\partial\vartheta} \right) \vec{e}_\varphi \tag{7.31}$$

$$\text{div} \vec{A} = \frac{1}{r^2} \frac{\partial(r^2 A_r)}{\partial r} + \frac{1}{r\sin\vartheta} \frac{\partial(A_\vartheta \sin\vartheta)}{\partial\vartheta} + \frac{1}{r\sin\vartheta} \frac{\partial A_\varphi}{\partial\varphi} \tag{7.32}$$

$$\text{grad}\phi = \nabla\phi = \frac{\partial\phi}{\partial r} \vec{e}_r + \frac{1}{r} \frac{\partial\phi}{\partial\vartheta} \vec{e}_\vartheta + \frac{1}{r\sin\vartheta} \frac{\partial\phi}{\partial\varphi} \vec{e}_\varphi \quad . \tag{7.33}$$

Beim Einsetzen des magnetischen Vektorpotentials in die obigen Beziehungen ergeben sich Vereinfachungen, da das Vektorpotential keine φ-Komponente besitzt. Zudem werden alle Ableitungen nach der Koordinate φ null, da das Vektorpotential nicht von φ abhängt.

Für die Felder erhalten wir nach kurzer Rechnung (Übung 7.4) die Feldkomponenten:

$$H_\varphi = \frac{I\ell}{4\pi} \cdot \frac{e^{-jkr}}{r^2}(1+jkr)\sin\vartheta$$

$$H_r = H_\vartheta = 0$$

$$E_r = \frac{I\ell}{j2\pi\omega\varepsilon} \cdot \frac{e^{-jkr}}{r^3}(1+jkr)\cos\vartheta \qquad \text{(Felder des Hertzschen Dipols).} \qquad (7.34)$$

$$E_\vartheta = \frac{I\ell}{j4\pi\omega\varepsilon} \cdot \frac{e^{-jkr}}{r^3}\left(1+jkr-(kr)^2\right)\sin\vartheta$$

$$E_\varphi = 0$$

Bei Antennen ist das Verhalten im Fernfeld entscheidend. In den Klammern der Ausdrücke für die Feldstärkekomponenten taucht der Term kr in unterschiedlichen Potenzen (0,1,2) auf. Für größer werdende Abstände r setzt sich der Term mit höchster Potenz durch. Die magnetische Feldstärke ist so proportional zu $1/r$. Die radiale Komponente des elektrischen Feldes ist proportional zu $1/r^2$ und kann so gegen die ϑ-Komponente, die proportional zu $1/r$ ist, vernachlässigt werden. Wir erhalten im Fernfeld für $kr \gg 1$:

$$H_\varphi = j\frac{kI\ell}{4\pi} \cdot \frac{e^{-jkr}}{r}\sin\vartheta$$

$$H_r = H_\vartheta = 0$$

$$E_r = 0 \qquad \text{(Fernfeld $(kr \gg 1)$ des Hertzschen Dipols).} \qquad (7.35)$$

$$E_\vartheta = j\frac{I\ell k^2}{4\pi\omega\varepsilon} \cdot \frac{e^{-jkr}}{r}\sin\vartheta$$

$$E_\varphi = 0$$

Das Verhältnis von E zu H liefert mit $k = \omega\sqrt{\mu_0\varepsilon_0}$ gerade den Feldwellenwiderstand des freien Raumes.

$$\frac{E_\vartheta}{H_\varphi} = \frac{k}{\omega\varepsilon_0} = \frac{\omega\sqrt{\mu_0\varepsilon_0}}{\omega\varepsilon_0} = \sqrt{\frac{\mu_0}{\varepsilon_0}} = Z_{F0} \qquad (7.36)$$

Aus Gleichung (7.35) erhalten wir Folgendes für die normierte Richtcharakteristik C bzw. für die Richtfunktion D.

$$\boxed{C(\vartheta) = \sin(\vartheta)} \quad \text{und} \quad \boxed{\frac{D(\vartheta)}{\max\{D(\vartheta)\}} = \sin^2(\vartheta)} \qquad (7.37)$$

Bild 7.8b zeigt einen vertikalen Schnitt durch die normierte Richtfunktion. Der in z-Richtung orientierte Hertzsche Dipol zeigt keine Abstrahlung in z-Richtung und maximale Abstrahlung in der xy-Ebene. Der vertikale 3-dB-Öffnungswinkel beträgt gerade 90°.

Der komplexe Poynting-Vektor hat nur eine radiale Komponente und ergibt sich zu

$$\vec{S} = \frac{1}{2}\vec{E} \times \vec{H}^* = \frac{1}{2}E_\vartheta H_\varphi^* \vec{e}_r \ , \tag{7.38}$$

mit

$$S_r = \frac{(I\ell)^2 k^3}{2(4\pi)^2 \omega\varepsilon_0 r^2}\sin^2\vartheta = \frac{(I\ell)^2 k^2 Z_{F0}}{2(4\pi)^2 r^2}\sin^2\vartheta = \frac{I^2}{8r^2}\left(\frac{\ell}{\lambda}\right)^2 Z_{F0}\sin^2\vartheta \in \mathbb{R} \ . \tag{7.39}$$

Der Realteil des Poynting-Vektors beschreibt die transportierte Wirkleistungsdichte. Wir erhalten die gesamte abgestrahlte Leitung *P*, indem wir im Fernfeld über eine kugelförmige Oberfläche integrieren.

$$\begin{aligned} P &= \oiint_{A(\text{Kugel})} \vec{S}\cdot d\vec{A} = \int_0^\pi \int_0^{2\pi} \frac{I^2}{8r^2}\left(\frac{\ell}{\lambda}\right)^2 Z_{F0}\sin^2\vartheta \underbrace{r^2\sin\vartheta\, d\vartheta\, d\varphi}_{dA} \\ &\quad \frac{2\pi I^2}{8}\left(\frac{\ell}{\lambda}\right)^2 Z_{F0}\int_0^\pi \sin^2\vartheta\, d\vartheta \\ &= \frac{\pi I^2}{4}\left(\frac{\ell}{\lambda}\right)^2 Z_{F0}\underbrace{\left[-\cos\vartheta + \frac{1}{3}\cos^3\vartheta\right]_0^\pi}_{4/3} = \frac{\pi I^2}{3}\left(\frac{\ell}{\lambda}\right)^2 Z_{F0} \end{aligned} \tag{7.40}$$

Setzen wir die abgestrahlte Leistung gleich der Leistung in einem Widerstand R_S (*Strahlungswiderstand*), der vom gleichen Strom *I* wie der Hertzsche Dipol durchflossen wird, so erhalten wir:

$$P_S = \frac{1}{2}R_S I^2 = \frac{\pi I^2}{3}\left(\frac{\ell}{\lambda}\right)^2 Z_{F0} \ . \tag{7.41}$$

Mit $Z_{F0} = 120\pi\,\Omega$ können wir für den Strahlungswiderstand auch schreiben:

$$\boxed{R_S = \frac{2\pi}{3}\left(\frac{\ell}{\lambda}\right)^2 Z_{F0} \approx 790\left(\frac{\ell}{\lambda}\right)^2\,\Omega} \quad \text{(Strahlungswiderstand).} \tag{7.42}$$

Den Richtfaktor *D* des Hertzschen Dipols können wir mit den Gleichungen (7.39) und (7.41) einfach berechnen.

$$D = \max\{D(\vartheta)\} = \max\left\{\frac{S(r,\vartheta)}{S_i}\right\} = \max\left\{4\pi r^2\frac{S(r,\vartheta)}{P_S}\right\} = \max\{1,5\cdot\sin^2(\vartheta)\} = 1,5 \tag{7.43}$$

Reale Antennen weisen im Gegensatz zum Hertzschen Dipol eine endliche Länge auf. Wir wollen in dem folgenden Abschnitt untersuchen, welches Verhalten sich einstellt, wenn wir die Länge der Antenne vergrößern.

7.4 Drahtantennen

7.4.1 Halbwellendipol

Der Hertzsche Dipol mit einer verschwindend kleinen Länge kann nicht realisiert werden. Wir untersuchen daher nun Dipole mit realisierbaren und technisch bedeutsamen Abmessungen. Zunächst betrachten wir in Bild 7.9 das Verhalten eines dünnen Dipols endlicher Länge ($\ell = 53\,\text{mm}$) über der Frequenz.

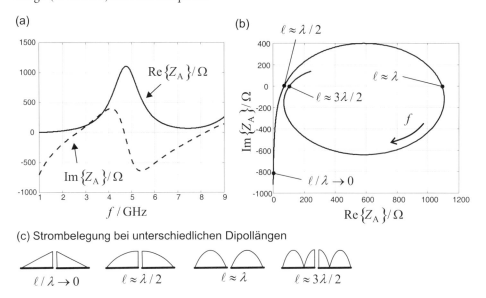

Bild 7.9 Eingangsimpedanz von dünnen Dipolantennen unterschiedlicher Länge

Bild 7.9a und b zeigen Real- und Imaginärteil der Eingangsimpedanz Z_A sowie die Ortskurve in der komplexen Impedanzebene.

- Für niedrige Frequenzen ($\ell/\lambda \to 0$) ist der Realteil der Eingangsimpedanz klein und der Imaginärteil negativ: Es ergibt sich ein kapazitives Verhalten. Die Strombelegung auf einem Dipolarm ist linear ansteigend mit einer Nullstelle am Ende (Bild 7.9c).
- Kommt die Länge in den Bereich der halben Freiraumwellenlänge ($\ell \approx \lambda/2$), so ergibt sich die erste Resonanz (Im$\{Z_A\} = 0$) mit einer Eingangsimpedanz von ca. 73,2 Ω [Voge04]. Die Strombelegung ist hier in etwa cosinusförmig mit einem Maximum an der Speisestelle in der Mitte.
- Steigt die Frequenz weiter an, so erhalten wir ein ohmsch-induktives Verhalten, bis schließlich bei einer Länge, die ungefähr der Freiraumwellenlänge ($\ell \approx \lambda$) entspricht, eine hochohmige Resonanz auftritt. Die Strombelegung zeigt über die Länge gesehen zwei Maxima. An der Speisestelle in der Mitte taucht ein Minimum auf.
- Bei der 1,5-fachen Freiraumwellenlänge ($\ell \approx 3\lambda/2$) tritt schließlich wieder eine niederohmige Resonanz auf. Die Strombelegung weist insgesamt drei Strombäuche auf. Im Bereich der Speisestelle liegt wieder ein Maximum.

Wir betrachten im Weiteren den technisch wichtigen Fall eines Dipols mit der Länge einer halben Wellenlänge (Bild 7.10a). Ebenso wie bei der $\lambda/2$-langen Leitung in Abschnitt 6.2.1 erkennen wir ein resonantes Verhalten. Die sich einstellende Stromverteilung ist cosinusförmig mit einem Maximum an den Klemmen und Nullstellen an den Enden des Dipols (Bild 7.10b). Der Stromfluss führt zu einem umlaufenden magnetischen Feld nach Bild 7.10c. Das Potential verläuft sinusförmig mit einem Maximum an den Enden (Bild 7.10d). Folglich sind die Feldlinien der elektrischen Feldstärke von einem Dipolarm zum anderen Dipolarm gerichtet (Bild 7.10e).

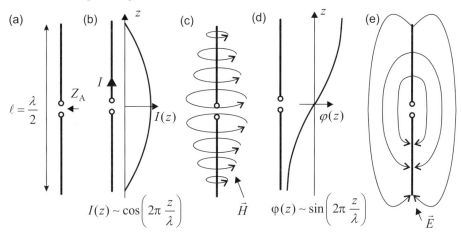

Bild 7.10 Halbwellendipol: (a) Aufbau, (b) Stromverteilung, (c) Verlauf des magnetischen Feldes, (d) Potentialverteilung, (e) Verlauf des elektrischen Feldes

Bei den gemachten Annahmen über den cosinusförmig verlaufenden Strom können die Felder berechnet werden [Kark10] [Detl09] [Zink00]. Hierüber gewinnt man die normierte Richtcharakteristik C und den Richtfaktor D.

$$C(\vartheta) = \frac{\cos^2\left(\dfrac{\pi}{2}\cos(\vartheta)\right)}{\sin(\vartheta)} \qquad \boxed{D = 1{,}64} \tag{7.44}$$

Bild 7.11a zeigt das vertikale Strahlungsdiagramm des Halbwellendipols im Vergleich zum Hertzschen Dipol. Der Halbwellendipol erzielt eine geringfügig größere Richtwirkung, die sich in einem leicht erhöhten Richtfaktor ($D_{\text{Ha}} = 1{,}64$ gegenüber $D_{\text{He}} = 1{,}5$) bemerkbar macht. In der dreidimensionalen Darstellung der Richtcharakteristik (Bild 7.11b) erkennen wir anschaulich das rundstrahlende Verhalten des Halbwellendipols.

7.4.2 Monopol

Sieht man sich die Verteilung des elektrischen Feldes eines Dipols in Bild 7.12a an, so erkennt man eine horizontale Symmetriefläche, auf der dieses Feld senkrecht steht. Wir können, ohne die Verhältnisse zu ändern, eine ideal leitende Fläche (elektrische Wand) einziehen und erhalten so oberhalb wie unterhalb der Symmetrieebene einen Monopol über einer leitenden Ebene.

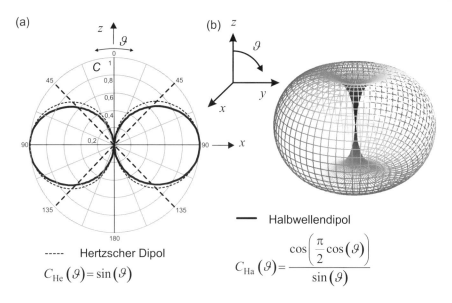

Halbwellendipol

$$C_{\mathrm{Ha}}\left(\vartheta\right)=\frac{\cos\left(\dfrac{\pi}{2}\cos\left(\vartheta\right)\right)}{\sin\left(\vartheta\right)}$$

Hertzscher Dipol

$$C_{\mathrm{He}}\left(\vartheta\right)=\sin\left(\vartheta\right)$$

Bild 7.11 (a) Vertikales Strahlungsdiagramm des Hertzschen Dipols und des Halbwellendipols, (b) 3D-Strahlungsdiagramm des Halbwellendipols

Der Strom in die Eingangsklemmen ändert sich durch die elektrische Wand nicht, die Spannung wird jedoch halbiert. Dies führt dazu, dass die Eingangsimpedanz Z_{AM} des Monopols nur halb so groß ist wie die Eingangsimpedanz Z_{AD} des Dipols.

$$Z_{\mathrm{AM}}=\frac{1}{2}Z_{\mathrm{AD}} \qquad\qquad\qquad (7.45)$$

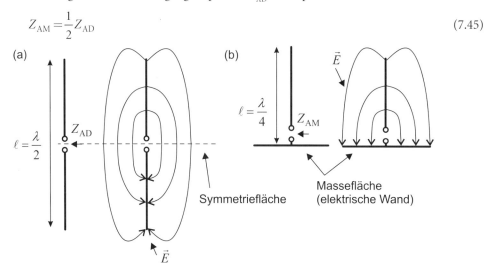

Bild 7.12 Prinzipielle Anordnung und Verteilung des elektrischen Feldes bei (a) einem dünnen Dipol mit Symmetrieebene und (b) einem dünnen Monopol über einer ebenen Massefläche

Bei gleicher eingespeister Leistung ist die Strahlungsleistungsdichte des Monopols doppelt so groß wie die des Dipols, denn der Monopol strahlt nur in den oberen Halbraum. Der Richtfaktor des Monopols hat also den doppelten Wert.

$$D_{\mathrm{M}} = 2D_{\mathrm{D}} = 3{,}28 \stackrel{\wedge}{=} 2{,}15\,\mathrm{dBi} + 3\,\mathrm{dB} = 5{,}15\,\mathrm{dBi} \tag{7.46}$$

Ein Monopol kann sehr einfach durch eine Koaxialleitung gespeist werden (Bild 7.13). Hierzu wird der Innenleiter durch die Massefläche zum Monopol geführt. Der Außenleiter der Koaxialleitung wird mit der Massefläche verbunden.

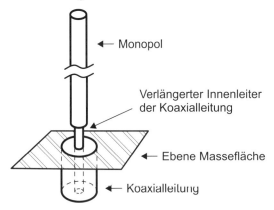

Bild 7.13 Speisung eines Monopols über eine Koaxialleitung durch die Massefläche

7.4.3 Verkürzung von Monopolantennen

Soll eine Monopolantenne in einem technischen Gerät wie einem Automobil oder Funktelefon verbaut werden, so ist die Bauhöhe der Antenne von einer Viertelwellenlänge oft unpraktisch. Interessant sind daher Möglichkeiten der Verkürzung von Monopolantennen, so dass diese eine kompaktere Bauform erhalten und sich in Gerätegehäuse integrieren lassen.

Bild 7.14a zeigt den ursprünglichen Monopol, der aus einem dünnen, $\lambda/4$-langen Leiter besteht. Wird – wie in Bild 7.14b dargestellt – die Querschnittsfläche des Leiters deutlich erhöht, so ergibt sich bereits eine leichte Reduzierung der Länge. Vor allem aber wird die Antenne breitbandiger und ist damit in einem größeren Frequenzbereich angepasst.

Eine Monopolantenne, die kürzer als die Viertelwellenlänge ist, verhält sich kapazitiv (siehe Abschnitt 7.3.2). Wird nun, um die Bauhöhe zu verringern, eine verkürzte Antenne verwendet, so kann durch Einsatz einer geeigneten Fußpunktsinduktivität L (Bild 7.14c) die Eingangsimpedanz Z_{A} wieder reell werden.

In Bild 7.14d wird die Antennenlänge durch eine Dachkapazität reduziert. Durch Aufwickeln des Leiters entsteht eine Helixantenne (Bild 7.14e). Besonders für die Integration in ein Gehäuse ist die in Bild 7.14f gezeigte *Inverted-F*-Antenne geeignet, deren Name sich direkt aus der Form der Antenne ableitet. Die Gesamtlänge $h + \ell$ liegt im Bereich einer Viertelwellenlänge. Die Anpassung kann durch geeignete Wahl der Höhe h und der Entfernung d zwischen Speisepunkt und Masseverbindung erfolgen. Einige der Konzepte werden in Übung 7.2 untersucht.

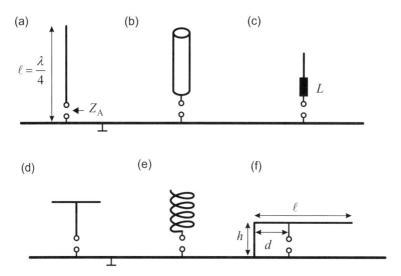

Bild 7.14 Möglichkeiten der Verkürzung: (a) ursprünglicher Monopol, (b) dicker Monopol, (c) Fuß-
punktinduktivität, (d) Dachkapazität, (e) Helix, (f) *Inverted-F*-Antenne

7.5   Planare Antennen

Planare Antennen werden wie Mikrostreifenleitungsfilter als zweidimensionale Metallisie-
rungen auf einem Substrat realisiert [Garg01] [Bala08] [Bäch99]. *Patch*-Antennen können
unterschiedliche Formen (z.B. rechteckig, rund, dreieckig) besitzen. Am gebräuchlichsten
sind rechteckige *Patch*-Antennen (Bild 7.15), die wir im nachfolgenden Abschnitt näher
betrachten.

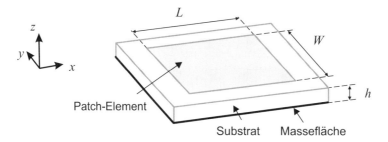

Bild 7.15 Geometrie einer rechteckigen *Patch*-Antenne

Patch-Antennen haben eine Reihe positiver Eigenschaften: Der bei planaren Schaltungen
übliche (kostengünstige) Herstellungsprozess kann auch für die Antenne verwendet werden.
Die Antennen sind flach, leicht und robust. Sie sind gegebenenfalls *konform* in Oberflächen
von Gehäusen und Fahrzeugen integrierbar, d.h. die Form der Antenne wird dem Oberflä-
chenverlauf angepasst. Die Abmessungen der Antenne sind vergleichbar klein, da die effektive Dielektrizitätszahl der Struktur zu einer Verringerung der effektiven Wellenlänge führt.
Nachteilig sind bei *Patch*-Antennen die geringe Bandbreite (wenige Prozent) und die hohen
Antennenverluste.

7.5.1 Rechteckige Patch-Antenne

7.5.1.1 Abstrahlung eines Patch-Elementes

Eine rechteckige *Patch*-Antenne besteht aus einem rechteckigen metallischen Streifen (Länge L und Breite W) auf einem lateral ausgedehnten Substrat, dessen Rückseite vollständig metallisiert ist (Bild 7.15). Das Substrat besitzt die Höhe h und die relative Dielektrizitätszahl ε_r. Als *Substratmaterialien* kommen die bereits in Abschnitt 4.3 aufgeführten Materialien in Frage. Die Auswahl des Substratmaterials beeinflusst bereits die Eigenschaften der Antenne. Eine große Substratdicke und eine kleine relative Dielektrizitätszahl führen im Allgemeinen zu günstigen Antenneneigenschaften, da die Streufelder an den *Patch*-Rändern, die für die Abstrahlung verantwortlich sind, zunehmen. Zu hohe Werte der Substratdicke führen jedoch zur Anregung von Wellen im Substrat, die Verluste bedeuten. Nachteilig ist zudem, dass bei koaxialer Speisung aufgrund steigender Länge die Induktivität des Speisestiftes zunimmt (siehe Abschnitt 7.5.1.3). Eine geringe relative Dielektrizitätszahl bedeutet zudem, dass die Antenne durch das Substrat nur geringfügig verkürzt wird. Hohe Werte der relativen Dielektrizitätszahl führen zu größeren Verkürzungsfaktoren, gehen allerdings zu Lasten der Bandbreite der Antenne.

Eine mögliche mathematische Beschreibung der Antenne und ihrer Eigenschaften besteht darin, diese als eine an zwei Seiten offene Mikrostreifenleitung der Länge $L \approx \lambda/2$ aufzufassen (*Transmission line model*). Die sich auf dem *Patch*-Element einstellende Stromdichteverteilung ist dann in Längsrichtung ungefähr cosinusförmig (vergleichbar der Strombelegung auf einem Halbwellendipol) und in Querrichtung in erster Näherung konstant (Bild 7.16a).

Die Streufelder an den Enden des *Patches* lassen dieses länger erscheinen. Modellmäßig können die Leitungsenden durch ein Leitungsstück der Länge ΔL und magnetische Wände beschrieben werden (Bild 7.16b). Die Felder an den Enden des *Patches* verursachen eine Abstrahlung elektromagnetischer Felder (Bild 7.16c). Die abgestrahlten Felder werden durch zwei strahlende Schlitze modelliert [Garg01] [Bäch99]. Bild 7.16d zeigt das typische (mit einem EM Simulationsprogramm ermittelte) 3D-Strahlungsdiagramm einer *Patch*-Antenne. Aufgrund der durchgehenden Massefläche erfolgt die Abstrahlung nur in den oberen Halbraum ($z > 0$). Die Antenne ist linear polarisierend in Richtung der resonanten Länge, d.h. in Hauptstrahlrichtung herrscht im Fernfeld eine x-Komponente des elektrischen Feldes vor. Typische Gewinnwerte einer *Patch*-Antenne liegen zwischen 5 und 6 dBi. Typische 3-dB-Öffnungswinkel liegen zwischen 70° und 90° [Garg01].

Eine weitere mathematische Behandlung der *Patch*-Antenne führt zu einer Beschreibung als quaderförmiger Hohlraumresonator[2] (*Cavity model*) unterhalb des rechteckigen *Patch*-Elementes (Bild 7.16e) [Garg01] [Kark10]. Das Volumen wird durch zwei horizontale elektrische Wände (oben: *Patch*; unten: Massefläche) sowie vier vertikale magnetische Wände (an den Seitenflächen) begrenzt. Da Streufelder am Rand des *Patches* dieses größer erscheinen

---

[2] Einen quaderförmigen Hohlraumresonator kennen wir bereits aus Abschnitt 4.5.6. Dort wird der Hohlraum durch sechs elektrische Wände begrenzt und zeichnet sich durch eine Reihe von Schwingungsmoden aus, deren Resonanzfrequenzen einfach berechenbar sind.

lassen, müssen die geometrischen Daten angepasst werden. Der Beitrag der vier offenen Seiten des *Patches* zum Fernfeld der Antenne kann mathematisch berechnet werden.

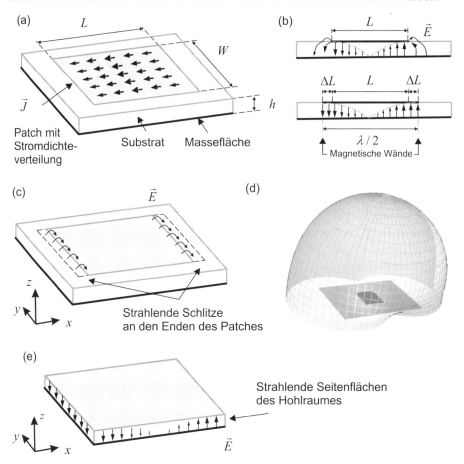

Bild 7.16 Mikrostreifen- bzw. *Patch*-Antenne: (a) geometrischer Aufbau und Stromdichtevertei-lung; (b) elektrische Feldverteilung bei Resonanz unter dem *Patch*; (c) strahlende Schlitze an den Enden des *Patches*; (d) 3D-Strahlungsdiagramm; (e) *Patch*-Antenne als Hohlraumresonator mit vier magnetischen Wänden

Ausführliche mathematische Herleitungen der Felder für die beiden oben dargestellten Mo-delle können in [Kark10] und [Bäch99] nachgelesen werden.

7.5.1.2 Resonanzfrequenz und Patch-Abmessungen

Eine rechteckige *Patch*-Antenne besteht aus einem rechteckigen metallischen Streifen (Länge L und Breite W) auf einem Substrat. Die Länge L des *Patches* liegt im Bereich der halben Wellenlänge. Aufgrund des Endeffekts ist die tatsächliche Länge etwas kürzer als die halbe Wellenlänge.

Eine einfache Formel zur Abschätzung der Resonanzfrequenz des (1,0)-Grundschwingungsmodus finden wir bei [Bala08]:

$$f_{10} = \frac{c_0}{2(L+h)\sqrt{\varepsilon_{\text{r,eff}}}} \tag{7.47}$$

mit

$$\varepsilon_{\text{r,eff}} = \frac{\varepsilon_{\text{r}}+1}{2} + \frac{\varepsilon_{\text{r}}-1}{2}\left(1 + \frac{12h}{W}\right)^{-1/2}. \tag{7.48}$$

Genauere Formeln finden wir in [Garg01]. In der Praxis reicht die obige Abschätzung für einen ersten Entwurf aber aus. Weitere Designschnitte können dann mit einem EM-Feldsimulationsprogramm gemacht werden.

Die Breite W des *Patches* hat nur einen geringen Einfluss auf die Resonanzfrequenz f_{10}. Sie beeinflusst jedoch die Eingangsimpedanz und die Bandbreite. Eine größere *Patch*-Breite verringert den Realteil des Eingangswiderstandes bei Resonanz, da die Abstrahlung verbessert wird. Zudem erhöht sich die Bandbreite [Garg01]. Nachteilig bei größerer *Patch*-Breite ist der größere Platzbedarf, was sich vor allem bei Gruppenantennen auswirkt. Typischerweise wählt man die Breite W im Bereich der einfachen bis doppelten Länge L:

$$L \leq W \leq 2L \quad . \tag{7.49}$$

Weitere Parameter wie die Dicke der Metallisierung, Verluste im Metall und Dielektrikum sowie die endlichen Abmessungen des Substrates und der Massefläche beeinflussen die Antenneneigenschaften wie Resonanzfrequenz, Bandbreite und Richtfunktion.

7.5.1.3 Speisung von Patch-Antennen

Eine *Patch*-Antenne lässt sich auf unterschiedliche Arten anregen. Das *Patch* kann zunächst mittels eines durch das Substrat hindurchgeführten Innenleiters einer koaxialen Zuführung gespeist werden (Bild 7.17a). Dabei wird über die Lage des Speisepunktes die Anpassung an den Leitungswellenwiderstand (z.B. 50 Ω) realisiert. Bei einer koaxialen Speisung kann die Lage des Speisepunktes (für einen Leitungswellenwiderstand von 50 Ω) durch folgende einfache Gleichungen abgeschätzt werden [Garg01].

$$y_{\text{f}} = \frac{W}{2} \quad \text{und} \quad x_{\text{f}} = \frac{L}{2\sqrt{\varepsilon_{\text{r,eff,L}}}} \tag{7.50}$$

mit

$$\varepsilon_{\text{r,eff,L}} = \begin{cases} \dfrac{\varepsilon_{\text{r}}+1}{2} + \dfrac{\varepsilon_{\text{r}}-1}{2}\left[\left(1+\dfrac{12h}{L}\right)^{-1/2} + 0{,}04\left(1-\dfrac{L}{h}\right)^2\right], & \text{falls} \quad L/h \leq 1 \\[3mm] \dfrac{\varepsilon_{\text{r}}+1}{2} + \dfrac{\varepsilon_{\text{r}}-1}{2}\left(1+\dfrac{12h}{L}\right)^{-1/2}, & \text{falls} \quad L/h \geq 1 \end{cases} \tag{7.51}$$

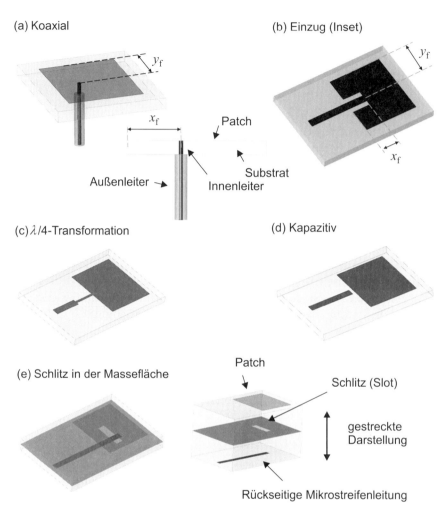

Bild 7.17 Speisung von *Patch*-Antennen: (a) koaxiale Speisung; (b) *Inset*-Speisung; (c) mit Viertel-wellentransformator; (d) kapazitiv angekoppelt; (e) über zusätzliche Ebene aperturgekoppelt

Alternativ kann die Speisung über eine Mikrostreifenleitung erfolgen (*Inset*-Speisung, Bild 7.17b). Die Mikrostreifenleitung wird durch eine Schlitzung des *Patches* so weit in die Struktur hineingeführt, bis sich die gewünschte Eingangsimpedanz einstellt. Nach [Rame03] ist (für Substratmaterialien im Bereich $2 \leq \varepsilon_r \leq 10$) die Länge x_f des Schlitzes und die Länge y_f für eine Anpassung an 50 Ω folgendermaßen zu wählen:

$$y_f = \frac{W}{2} \quad \text{und} \quad x_f = \frac{L}{2} \cdot \frac{\left(c_7 \varepsilon_r^7 + c_6 \varepsilon_r^6 + c_5 \varepsilon_r^5 + c_4 \varepsilon_r^4 + c_3 \varepsilon_r^3 + c_2 \varepsilon_r^2 + c_1 \varepsilon_r + c_0\right)}{10^{-4}} \tag{7.52}$$

Die Koeffizienten c_i sind in Tabelle 7.2 aufgeführt. Die Schlitzbreite sollte dabei in etwa der Breite der zuführenden 50-Ω-Mikrostreifenleitung entsprechen.

Tabelle 7.2 Koeffizienten zur Berechnung der Länge der *Inset*-Speisung

c_7	c_6	c_5	c_4	c_3	c_2	c_1	c_0
0,001699	0,13761	−6,1783	93,187	−682,69	2561,9	−4043	6697

Bild 7.17c zeigt eine weitere Speisemöglichkeit. In diesem Fall wird die speisende Mikrostreifenleitung direkt mittig auf der Kante mit der Breite W geführt. Da die Speiseleitung an dieser Stelle einen vergleichsweise hohen Impedanzwert vorfindet, muss dieser Wert mit einer Viertelwellentransformation auf die üblichen 50 Ω gebracht werden.

Patch-Antennen können auch ohne galvanische Verbindung angeregt werden. Bild 7.17d und e zeigen als entsprechende Beispiele eine kapazitive Ankopplung und die Ankopplung über einen Schlitz in der Massefläche und eine rückseitige Speisestruktur.

Anregungen über Mikrostreifenleitungen in der Ebene des *Patches* sind einfach realisierbar, beeinflussen aber unter Umständen unerwünscht das Strahlungsdiagramm der Antenne. Koaxiale Anregungen oder Anregungen durch zusätzliche Schlitze in der Masseebene sind aufwendiger in der Realisierung, haben jedoch einen geringeren Einfluss auf das Strahlungsverhalten.

Beispiel 7.1 Entwurf einer *Patch*-Antenne mit koaxialer Speisung

Es ist eine *Patch*-Antenne für eine Frequenz von $f = 2{,}5$ GHz zu entwerfen. Als Substrat steht ein Material mit einer relativen Dielektrizitätszahl von $\varepsilon_r = 2{,}2$ und einer Höhe von $h = 1{,}524$ mm zur Verfügung. Für die Breite gelte $W = 1{,}25\,L$.

Die Länge des *Patches* erhalten wir über die Gleichungen (7.47) und (7.48). Die Gleichungen lassen sich nicht einfach nach der Länge auflösen, durch einfaches Einsetzen unterschiedlicher Längen erhalten wir für $L = 40$ mm eine Frequenz des (1,0)-Modes von $f_{10} = 2{,}495$ GHz. Aufgrund der Vorgabe von $W = 1{,}25\,L$ ist $W = 50$ mm.

Mit Gleichung (7.50) berechnen wir die Lage für einen 50-Ω-Speisepunkt mit $y_f = 25$ mm und $x_f = 13{,}8$ mm. Bild 7.18 zeigt die Geometrie der entworfenen *Patch*-Antenne, den Eingangsreflexionsfaktor s_{11}, die Eingangsimpedanz Z_A und das Strahlungsdiagramm. Der Richtfaktor beträgt $D = 7{,}5$ dBi. Die Resonanzfrequenz der entworfenen Antenne ist mit $f = 2{,}41$ GHz etwa 3 % zu niedrig. Durch eine einfache Verkürzung der Länge lässt sich die Antenne aber auf die gewünschte Resonanzfrequenz bringen.

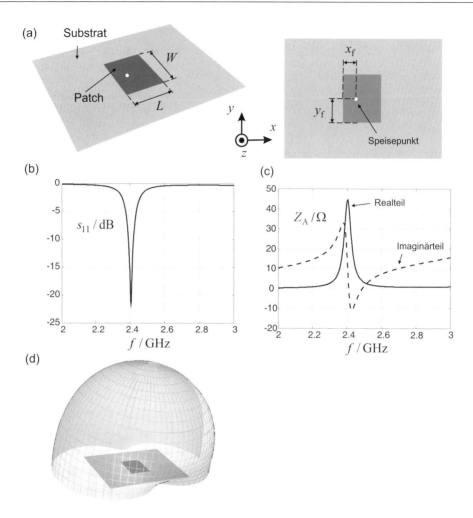

Bild 7.18 Design einer *Patch*-Antenne mit koaxialer Speisung gemäß Beispiel 7.1: (a) Aufbau, (b) Reflexionsfaktor, (c) Eingangsimpedanz und (d) 3D-Strahlungsdiagramm

■

Beispiel 7.2 Entwurf einer *Patch*-Antenne mit *Inset*-Speisung

Es gelten die gleichen geometrischen Vorgaben wie in Beispiel 7.1, so dass wir von einer Länge von $L = 40$ mm und einer Breite von $W = 50$ mm ausgehen. Diesmal soll die *Patch*-Antenne jedoch mit einer Mikrostreifenleitung (*Inset*-Speisung) angeregt werden. Die Mikrostreifenleitung habe einen Leitungswellenwiderstand von $Z_L = 50$ Ω. Bei den gegebenen Substratwerten (relative Dielektrizitätszahl $\varepsilon_r = 2{,}2$ und Höhe $h = 1{,}524$ mm) hat die Mikrostreifenleitung eine Breite von $W_f = 4{,}65$ mm, was zugleich der Schlitzbreite entspricht.

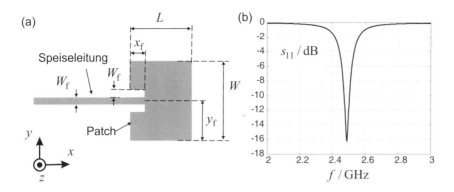

Bild 7.19 Design einer *Patch*-Antenne mit *Inset*-Speisung gemäß Beispiel 7.2 (a) Aufbau und (b) Reflexionsfaktor

Mit Gleichung (7.52) ergeben sich für die Speisestruktur $y_f = 25$ mm und $x_f = 9{,}6$ mm. Bild 7.19 zeigt die Geometrie der entworfenen *Patch*-Antenne und den Eingangsreflexionsfaktor s_{11}. Weitere Verbesserungen der Antenne sind von diesem ersten Entwurf aus einfach umsetzbar.

■

7.5.2 Patch-Antennen mit zirkularer Polarisation

Die oben behandelte Rechteck-*Patch*-Antenne weist eine lineare Polarisation auf. Für einige Anwendungen, zum Beispiel beim Empfang von GPS-Satelliten-Navigationssignalen, ist eine zirkulare Polarisation erforderlich. Eine zirkular-polarisierte Welle entsteht durch Überlagerung zweier orthogonaler, linear-polarisierter Wellen mit gleicher Amplitude und einer Phasenverschiebung von 90°. Durch geeignete Speisenetzwerke oder durch leichte Veränderungen der *Patch*-Geometrie kann eine *Patch*-Antenne konstruiert werden, die in Hauptstrahlrichtung eine zirkular-polarisierte Welle abstrahlt.

In Bild 7.17c haben wir gesehen, dass sich ein rechteckiges *Patch* über einen Viertelwellentransformator an einer Kante speisen lässt. Für die zirkulare Polarisation wählt man nun wie in Bild 7.20a ein quadratisches *Patch* mit $W = L$ und speist dieses *Patch* über benachbarte Kanten [Sain96]. Die Anpassung an 50 Ω erreicht man wieder durch Viertelwellentransformatoren. Die beiden Signale regen orthogonale Schwingungsmoden – (1,0)- und (0,1)-Mode – an. Diese beiden Signale gewinnt man durch Anpassschaltung und Leistungsteiler aus einem über die Speiseleitung zulaufenden Signal. Die in das *Patch* eingespeisten Signale haben eine Phasendifferenz von 90°, da in einem der Zweige eine entsprechend lange Leitung als Phasenschieber eingebaut ist.

Eine weitere interessante Art, eine zirkular-polarisierende *Patch*-Antenne zu bauen, zeigt Bild 7.20b. Die Leistungsteilung und 90°-Phasenverschiebung wird hier über einen *Branchline*-Koppler (siehe Abschnitt 6.2.6.1) realisiert [Sain96]. Der Koppler wirkt gleichzeitig als Sende-Empfangs-Weiche. Am oberen Tor (TX) wird das Sendesignal eingespeist und am unteren Tor (RX) liegt das von der Antenne empfangene Signal an.

(a) Speisung über Leistungsteiler und 90°-Phasenschieber

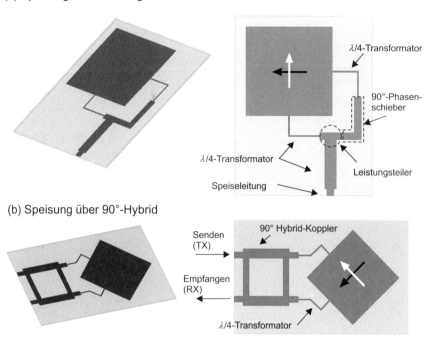

(b) Speisung über 90°-Hybrid

(c) Quadratisches Patch mit Unsymmetrie und koaxialer Speisung

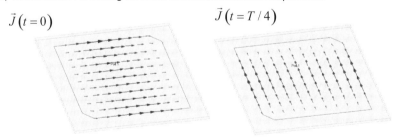

(d) Stromdichteverteilung zu zwei unterschiedlichen Zeitpunkten

$$\vec{J}\left(t = 0\right) \qquad\qquad \vec{J}\left(t = T / 4\right)$$

Bild 7.20 *Patch*-Antennen mit zirkularer Polarisation

Die beiden vorhergehenden Konzepte haben das *Patch* an zwei orthogonalen Kanten angeregt, um die orthogonalen Schwingungsmoden ((1,0) und (0,1)-Mode) anzuregen. Es existieren jedoch auch Möglichkeiten, eine zirkulare Polarisation durch nur einen Speisepunkt

zu erreichen [Garg01] [Craw04], hierzu wird beim quadratischen *Patch* durch zwei abge-
schrägte Ecken eine Unsymmetrie hergestellt (Bild 7.20c). Durch diese Unsymmetrie ver-
koppeln sich die beiden Schwingungsmoden so miteinander, dass sich die Leistung auf beide
Moden gleichmäßig aufteilt und sich die notwendige Phasendifferenz von 90° einstellt.
Bild 7.20d zeigt die Stromdichteverteilung auf dem *Patch* zu den Zeitpunkten $t = 0$ und
$t = T/4$. Die beiden orthogonalen Schwingungsmoden sind deutlich erkennbar.

7.5.3 Planare Dipol- und *Inverted-F*-Antennen

(a) Planarer Dipol

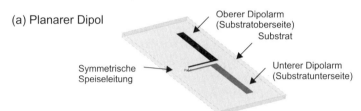

(b) Planare Quasi-Yagi-Antenne

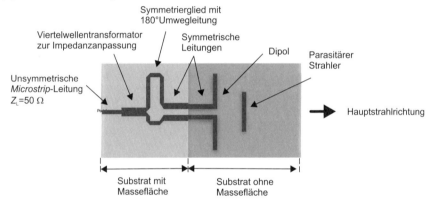

(c) Planare *Inverted-F*-Antenne

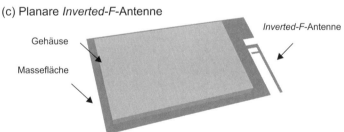

Bild 7.21 (a) Planarer Dipol mit Dipolarmen auf unterschiedlichen Seiten des Substrates, (b) planarer, auf einem Substrat aufgedruckter Dipol zur Speisung einer Quasi-Yagi-Antenne, (c) planare
Realisierung einer *Inverted-F*-Antenne

Der Vorteil planarer Antennen, diese in einem Schritt mit einer planaren Schaltung fertigen
zu können, der bei der *Patch*-Antenne gegeben ist, kann auch auf andere Antennenkonzepte

übertragen werden. So lassen sich Dipole, Monopole und *Inverted-F*-Antennen planar realisieren. Im Bereich der Antenne muss allerdings die rückseitige Massefläche entfernt sein.

In Bild 7.21a ist ein Dipol gezeigt, bei dem die beiden Arme auf unterschiedlichen Seiten des Substrats angeordnet sind. Die Antenne wird in der Mitte über eine symmetrische Plattenleitung (zwei gegenüberliegende parallel verlaufende metallische Streifen) angeregt.

Beim Dipol in Bild 7.21b liegen beide Arme auf der gleichen Seite des Substrates. Die Rückseite des Substrates ist im Bereich des Dipols ohne Massefläche [Clen05]. Der Dipol wird über eine symmetrische Leitung angeregt, die direkt am Dipol ohne Massefläche und zur Speiseleitung hin über der Massefläche geführt wird. Durch geeignete Leiterbreiten und Abstände gelingt ein reflexionsarmer Übergang. Aufwendiger ist der Übergang von der unsymmetrischen Mikrostreifenspeiseleitung am linken Rand auf das symmetrische Leitungssystem. Zentrales Element ist hier ein Symmetrierglied mit einer 180°-Umwegleitung, welches die beiden Leiter der symmetrischen Leitung mit gegenphasigen Signalen versorgt. Der Viertelwellentransformator stellt die Impedanzanpassung zwischen Symmetrierglied und Mikrostreifenleitung sicher. Eine Richtwirkung wird in diesem Beispiel (wie bei einer Yagi-Uda-Antenne) durch ein parasitäres Strahlerelement erreicht.

Auch eine *Inverted-F*-Antenne lässt sich planar realisieren. Die in Bild 7.21c dargestellt Antenne liegt am Ende einer endlichen Massefläche [Empi10].

7.6   Gruppenantennen

7.6.1   Einzelcharakteristik und Gruppenfaktor

Eine Gruppenantenne besteht aus mehreren – meist gleichartigen – Einzelantennen (zum Beispiel Dipole oder *Patch*-Antennen).

(a)   (b)   (c)

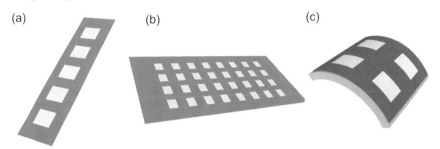

Bild 7.22 Anordnung von *Patch*-Antennen (a) linienhaft in einer Zeile oder Spalte, (b) in einer ebenen Fläche und (c) in einer gekrümmten Fläche

Das Gesamtstrahlungsfeld der Gruppenantenne ergibt sich durch Überlagerung der Einzelantennenbeiträge. Mit Hilfe unterschiedlicher Anregungen (Amplitude und Phase) der Einzelantennen kann das Strahlungsdiagramm der Gesamtanordnung gezielt beeinflusst werden. Die Einzelelemente können in einer Zeile, einer Spalte, einer Fläche oder auf einer ge-

krümmten Fläche (zum Beispiel der Oberfläche eines Gerätes oder Fahrzeugs) untergebracht
sein (Bild 7.22).

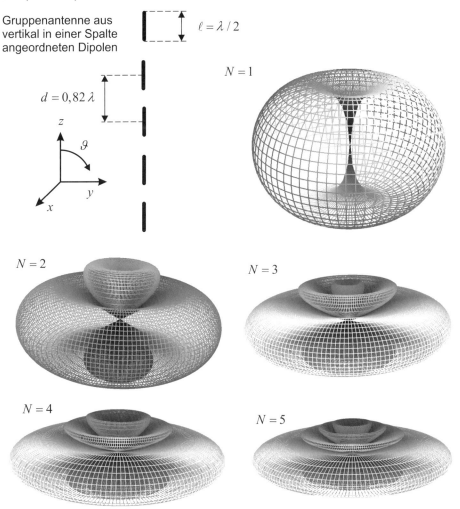

Gruppenantenne aus
vertikal in einer Spalte
angeordneten Dipolen

$\ell = \lambda / 2$

$d = 0{,}82\ \lambda$

Bild 7.23 Strahlungsdiagramme von Gruppenantennen aus vertikal angeordneten Halbwellendi-
polen

Sehen wir uns einmal die Auswirkung der Zusammenschaltung mehrerer Antennen zu einer
Gruppe an. Bild 7.23 zeigt das Verhalten mehrerer Gruppenantennen, die aus zwei bis fünf
senkrecht übereinander angeordneten $\lambda/2$-Dipolen bestehen. Der Dipolabstand wird in dem
Beispiel zu 82 % einer Freiraumwellenlänge ($d = 0{,}82\ \lambda$) gewählt. Alle Einzelstrahler werden
mit der gleichen Amplitude und Phase angeregt. Der einzelne Dipol ruft das aus Abschnitt 7.4 bekannte Strahlungsdiagramm hervor. Mit steigendender Anzahl von vertikal
angeordneten Dipolen erhalten wir eine zunehmende vertikale Fokussierung. Gleichzeitig
treten vermehrt Nullstellen und Nebenkeulen auf. In horizontaler Richtung bleibt die Rund-
strahlcharakteristik erhalten.

Mathematisch kann das Gesamtstrahlungsdiagramm als Produkt (multiplikatives Gesetz) der Einzelstrahlercharakteristik und eines Gruppenfaktors geschrieben werden [Bala08] [Bäch99] [Kark10] [Gros05].

$$\underbrace{C_{\mathrm{G}}(\vartheta,\varphi)}_{\substack{\text{Gesamtstrahlungs-}\\ \text{diagramm}}} = \underbrace{C_{\mathrm{E}}(\vartheta,\varphi)}_{\substack{\text{Einzelstrahler-}\\ \text{charakteristik}}} \cdot \underbrace{F_{\mathrm{G}}(\vartheta,\varphi)}_{\text{Gruppenfaktor}} \tag{7.53}$$

In unserem Beispiel ist die Einzelstrahlercharakteristik des vertikalen Halbwellendipols gegeben mit

$$C_{\mathrm{E}}(\vartheta,\varphi)=\frac{\cos\left(\dfrac{\pi}{2}\cos\vartheta\right)}{\sin\vartheta} \quad . \tag{7.54}$$

Der Gruppenfaktor ist eine Funktion des auf die Wellenlänge bezogenen Elementabstandes d/λ und des Winkels ϑ. Für gleiche Abstände d zwischen den Einzelstrahlern sowie gleiche komplexe Amplituden (Betrag und Phase) der Speiseströme und unter Vernachlässigung der Wechselwirkung zwischen den einzelnen Antennen gilt für den Gruppenfaktor:

$$F_{\mathrm{G}}(\vartheta,\varphi)=\left|\frac{\sin\left(N\pi\dfrac{d}{\lambda}\cos\vartheta\right)}{N\cdot\sin\left(\pi\dfrac{d}{\lambda}\cos\vartheta\right)}\right| \quad . \tag{7.55}$$

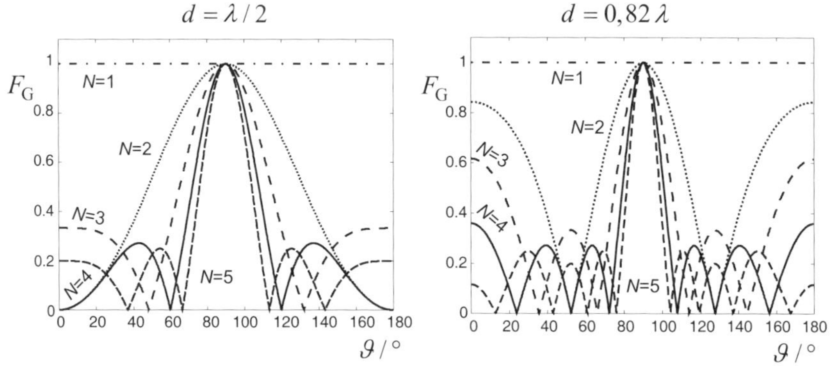

Bild 7.24 Gruppenfaktor einer vertikal angeordneten Antennengruppe aus ein bis fünf Einzelstrahlern (Anzahl = N) für die Elementabstände $d = \lambda/2$ und $d = 0,82\,\lambda$

Bild 7.24 zeigt den Gruppenfaktor für zwei Elementabstände $d = \lambda/2$ und $d = 0,82\lambda$ mit unterschiedlicher Anzahl N von Einzelstrahlern. Man erkennt folgende Zusammenhänge:

- Mit steigender Anzahl N der Einzelstrahler nimmt die Breite der Hauptkeule ab und damit die Bündelung zu.
- Eine Erhöhung des Elementabstandes verringert zwar weiter die Breite der Hauptkeule, allerdings treten nun auch mehr Nebenkeulen auf. Für viele Anwendungen ist ein Elementabstand von der halben Wellenlänge ($d = \lambda/2$) eine gute Lösung. (Falls nur zwei Strahler existieren ($N = 2$), erscheint nur ein Maximum quer zur Gruppenorientierung.)

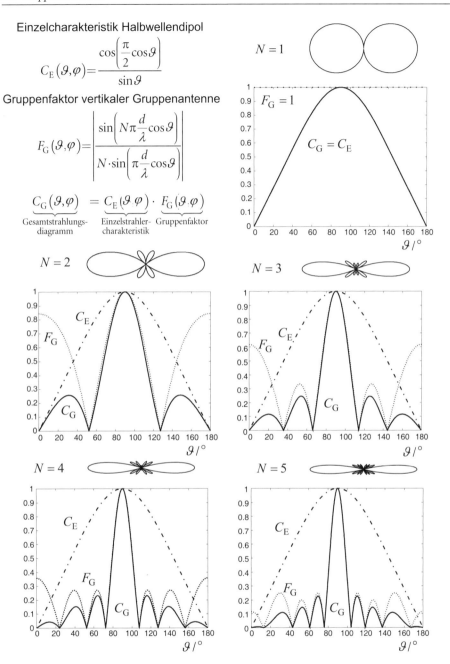

Einzelcharakteristik Halbwellendipol

$$C_E(\vartheta,\varphi) = \frac{\cos\left(\dfrac{\pi}{2}\cos\vartheta\right)}{\sin\vartheta}$$

Gruppenfaktor vertikaler Gruppenantenne

$$F_G(\vartheta,\varphi) = \frac{\left|\sin\left(N\pi\dfrac{d}{\lambda}\cos\vartheta\right)\right|}{\left|N\cdot\sin\left(\pi\dfrac{d}{\lambda}\cos\vartheta\right)\right|}$$

$$\underbrace{C_G(\vartheta,\varphi)}_{\substack{\text{Gesamtstrahlungs-}\\\text{diagramm}}} = \underbrace{C_E(\vartheta,\varphi)}_{\substack{\text{Einzelstrahler-}\\\text{charakteristik}}} \cdot \underbrace{F_G(\vartheta,\varphi)}_{\text{Gruppenfaktor}}$$

Bild 7.25 Einzelstrahlercharakteristik, Gruppenfaktor und Gesamtstrahlungsdiagramm für ein bis fünf vertikal angeordnete Dipole (Einzelstrahlerabstand $d = 0,82\,\lambda$)

Bei vertikal übereinander angeordneten Dipolen ist der Abstand $d = \lambda/2$ aufgrund der Länge der Elemente jedoch nicht möglich. Zur Vermeidung von unerwünschten Verkopplungen zwischen den Einzelstrahlern muss hier der Abstand erhöht werden.

In Bild 7.25 sehen wir die Einzelstrahlercharakteristiken C_E, die Gruppenfaktoren F_G und die Gesamtstrahlungsdiagramme C_G eines einzelnen Halbwellendipols ($N = 1$) sowie von vertikal angeordneten Dipolgruppen aus $N = 2$ bis $N = 5$ Einzelstrahlern. Der Abstand zwischen den Elementen beträgt $d = 0{,}82\ \lambda$.

Die obigen Überlegungen gehen davon aus, dass sich die Einzelstrahler nicht beeinflussen. Praktisch kann die gegenseitige Verkopplung jedoch nicht immer vernachlässigt werden. 3D-Feldsimulatoren (Abschnitt 6.4.2) können verwendet werden, um diesen Effekt mit in den Entwurfsprozess einzubeziehen.

7.6.2   Phasengesteuerte Antennen

Im vorherigen Abschnitt wurden alle Einzelstrahler mit der gleichen Amplitude und Phase des Speisestroms angeregt. Bei einer phasengesteuerten Gruppenantenne (*Phased array*) wird nun die Phase variiert, wodurch sich eine Schwenkung der Hauptkeule in einem gewissen Winkelbereich erreichen lässt.

Bild 7.26 zeigt eine in z-Richtung orientierte Gruppe aus N Einzelstrahlern im Abstand d. Werden alle Einzelstrahler mit der gleichen Phase angeregt, so überlagern sich die Einzelwellen nach dem Huygensschen Prinzip senkrecht zur Strahlergruppe. Wählt man jedoch eine von Element zu Element gleichmäßig ansteigende Phase $\Phi + n\Delta\Phi$, so wird die Hauptkeule um einen Winkel $\Delta\vartheta$ geschwenkt.

Um den Zusammenhang zwischen dem Winkel $\Delta\vartheta$ und der Phase $\Delta\Phi$ auszurechnen, betrachten wir die untere Darstellung in Bild 7.26b. Aufgrund des Phasenwinkels $\Delta\Phi$ hat die Wellenfront der Antenne 2 einen räumlichen Vorsprung s.

$$s = d\sin(\Delta\vartheta) \tag{7.56}$$

Bei der Ausbreitung elektromagnetischer Wellen mit Lichtgeschwindigkeit c_0 muss die Welle der Antenne 2 also zu einem früheren Zeitpunkt gestartet sein. Der zeitliche Vorlauf berechnet sich aus:

$$\Delta t = \frac{s}{c_0} = \frac{d\sin(\Delta\vartheta)}{c_0} \quad . \tag{7.57}$$

Dieser Zeitversatz Δt kann bei einer gegebenen Frequenz f in einen Phasenwinkel $\Delta\Phi$ umgerechnet werden. Die Größe Δt verhält sich zur Periodendauer T, wie der Phasenwinkel $\Delta\Phi$ zu 360°. Mit $c = \lambda f$ gilt:

$$\frac{\Delta t}{T} = \Delta t \cdot f = \Delta t \cdot \frac{c_0}{\lambda} = \frac{\Delta\Phi}{360°} \tag{7.58}$$

Für einen Schwenkwinkel von $\Delta\vartheta$ ist also eine Phasendifferenz von $\Delta\Phi$ zwischen den Einzelstrahlern notwendig mit:

$$\boxed{\Delta\Phi = \frac{360°}{\lambda}d\sin(\Delta\vartheta)} \quad \text{(Phasendifferenz zwischen benachbarten Elementen)}. \tag{7.59}$$

Die Phase muss über die Strahler gesehen linear ansteigen, so dass über den Abstand zum ersten Strahler die notwendige Phase (bzw. der notwendige Zeitvorsprung) berechnet werden kann (Bild 7.26b).

Die Phasendifferenz zwischen den Einzelstrahlern kann in der Praxis zum Beispiel durch unterschiedlich lange Leitungsstücke oder passive Phasenschieber aus konzentrierten Elementen erreicht werden. Soll die Richtung der Hauptkeule, wie zum Beispiel bei Radar-Anwendungen, sehr schnell geschwenkt werden, so bietet sich die Verwendung von elektronischen Phasenschiebern an.

Die Schwenkung des Strahlungsdiagramms lässt sich zur Ortung (Verfolgung von Radarzielen) und zur Erhöhung des Signal-Rauschabstandes verwenden, indem die Antennencharakteristik auf einen Sender ausgerichtet wird.

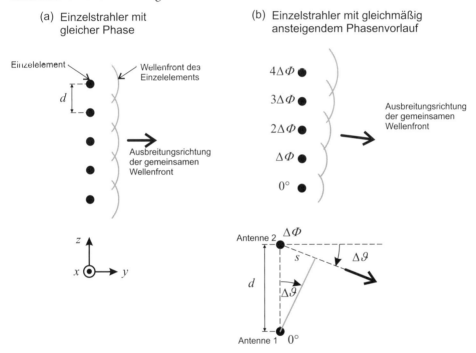

Bild 7.26 Linear ansteigende Phase der Einzelstrahler und konstruktive Überlagerung der Wellenanteile (Huygenssches Prinzip) zur Schwenkung der Hauptkeule

Beispiel 7.3 Mobilfunkbasisstationsantenne (*Electrical downtilt*)

Beim zellularen Mobilfunk ist das Versorgungsgebiet in Raumbereiche (Zellen) unterteilt, wobei innerhalb benachbarter Zellen unterschiedliche Frequenzbänder genutzt werden. In ausreichendem Abstand einer Zelle können die gleichen Frequenzen wiederverwendet werden (*Frequency re-use*), um so die Netzkapazität (Teilnehmeranzahl) zu steigern. Eine schematische Anordnung von Zellen ist in Bild 7.27a gezeigt. Zellen gleicher Nummer verwenden gleiche Frequenzbänder.

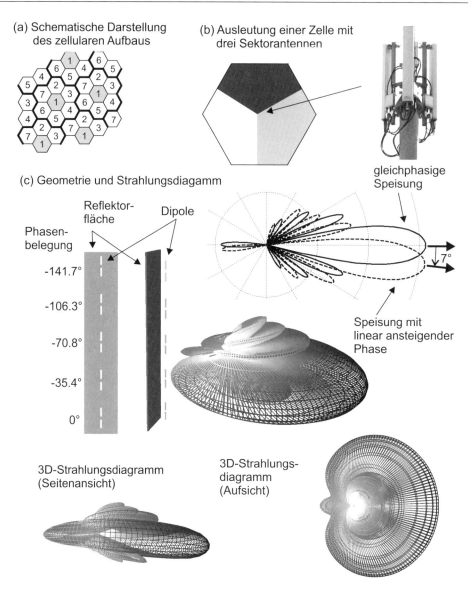

Bild 7.27 Mobilfunkbasisstationsantenne aus Beispiel 7.3 mit einem *Downtilt* von 7°

Die einzelnen Zellen werden durch eine oder mehrere Antennen versorgt. Bild 7.27b zeigt eine weit verbreitete Konfiguration mit drei Sektorantennen, die zur Ausleuchtung einer Zelle verwendet werden. Um eine ausreichende Reichweite zu gewährleisten und Reflexionen an Hindernissen in der direkten Antennenumgebung zu verhindern, werden die Antennen bevorzugt an erhöhten Standorten (zum Beispiel auf Masten oder Türmen) montiert.

In Bild 7.27c sehen wir die wesentlichen Elemente einer einfachen GSM900-Mobilfunkbasisstationsantenne, die aus fünf vertikal übereinander angeordneten Dipolantennen und einem rechteckigen, metallischen Reflektor aufgebaut ist [Gust06]. Durch die vertikale Dipolgruppe erreichen wir eine vertikale Bündelung des Strahlungsdiagramms. Der Reflektor sorgt für eine breite Richtwirkung in horizontaler Richtung, so dass sich mit drei Sektorantennen ein gleichmäßiges Rundstrahlverhalten ergibt.

Bei *gleichphasiger Anregung* aller Dipole würde die Antenne horizontal zur Seite abstrahlen und so möglicherweise Störungen in eine Zelle hineintragen, die das gleiche Frequenzband verwendet. Die Reichweite können wir begrenzen, indem wir die Hauptkeule nach unten neigen (*Downtilt*). Dies kann durch schräges Aufhängen (*Mechanical downtilt*) erreicht werden, führt aber zu mechanischen Nachteilen bei der Befestigung der Antenne an einem Mast. Das Neigen des Strahlungsdiagramms der Antenne können wir auch bei senkrecht aufgehängter Antenne erreichen, indem wir das Konzept der *phasengesteuerten Antennen* anwenden (*Electrical downtilt*). Die Dipole der Antenne in unserem Beispiel haben einen Abstand $d = 25,5$ cm zueinander (von Dipolmittelpunkt zu Dipolmittelpunkt). Wollen wir bei einer Frequenz von $f = 950$ MHz die Hauptkeule um 7° neigen, so erhalten wir nach Gleichung (7.59) einen Phasenwinkel von $\Delta\Phi = 35,42° \approx 35,4°$ zwischen den benachbarten Dipolen.

■

Will man die Hauptkeule einer zweidimensionalen Gruppe in zwei unterschiedlichen Richtungen schwenken, so lassen sich die obigen Überlegungen analog anwenden. Die Phasenbelegung der Einzelstrahler wird dann aber nicht durch eine Geradengleichung, sondern durch eine Ebenengleichung bestimmt.

Wir gehen bei unseren Überlegungen von einer ($m \times n$)-Elemente großen planaren Gruppe mit gleichen Abständen d_x in x-Richtung und gleichen Abständen d_y in y-Richtung zwischen den Einzelstrahlern aus. Bei der Frequenz f soll die Hauptkeule um den Winkel ϑ_0 aus der Senkrechten und um den Winkel φ_0 um die z-Achse geschwenkt werden (Bild 7.28).

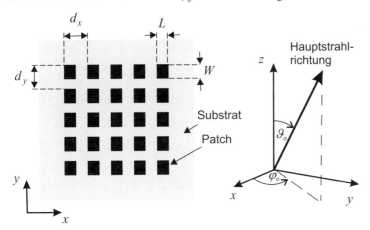

Bild 7.28 Geometrie der zweidimensionalen Gruppenantenne und Festlegung der Strahlungsrichtung

Wir erhalten als Ergebnis abhängig von Ort ($m \cdot d_x$, $n \cdot d_y$) des Strahlers die Phase $\Delta\Phi$ bzw. die Verzögerungszeit Δt [Garg01] in Gleichung (7.60).

$$\Delta\Phi_{mn}=\frac{360°}{\lambda_0}\left(m\cdot d_x\cos\varphi_0\sin\vartheta_0+n\cdot d_y\sin\varphi_0\sin\vartheta_0\right) \text{ bzw. } \Delta t_{mn}=\frac{\Delta\Phi_{mn}}{360°}\cdot\frac{1}{f}\ . \qquad (7.60)$$

Der Zusammenhang wird in Übung 7.5 abgeleitet.

Beispiel 7.4 2D-Gruppenantenne mit geschwenkter Hauptkeule

Gegeben ist ein 5×5-Elemente großes *Patch*-Array mit einem Elementabstand von $d_x=d_y=30$ mm.

(a) Planares Patch-Array   (b) Zeitverzögerung und Strahlungsrichtung

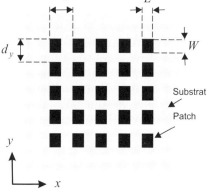
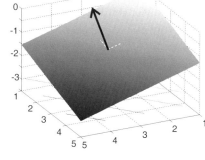

(c) 3D-Strahlungsdiagramm   (d) Vertikales 2D-Strahlungsdiagramm
für $\varphi=50°$

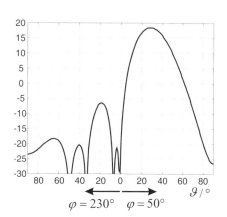

Bild 7.29 2D-Gruppe mit geschwenkter Hauptkeule: (a) Anordnung der Einzelstrahler, (b) Zeitverzögerung für alle Elemente, (c) 3D-Strahlungsdiagramm und (d) 2D-Schnitt durch das Strahlungsdiagramm

Bei gleichen Phasen aller Anregungsfunktionen stellt sich eine Hauptkeule in z-Richtung ein. Diese Hauptkeule soll nun bei einer Frequenz von $f=5$ GHz um die Winkel $\vartheta_0=30°$ und $\varphi_0=50°$ geschwenkt werden (Bild 7.29).

Über Gleichung (7.60) können wir die Verzögerungszeiten Δt bzw. die Phasenwinkel $\Delta \Phi$ für die Frequenz f für alle Elemente bestimmen. Die Ergebnisse sind in Tabelle 7.3 zusammengestellt.

Tabelle 7.3 Phasenbelegung bzw. Verzögerungszeit der Elemente

	$m=1$	$m=2$	$m=3$	$m=3$	$m=5$
$n=5$	128,6 ps (231,4°)	166,9 ps (300,4°)	205,2 ps (369,4°)	243,5 ps (438,3°)	281,8 ps (507,2°)
$n=4$	96,4 ps (173,6°)	134,7 ps (242,5°)	173,0 ps (311,4°)	211,3 ps (380,3°)	249,6 ps (449,3°)
$n=3$	64,3 ps (115,7°)	102,6 ps (191,2°)	140,9 ps (253,6°)	179,2 ps (322,6°)	217,5 ps (391,5°)
$n=2$	32,1 ps (57,9°)	70,4 ps (126,7°)	108,7 ps (195,7°)	147,0 ps (264,6°)	185,3 ps (333,5°)
$n=1$	0 ps (0°)	38,3 ps (68,9°)	76,6 ps (137,9°)	114,9 ps (206,8°)	153,2 ps (275,8°)

■

7.6.3 Strahlformung

Das Strahlungsdiagramm einer Gruppe von Einzelelementen kann weiterhin durch ihre Amplitudenbelegung beeinflusst werden [Bala08] [Kark10]. Bisher wurden alle Elemente mit der gleichen Amplitude des Speisestroms gespeist. Bei dieser *gleichmäßigen* oder *homogenen Belegung* ergibt sich beim Gruppenfaktor eine schmale Hauptkeule, jedoch entstehen verhältnismäßig starke Nebenzipfel.

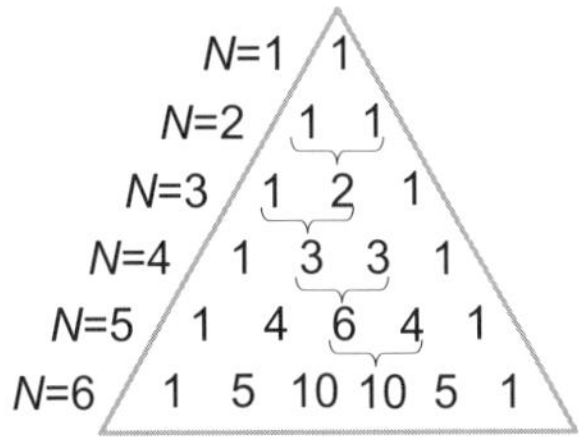

Bild 7.30 Pascalsches Dreieck zur Berechnung der Binomial-koeffizienten

Bei einem Elementabstand von $d = \lambda/2$ kann bei *binomialer Belegung* eine vollständige Unterdrückung der Nebenzipfel erreicht werden. Die Breite der Hauptkeule nimmt allerdings gegenüber der homogenen Belegung zu. Mit zunehmendem Abstand der Elemente von der Mitte werden die Einzelstrahler mit abfallenden Amplituden belegt. Die auf die Randelemente normierten Gewichtsfaktoren für die Amplituden der Speiseströme kann man sich mit Hilfe des Pascalschen Dreiecks konstruieren (Bild 7.30). Im Pascalschen Dreieck ergeben sich die Werte der nächsten Zeile immer als *Summe* der schräg über ihnen stehenden Zahlen. In Bild 7.30 deuten die Klammern diese Summenbildung an. Aus dem Pascalschen Dreieck lesen wir ab, dass bei $N = 3$ Einzelstrahlern das mittlere Element gerade mit dem doppelten Strom gespeist werden muss wie die Randelemente. Bei $N = 6$ Einzelstrahlern führt diese Belegung bereits zu einem zehnfach höheren Speisestrom der zentralen Strahler. Nachteilig an der Binomialbelegung ist, dass die stark unterschiedlichen Speiseströme zu einem geringeren Strahlungsbeitrag der Randelemente führen, so dass die Effizienz der Antenne abnimmt.

In der Praxis ist es oft ausreichend, die Nebenkeulen auf ein gewisses Niveau abzusenken, z.B. −20 dB oder −30 dB bezogen auf die Hauptkeule. Dies ist möglich mit der *Dolph-Tschebyscheff*-Belegung [Kark10]. Die Berechnung der Gewichtungsfaktoren ist aufwendiger, weshalb an dieser Stelle auf die Literatur verwiesen werden soll. Der Leser findet in [Bala08] eine verständliche Darstellung. Die Dolph-Tschebyscheff-Belegung hat gegenüber der Binomialbelegung den Vorteil, dass die Amplitudenfaktoren sich nicht so stark unterscheiden, die Amplituden der Randelemente also gegenüber der Amplitude der zentralen Strahler weniger stark abfallen. Vorteilhaft ist weiterhin, dass die Vergrößerung des Öffnungswinkels der Hauptkeule weniger stark ausgeprägt ist.

Im folgenden Beispiel betrachten wir eine Gruppenantenne mit sechs *Patch*-Elementen im Abstand einer halben Wellenlänge $d = \lambda/2$. Wir vergleichen in diesem Beispiel die oben beschriebenen unterschiedlichen Amplitudengewichtungen: *gleichmäßige* Belegung, *binomiale* Belegung und *Dolph-Tschebyscheff*-Belegung.

Beispiel 7.5 Gruppenantenne mit sechs *Patch*-Elementen

Bild 7.31a zeigt eine Gruppe von sechs *Patch*-Antennen mit einem Elementabstand von $d = \lambda/2 = 6{,}25$ mm für eine Frequenz von $f = 24$ GHz. Die *Patch*-Elemente ($L = 2{,}15$ mm und $W = 2{,}8$ mm) befinden sich auf einem Substrat der Höhe $h = 200$ μm mit einer relativen Dielektritätszahl von $\varepsilon_r = 7{,}8$ und werden koaxial gespeist.

Wir regen die einzelnen *Patch*-Elemente mit den drei oben diskutierten Amplitudenbelegungen an:

* gleichmäßige (homogene) Belegung,
* binomiale Belegung,
* Dolph-Tschebyscheff-Belegung (mit maximalen Nebenzipfeln um −30 dB).

Die einzelnen Gewichtungsfaktoren sind in Bild 7.31b zusammengestellt. Die 2D-Strahlungsdiagramme (*xz*-Schnittebene) sind in Bild 7.31c linear und logarithmisch dargestellt. Die *homogene* Belegung ergibt die geringste Hauptkeulenbreite, allerdings sind die Nebenzipfel stark ausgeprägt. Demgegenüber führt die *binomiale* Belegung zu einer vollständigen Unterdrückung der Nebenzipfel bei jedoch deutlicher Vergrößerung des Öffnungswinkels. Die Dolph-Tschebyscheff-Belegung stellt für beide Größen (Hauptkeulenbreite und Nebenzipfeldämpfung) einen Kompromiss dar.

Bild 7.31d zeigt die 3D-Strahlungsdiagramme in linearer Darstellung. Wie schon in der linearen Darstellung des 2D-Diagramms zu sehen sind die Nebenzipfel bei der Dolph-Tschebyscheff-Belegung mit −30 dB so stark reduziert, dass die optische Unterscheidung zwischen Dolph-Tschebyscheff- und Binomialbelegung schwerfällt. Leichte Unsymmetrien in den Diagrammen bei kleinen Werten folgen aus der unsymmetrischen Einspeisung der *Patch*-Elemente.

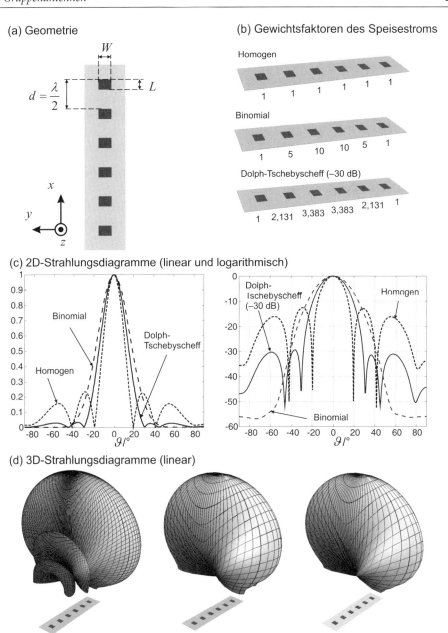

(a) Geometrie

(b) Gewichtsfaktoren des Speisestroms

Homogen

Binomial

Dolph-Tschebyscheff (−30 dB)

(c) 2D-Strahlungsdiagramme (linear und logarithmisch)

(d) 3D-Strahlungsdiagramme (linear)

Homogen   Binomial   Dolph-Tschebyscheff (−30 dB)

Bild 7.31 Gruppenantenne aus sechs *Patch*-Strahlern im Abstand einer halben Wellenlänge. Beeinflussung des Strahlungsdiagramms durch unterschiedliche Amplituden der Speiseströme

7.7   Weitere Antennenkonzepte

Bei Verwendung von Gruppenantennen oder Mehrantennensystemen ergeben sich mit Hilfe von Signalverarbeitungsalgorithmen weitere Entwicklungsmöglichkeiten im Bereich der Antennentechnik. Die zugrundeliegenden Algorithmen sind nicht Thema dieses Buches. An dieser Stelle sei daher nur mit einigen Sätzen auf die Begriffe *Smart Antennas*, *Diversity* und MIMO eingegangen, um den Leser zur weiteren Beschäftigung mit dem Thema anzuregen.

- Der Begriff *Smart antennas* bezeichnet Gruppenantennen, die in der Lage sind, ihr Strahlungsdiagramm – durch Veränderung der Amplituden- und Phasenbelegung der Einzelelemente – dynamisch vorgegebenen Anforderungen anzupassen. Beispielsweise kann von der Antenne die Hauptkeule in eine bestimmte Richtung geschwenkt werden, um die Verbindung zu einem Kommunikationspartner zu optimieren. Es kann jedoch im Strahlungsdiagramm auch ein Minimum in einer bestimmten Raumrichtung ausgebildet werden, um Störsignale zu unterdrücken. Die *smartness* (Gewandtheit) der Antenne liegt in den Algorithmen und nicht in dem Hardwareaufbau [Gros05].
- Unter *Diversity* versteht man die Verwendung von mehreren Antennen auf Seiten des Senders und/oder Empfängers. Handelt es sich um räumlich getrennte Antennen, so spricht man von *Space diversity*. Verwendet man Antennen unterschiedlicher Polarisation, so handelt es sich um *Polarisation diversity*. Mehrantennensysteme haben Vorteile in mobilen Anwendungen, bei denen es aufgrund der Mehrwegeausbreitung zur Auslöschung von Signalen kommen kann (*Fading*). Wir werden in Abschnitt 8.3 noch darauf eingehen. Falls bei einem Mehrantennensystem eine der Antennen kein ausreichendes Signal empfängt, kann auf eine andere Antenne umgeschaltet werden. Bei einer ausreichenden räumlichen Trennung der Antennen oder der Verwendung einer veränderten Polarisation steigt die Wahrscheinlichkeit, dass bei der zweiten Antenne der Signalpegel besser ist. Die Verbindungssicherheit kann so erhöht werden. Neben dem Umschalten zwischen den Antennen besteht auch die Möglichkeit, die Antennensignale zu kombinieren, so dass sich das Signal-Rausch-Verhältnis verbessert [Saun07].
- Beim MIMO-Verfahren (*Multiple Input Multiple Output*) werden sender- und empfängerseitig mehrere Antennen eingesetzt. Das Verfahren zielt darauf, die Übertragungskapazität zu steigern, indem zwischen den Sende- und Empfangsantennen gleichzeitig mehrere Übertragungskanäle betrieben und Bitströme übertragen werden. Möglich ist dies durch die Verwendung verschiedener Übertragungswege. Die von den unterschiedlichen Antennen empfangenen Signale müssen über mathematische Algorithmen ausgewertet und den einzelnen Kanälen zugeordnet werden [Saun07].

7.8   Übungsaufgaben

Übung 7.1

Bei einem Funkstandard betrage die maximale Sendeleistung 100 mW (EIRP). An einem Sender und Empfänger werden bislang Leitungen mit einer Dämpfung von 2,5 dB und Antennen mit einem Gewinn von $G_1 = 5$ dBi betrieben. Zur Erhöhung der Reichweite werden die bisherigen Komponenten auf beiden Seiten gegen verlustärmere Leitungen mit einer Dämpfung von 1 dB ausgetauscht und Antennen mit höheren Antennengewinnen von $G_2 = 15$ dBi eingesetzt. Wie muss die Leistung des Senders angepasst werden, damit die maximal zulässige Sendeleistung (EIRP) nicht überschritten wird? Warum steigt überhaupt die Reichweite?

Übung 7.2

Untersuchen Sie einige der in Abschnitt 7.4.3 vorgestellten Konzepte zur Verkürzung von Monopolantennen mit einem Feldsimulator Ihrer Wahl. Wählen Sie als Betriebsfrequenz für die Antennen $f = 2,45$ GHz.

Übung 7.3

Es soll eine koaxial gespeiste *Patch*-Antenne für eine Frequenz von $f = 4$ GHz entworfen werden. Als Substrat steht ein Material mit einer relativen Dielektrizitätszahl von $\varepsilon_r = 3,38$ und einer Höhe von $h = 1,6$ mm zur Verfügung. Für die Breite gelte $W = 1,5 L$. Überprüfen Sie die Anpassung Ihres Entwurfes mit einem Feldsimulator, wenn Sie Zugang zu entsprechender Software haben.

Übung 7.4

Zeigen Sie, dass sich das elektrische und magnetische Feld des Hertzschen Dipols in Gleichung (7.34) mit Hilfe der Gleichungen (7.23) und (7.24) aus dem magnetischen Vektorpotential in Gleichung (7.26) berechnen lässt.

Übung 7.5

Leiten Sie den Zusammenhang in Gleichung (7.60) für eine zweidimensionale Gruppenantenne her.

8 Funkwellen

Ausgehend von einer anschaulichen Zusammenstellung physikalischer Wellenausbreitungs-phänomene betrachten wir einfache Modelle zur Abschätzung des Pfadverlustes bei Funk-anwendungen.

8.1 Wellenausbreitungseffekte

Im freien Raum können sich homogene ebene Wellen (HEW) und Kugelwellen ungestört ausbreiten. Diese Ausbreitungsvorgänge und das Verhalten von homogenen ebenen Wellen an ebenen Grenzschichten haben wir in Kapitel 2 detailliert beschrieben. Wir wollen hier weitere für die Wellenausbreitung wichtige Begriffe einführen.

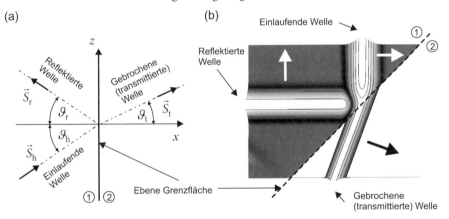

Bild 8.1 Reflexion und Brechung einer Welle an einer ebenen Grenzschicht

Bild 8.1a zeigt eine hinlaufende Welle, die aus Medium 1 kommend unter dem Winkel ϑ_h auf die Grenzschicht trifft. Ein Teil der Welle wird reflektiert.

> **Reflexion:** Trifft eine homogene ebene Welle auf die ebene Grenzschicht zweier Medien, so wird sie reflektiert, wobei Einfalls- und Ausfallswinkel gleich sind.

Ein zweiter Teil der Welle dringt in Medium 2 ein, wobei der Transmissionswinkel im All-gemeinen vom Einfallswinkel verschieden ist.

> **Brechung:** Beim Durchgang einer homogenen ebenen Welle durch die ebene Grenz-schicht zweier Medien erfährt die Welle eine Richtungsänderung.

Bild 8.1b verdeutlicht den Sachverhalt durch eine Momentaufnahme eines Wellenberges, der auf eine Grenzschicht trifft. Der einlaufende, reflektierte und gebrochene Wellenanteil sind deutlich erkennbar. Die Reflexions- und Transmissionsfaktoren für unterschiedliche Polarisationen der einfallenden Welle sowie die Winkel, unter denen sich die Wellenanteile ausbreiten, sind in Abschnitt 2.5.3 angegeben.

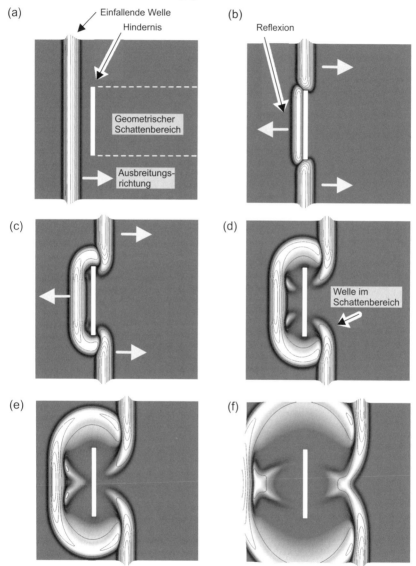

Bild 8.2 Eine Welle trifft auf ein Hindernis. Aufgrund der Beugung an den Objektkanten tritt die Welle auch in den geometrischen Schattenbereich ein

Ist ein Material verlustbehaftet, so wird die Welle absorbiert. Der Betrag der Amplitude nimmt dann exponentiell mit der Weglänge ab. Der absorbierte Anteil wird in Wärmeenergie umgewandelt und ist für den elektromagnetischen Signaltransport verloren.

Absorption: In verlustbehafteten Medien nimmt die Amplitude des Signals längs des Weges ab. Die Amplitudenabnahme ist dabei exponentiell.

Im Zusammenhang mit räumlich begrenzten Objekten kommt es an den Kanten zu Beugungserscheinungen. Hierzu betrachten wir Bild 8.2a: Eine ebene Welle trifft auf ein für die Welle undurchdringliches Hindernis (z.B. eine metallische Wand). Hinter dem Hindernis liegt in Ausbreitungsrichtung der *geometrische Schattenraum*. Würden sich elektromagnetische Vorgänge strahlförmig ausbreiten, so sollte in diesem Gebiet kein elektromagnetisches Feld auftreten. Aufgrund der Wellennatur der elektromagnetischen Vorgänge kommt es jedoch an den Kanten zu Beugungserscheinungen.

In Bild 8.2b erreicht die Welle gerade das Hindernis: Im Bereich des Objektes wird die Welle reflektiert, außerhalb des Objektbereiches läuft die Welle in ihrer Ursprungsrichtung weiter. In Bild 8.2c-d erkennen wir zum einen das Zurücklaufen des reflektierten Anteils. Zum anderen sehen wir, dass die Welle auch in den geometrischen Schattenbereich eindringt. Die Effekte setzen sich in den folgenden zwei Bildern fort.

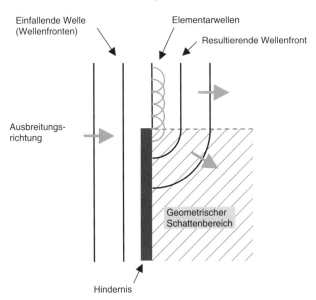

Bild 8.3 Erklärung der Beugungserscheinung mit dem Huygensschen Prinzip

Das Auftreten der Beugung kann mit dem Huygensschen Prinzip erklärt werden, welches besagt, dass jeder Punkt einer Wellenfront als Ausgangspunkt einer neuen Elementarwelle betrachtet werden kann (Bild 8.3). Die Elementarwellen addieren sich zu einer neuen resultierenden Wellenfront, die auch in den Schattenbereich hineinläuft.

Beugung: Elektromagnetische Wellen werden an Kanten eines Objektes in den geometrischen Schattenbereich hinein gebeugt.

Das Problem, dass eine elektromagnetische Welle senkrecht auf eine absorbierende Halb-ebene trifft, und die damit verbundenen Beugungserscheinungen sind in der Literatur als *Knife-Edge*-Problem bekannt [Geng98]. Wir kommen darauf in Zusammenhang mit Richt-funkstrecken zurück.

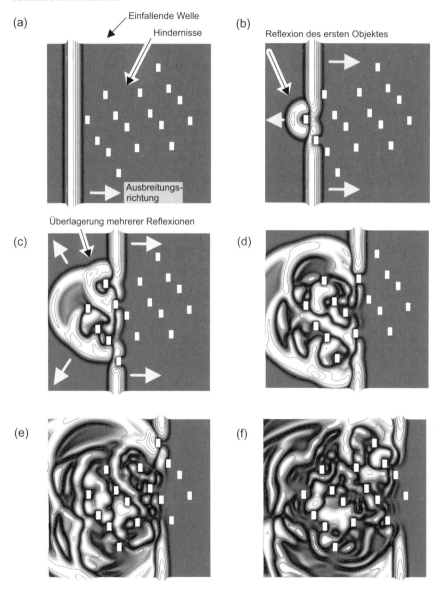

Bild 8.4 Streuung einer Welle an einer Vielzahl kleiner Objekte

Tritt die elektromagnetische Welle in Wechselwirkung (Reflexion, Brechung, Beugung) mit einer Vielzahl von Objekten (z.B. Regentropfen in der Atmosphäre oder räumlich verteilte Vegetation), so spricht man von Streuung, da hier die Reaktion auf die Wechselwirkung sehr ungeordnet ist.

> **Streuung:** Wechselwirkung einer elektromagnetischen Welle mit einer Vielzahl von Objekten oder mit einem räumlich unregelmäßig verteilten Objekt.

Als Beispiel für die Streuung einer Welle an einer größeren Zahl von Hindernissen betrachten wir Bild 8.4. Die einfallende Welle wird an den einzelnen Objekten reflektiert und gebeugt. Die reflektierten und gebeugten Wellenanteile treten wiederum in Wechselwirkung mit den umliegenden Objekten. Insgesamt ergibt sich ein sehr unregelmäßiges Feldmuster.

Die Wechselwirkung von elektromagnetischen Wellen mit Objekten lässt sich technisch – beispielsweise bei Radaranwendungen – nutzen. Bild 8.5 zeigt ein monostatisches Radar, bei dem Sende- und Empfangsantenne sich am gleichen Ort befinden. Radarsysteme in der Luftfahrt und im Automobilbereich nutzen Signallaufzeiten und Frequenzverschiebungen durch den Dopplereffekt, um Entfernungen und Geschwindigkeiten von Objekten zu ermitteln.

Elektromagnetische Wellen breiten sich mit der Lichtgeschwindigkeit c_0 aus. Um die Strecke s zwischen Antenne und Objekt hin- und zurückzulaufen, benötigen sie die Zeit Δt. Die Entfernung s lässt sich dann einfach ermitteln.

$$s = \frac{1}{2}c_0 \Delta t \quad \text{(Entfernung zum Objekt)} \tag{8.1}$$

Da Objekte sich in ihrem Rückstreuverhalten unterscheiden, ist aus der Amplitude und dem Verlauf des Empfangssignals in gewissen Grenzen auch eine Klassifikation von Objekten möglich. So zeigen beim Automobilradar zum Beispiel Fußgänger und Kraftfahrzeuge ein deutlich unterschiedliches Rückstreusignal. Das Rückstreuverhalten wird durch den Rückstreuquerschnitt σ (RCS – *Radar Cross Section*) beschrieben [Fink08]. Diese Größe ist im Allgemeinen winkelabhängig, da die Wechselwirkung zwischen Welle und Objekt von der Einfallsrichtung abhängt. Mit Hilfe des Rückstreuquerschnittes kann die Empfangsleistung folgendermaßen berechnet werden [Pehl92], wenn sich das Objekt in Hauptstrahlrichtung befindet.

$$P_E = P_S \frac{G_S G_E \lambda_0^2}{(4\pi)^3 s^4} \sigma \quad \text{(Empfangsleistung)} \tag{8.2}$$

Da unterschiedliche Antennen zum Senden und Empfangen verwendet werden können, treten die Gewinne G_S und G_E der beiden Antennen getrennt auf.

Bei bewegten Zielen ergibt sich eine Frequenzverschiebung. Besitzt das bewegte Ziel eine Geschwindigkeitskomponente in Richtung des Senders, so ist die Frequenz des Empfangssignals um die Dopplerfrequenz gegenüber der Frequenz des Sendesignals erhöht [Pehl92]. Entfernt sich das Zielobjekt, so ist die Empfangsfrequenz um die Dopplerfrequenz geringer als die Sendefrequenz.

$$f_D = f_E - f_S = f_E \frac{2v_\parallel}{c_0} = \frac{2v_\parallel}{\lambda_0} \quad \text{(Dopplerfrequenz)} \tag{8.3}$$

Der Faktor „zwei" in Gleichung (8.3) rührt daher, dass das Zielobjekt aufgrund seiner Eigenbewegung zunächst ein um die Frequenz $v_\parallel / \lambda_0$ erhöhtes Signal sieht. Dieses Signal wird dann von dem Objekt wieder abgestrahlt, so dass also aufgrund des nun bewegten Senders der Faktor 2 entsteht.

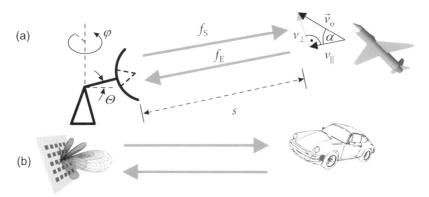

Bild 8.5 Radaranwendung in der Luftfahrt und im Automobilbereich

Mit Hilfe einer mechanisch oder elektronisch schwenkbaren Antenne (Abschnitt 7.6) können der Azimut- oder Horizontalwinkel φ sowie der Elevations- oder Vertikalwinkel Θ und damit die Lage des Objektes im Raum bestimmt werden. Ist nur der Azimutwinkel von Interesse, so ist es ausreichend, eine rotierende Antenne zu verwenden. Um eine hohe Winkelauflösung zu erzielen, sollte das Strahlungsdiagramm einen geringen horizontalen Öffnungswinkel besitzen. Der Öffnungswinkel in vertikaler Richtung sollte groß sein, um Objekte in unterschiedlichen Höhen erfassen zu können.

Beispiel 8.1 Dopplerfrequenz

Ein Fahrzeug bewegt sich mit einer Geschwindigkeit von $v_0 = 60\,$km/h unter einem Winkel von $\alpha = 45°$ gegenüber einem Radarsystem ($f = 24\,$GHz). Mit Gleichung (8.3) erhalten wir

$$f_D = f_E - f_S = f_S \frac{2v_\parallel}{c_0} = 2\frac{24\,\text{GHz}}{3\cdot10^8\,\text{m/s}}\cdot\frac{\cos(\alpha)60}{3,6}\cdot\frac{\text{m}}{\text{s}}\approx 1,886\,\text{kHz}\;. \qquad (8.4)$$

Die Umrechnung der Einheit von km/h in m/s wird mit dem Faktor 1/3,6 berücksichtigt und der Winkel α reduziert die wirksame Geschwindigkeit um den Faktor $\cos(\alpha)$.

■

8.2 Einfache Ausbreitungsszenarien

8.2.1 Freiraumausbreitung

Bild 8.6a stellt die Leistungsübertragung von einem Sender zu einem Empfänger dar. Die Antennen sollen sich im freien Raum befinden. Es existiert dann nur ein direkter Ausbreitungspfad für die Welle vom Sender zum Empfänger. Die Antennen befinden sich im Abstand r zueinander, besitzen die Gewinne G_S und G_E und seien optimal aufeinander ausgerichtet, d.h. jede Antenne befindet sich in Hauptstrahlrichtung der anderen Antenne. Weiterhin besitzen beide Antennen die gleiche Polarisation.

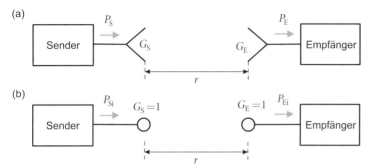

Bild 8.6 Freiraumausbreitung: Verwendung von (a) Antennen mit Gewinn und (b) isotropen Kugelstrahlern

In diesem Fall kann die Empfangsleistung einfach nach der *Friis*-Gleichung berechnet werden [Geng98] [Dobk08].

$$P_E = \left(\frac{\lambda_0}{4\pi r}\right)^2 G_S G_E P_S \quad \text{(Freiraumausbreitung)} \tag{8.5}$$

Wir können die Gleichung auch in logarithmischer Darstellung angeben mit

$$\frac{P_E}{\text{dBm}} = \frac{P_S}{\text{dBm}} + \frac{G_S}{\text{dBi}} + \frac{G_E}{\text{dBi}} - \underbrace{20\lg\left(\frac{4\pi r}{\lambda_0}\right)}_{L_{F0}/\text{dB}} \ . \tag{8.6}$$

Der Term L_{F0} wird als Grundübertragungsdämpfung (*Free space loss*) oder isotrope Funkfelddämpfung bezeichnet. Verwendet man, wie in Bild 8.6b gezeigt, als Antennen idealisierte isotrope Kugelstrahler ($G = 1$), so kann man unter Verwendung der isotropen Sendeleistung $P_{Si} = G_S P_S = EIRP$ und der isotropen Empfangsleistung $P_{Ei} = P_E/G_E$ schreiben

$$L_{F0} = 10\lg\left(\frac{P_{Si}}{P_{Ei}}\right) = 10\lg\left(\frac{G_S P_S}{P_E/G_E}\right) = 10\lg\left(\frac{P_S}{P_E} G_S G_E\right) = 20\lg\left(\frac{4\pi rf}{c_0}\right). \tag{8.7}$$

Die isotrope Funkfelddämpfung ist unabhängig von den Antennengewinnen und beschreibt nur die Wellenausbreitung zwischen den Antennen. In logarithmischer Darstellung ergibt sich:

$$\frac{L_{F0}}{\text{dB}} = -147,56 + 20\lg\left(\frac{r}{\text{m}}\right) + 20\lg\left(\frac{f}{\text{Hz}}\right) = 32,4 + 20\lg\left(\frac{r}{\text{km}}\right) + 20\lg\left(\frac{f}{\text{MHz}}\right). \tag{8.8}$$

Die Grundübertragungsdämpfung steigt also mit der Entfernung und der Frequenz an. Die Zunahme der Dämpfung beträgt jeweils 6 dB pro Oktave (Frequenzverdopplung) bzw. 20 dB pro Dekade (Frequenzverzehnfachung).

Beispiel 8.2 Empfangsleistung bei Freiraumausbreitung

Zwei Antennen (mit $G_S = G_E = 1,5$) befinden sich im Abstand $r = 20$ m zueinander. Für eine Sendeleistung von $P_S = 50$ mW und eine Frequenz von $f = 2,45$ GHz errechnen wir unter Verwendung von Formel (8.5) die Empfangsleistung P_E.

$$P_E = \left(\frac{\lambda_0}{4\pi r}\right)^2 G_S G_E P_S = \left(\frac{c_0}{4\pi r f}\right)^2 G_S G_E P_S = 26,7\,\text{nW} \stackrel{\wedge}{=} -45,73\,\text{dBm} \tag{8.9}$$

Alternativ können wir auch mit Gleichung (8.6) arbeiten, wenn wir alle Größen logarithmisch darstellen. Wir erhalten dann:

$$P_E = P_S + G_S + G_E - 20\lg\left(\frac{4\pi r}{\lambda_0}\right) = 17\,\text{dBm} + 1,76\,\text{dBi} + 1,76\,\text{dBi} - \underbrace{66,25\,\text{dB}}_{L_{F0}} = -45,73\,\text{dBm}$$

Die Grundübertragungsdämpfung ist hier $L_{F0} = 66,25$ dB.

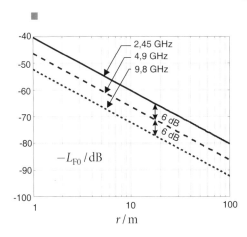

Bild 8.7 Grundübertragungsdämpfungen für drei ausgewählte Frequenzen

Bild 8.7 zeigt den Verlauf der Freiraumdämpfung für Frequenzen von $f_1 = 2,45$ GHz, $f_2 = 2f_1 = 4,9$ GHz und $f_3 = 4f_1 = 9,8$ GHz und Abstände r zwischen 1 Meter und 100 Metern. Für die Darstellung haben wir die Freiraumdämpfung mit dem Wert -1 multipliziert, so dass wir fallende Kurven erhalten und damit die geringer werdende Empfangsleistung besser anschaulich wird. Bei einem Abstand von $r = 20$ m und einer Frequenz von $f = 2,45$ GHz finden wir den Wert von ungefähr 66 dB aus Beispiel 8.2. Eine Verdoppelung der Frequenz bedeutet eine um 6 dB größere Funkfelddämpfung L_{F0}.

8.2.2 Ausbreitung über ebenem Grund

Die im vorherigen Abschnitt diskutierte Annahme einer Wellenausbreitung im freien Raum ist in der Praxis oft nicht erfüllt. Bei Funkverbindungen spielt unter anderem der Einfluss des Erdbodens oft eine bedeutende Rolle. Bild 8.8a zeigt, dass bei Hinzunahme eines Erdbodens nicht mehr nur der direkte Pfad ($r = d_0$) zwischen den Antennen existiert, sondern dass es einen weiteren, indirekten Pfad ($r = d_1 + d_2$) durch die Reflexion am Erdboden gibt.

Dieser indirekte Weg ist länger als der direkte Pfad und die Wellen erfahren daher auf den unterschiedlichen Wegen eine abweichende Dämpfung und Phasendrehung. Je nach Weglängendifferenz kann es zu konstruktiver oder destruktiver Überlagerung (Interferenz) kommen und damit zu einer Überhöhung oder Abschwächung des Signals.

(a)

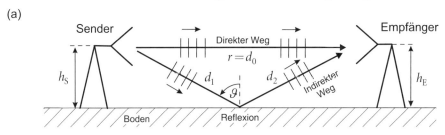

(b)

(c)

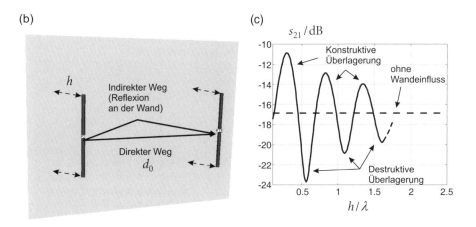

Bild 8.8 (a) Prinzipielles Zweiwegemodell mit Bodenreflexion, (b) zwei Dipole vor einer metallischen Wand, (c) Transmissionsfaktor zeigt Bereiche konstruktiver und destruktiver Interferenz durch Ausbreitung auf direktem und indirektem Weg

Bild 8.8b zeigt zwei Halbwellendipole im Abstand d_0 zueinander. Die Dipole sind im Abstand h vor der Wand angeordnet. Im Folgenden variieren wir diesen Abstand h und beobachten das Transmissionsverhalten zwischen den Dipolen. In Bild 8.8c erkennen wir am Verlauf des Transmissionsfaktors mit ansteigendem Abstand zur Wand abwechselnd Bereiche mit konstruktiver und destruktiver Überlagerung. Mit steigendem Abstand der Dipole zur Wand wird der Wandeinfluss immer geringer und konvergiert gegen den Transmissionsfaktor, den wir im freien Raum erhalten würden (gestrichelte Linie).

Um zu einer praxistauglichen und einfachen mathematischen Beschreibung zu gelangen, schauen wir uns einen in der Praxis häufig auftauchenden Sonderfall an. Der Abstand zwischen den Antennen $r = d_0$ soll deutlich größer sein als die Antennenhöhen ($r \gg h_S, h_E$) [Geng98]. Wir wollen zunächst von isotrop strahlenden Antennen ausgehen.

Der in Bild 8.8a eingezeichnete Einfallswinkel ϑ wird für diesen Fall gegen den rechten Winkel konvergieren. Der Reflexionsfaktor des Bodens konvergiert für einen sehr flachen Einfall gegen den Wert $r_B \approx -1$ [Saun07]. Näherungsweise kann davon ausgegangen werden, dass wegen der ungefähr gleich langen Wege ($d_1 + d_2 \approx d_0$) des direkten und indirekten Ausbreitungspfades die Amplituden der am Empfänger eintreffenden Wellenanteile ungefähr gleich groß sind. Die Phasendifferenzen müssen jedoch genauer betrachtet werden. Wir werden dies in Übung 8.1 im Detail berechnen. Als Ergebnis erhalten wir dann schließlich für die isotrope Funkfelddämpfung bei Zweiwegeausbreitung [Saun07]:

$$\frac{1}{L} = \frac{P_E}{P_S} = 2\left(\frac{\lambda_0}{4\pi r}\right)^2 \left[1 - \cos\left(\frac{4\pi h_S h_E}{\lambda_0 r}\right)\right] \quad \text{(Zweiwegeausbreitung, } r \gg h_S, h_E). \qquad (8.10)$$

Beispiel 8.3 Zweiwegeausbreitung

Wir betrachten als Beispiel den Fall gleicher Antennenhöhen ($h_E = h_S = 2$ m) bei einer Frequenz von $f = 2$ GHz.

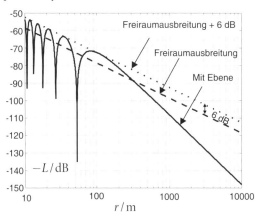

Bild 8.9 Funkfelddämpfung bei Freiraumbedingungen und bei Anwesenheit einer ebenen Fläche ($f = 2$ GHz, $h_S = h_E = 2$ m) (Beispiel 8.3)

Bild 8.9 zeigt den Verlauf der Funkfelddämpfung zwischen 10 m und 10 km unter den zuvor genannten Randbedingungen. Im Bereich bis ca. 100 m ergeben sich Minima und Maxima aufgrund konstruktiver und destruktiver Überlagerung. Die Maxima liegen 6 dB oberhalb der Freiraumausbreitung, die Minima sind theoretisch unendlich tief. Für Entfernungen größer als 100 m erhalten wir einen monoton fallenden Verlauf. Der Verlauf nähert sich asymptotisch der Funktion:

$$\frac{1}{L} = \frac{P_E}{P_S} \to \frac{h_S^2 h_E^2}{r^4} \quad (r \to \infty). \qquad (8.11)$$

Für große Abstände ergibt sich also der in Bild 8.9 erkennbare Abfall von 40 dB/Dekade. Dieser Abfall ist stärker als der Abfall für Freiraumausbreitung von 20 dB/Dekade.

■

Beispiel 8.4 Einfluss der Antennenhöhe bei der Zweiwegeausbreitung

Um den Einfluss der Antennenhöhe zu verdeutlichen, variieren wir die Höhe von Sende- und Empfangsantenne ($f = 2$ GHz). Bild 8.10 zeigt zunächst noch einmal den Verlauf für identische Höhen von Sender und Empfänger von $h_S = h_E = 2$ m. Erhöhen wir die Position der Sendeantenne ($h_S = 10$ m, $h_E = 2$ m), so erreichen wir bei größeren Entfernungen einen höheren Empfangspegel (um ca. 14 dB) und damit eine höhere Reichweite. Der Effekt lässt sich noch steigern, wenn wir auch die Position der Empfangsantenne erhöhen ($h_S = h_E = 10$ m).

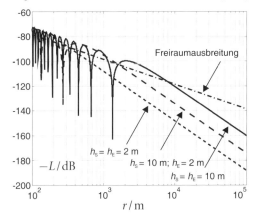

Bild 8.10 Einfluss der Antennenhöhe auf die Funkfelddämpfung bei der Zweiwegeausbreitung (Beispiel 8.4)

■

8.2.3 Richtfunkstrecken

Bei Richtfunkstrecken zwischen entfernten Standorten strebt man Freiraumausbreitungsbedingungen an. Durch erhöhte Standorte der Antennen und durch Verwendung von Antennen mit einer hohen Richtwirkung vermindert man zunächst den Einfluss der Bodenreflexion. Weiterhin sollte der Raum zwischen den Antennen frei von Hindernissen sein. Eine einfache, direkte Sichtverbindung reicht hierfür jedoch nicht aus, da sich die elektromagnetischen Felder als Welle ausbreiten und somit an Kanten gebeugt werden.

Anhand von analytischen Modellen (*Knife-Edge*-Beugung, [Geng98]) kann man zeigen, dass die Übertragung spürbar beeinflusst wird, falls Objekte in das erste Fresnel-Ellipsoid hineinragen. Das erste Fresnel-Ellipsoid sollte also frei von Hindernissen sein. Zur Bestimmung der Oberfläche des ersten Fresnel-Ellipsoids betrachten wir Signalwege, die um die halbe Wellenlänge größer sind als der direkte Antennenabstand r (Bild 8.11).

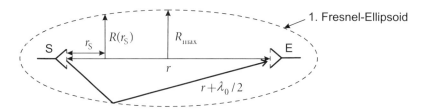

Bild 8.11 Erstes Fresnel-Ellipsoid

Für den Fall, dass der Abstand r zwischen den Antennen deutlich größer ist als der Radius R_{max} des Ellipsoids, kann mit folgender Näherung gerechnet werden [Geng98] (Bild 8.11).

$$R_{max} = \sqrt{\lambda_0 \frac{r}{4}} \qquad (8.12)$$

$$R(r_S) = \sqrt{\lambda_0 \frac{r_S(r - r_S)}{r}} \qquad (8.13)$$

Die analytischen Überlegungen zur Beeinflussung der Wellenausbreitung durch Objekte im Fresnel-Ellipsoid gehen von einer senkrechten Halbebene aus, die in das Ellipsoid ragt. Falls die Halbebene das Ellipsoid zur Hälfte abdeckt, ist die Empfangsfeldstärke auf den halben Wert gefallen. Die Empfangsleistung beträgt dann nur noch ein Viertel des Wertes der Freiraumübertragung (Bild 8.12). Ist die Halbebene außerhalb des Fresnel-Ellipsoids, so herrschen näherungsweise Freiraumbedingungen.

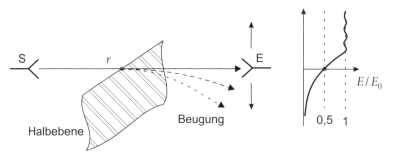

Bild 8.12 Zur Erläuterung der Kantenbeugung (*Knife-Edge*-Modell)

Beispiel 8.5 Fresnel-Ellipsoid

Zwei Antennen einer Richtfunkstrecke ($f = 6$ GHz) befinden sich im Abstand von $r = 20$ km auf Masten mit einer Höhe h. In der Mitte der Strecke liegt ein ausgedehnter Gebäudekomplex der Höhe $h_G = 10$ m. Wie hoch müssen die Masten mindestens sein, wenn die Gebäude nicht in das erste Fresnel-Ellipsoid hineinragen sollen?

Da sich die Gebäude in der Mitte der Richtfunkverbindung befinden, kann direkt Gleichung (8.12) angewendet werden, um den Radius des Fresnel-Ellipsoids an der interessierenden Stelle zu berechnen.

$$R_{max} = \sqrt{\lambda_0 \frac{r}{4}} = \sqrt{\frac{c_0}{f} \cdot \frac{r}{4}} \approx 15,8\,\text{m} \qquad (8.14)$$

Addieren wir die Gebäudehöhe h_G zum Wert R_{max}, so erhalten wir für die minimale Masthöhe $h_{min} = h_G + R_{max} \approx 25,8$ m.

■

8.2.4 Geschichtete Medien

In Gebäuden kommt es zur Wellenausbreitung durch Wände und Decken. Diese sind in der Regel planar aufgebaut. Wir wollen daher als einfaches Vergleichsmodell die Wechselwirkung zwischen einer homogenen ebenen Welle und einem geschichteten Medium betrachten. Besonders einfach wird die Berechnung, wenn ein senkrechter Einfall angenommen wird (Bild 8.13a).

Im Fall des senkrechten Einfalls handelt es sich um ein eindimensionales Problem, welches mit Hilfe der Leitungstheorie behandelt werden kann, da sich auch hier TEM-Wellen ausbreiten. Bild 8.13b zeigt ein Ersatzmodell mit Leitungsstücken für die unterschiedlichen Schichten der Wand. Die Leitungslängen entsprechen dabei den Wanddicken d_i und die Füllmaterialien der Leitungen den Materialien der Wand mit den entsprechenden Werten für die relative Dielektrizitätszahl ε_r und den Verlustfaktor $\tan\delta_\varepsilon$. Die Quell- und Abschlusswiderstände sowie die Leitungswellenwiderstände der *Leitung ohne Materialfüllung* müssen *einheitlich* sein (Z_L). Die Leitungswellenwiderstände mit Füllmaterial sind dann unterschiedlich und besitzen die Werte $Z_{Li} = Z_L / \sqrt{\varepsilon_{ri}}$.

Bei der Simulation mit einem Schaltungssimulator können zum Beispiel abschnittsweise Koaxialleitungen gewählt werden, deren Außenradius dem 2,3-Fachen des Innenradius entspricht. Damit haben die Leitungen im leeren (vakuumgefüllten) Zustand einen Leitungswellenwiderstand von 50 Ω. Quelle und Last können dann durch die üblichen 50-Ω-Tore dargestellt werden.

(a)   (b)

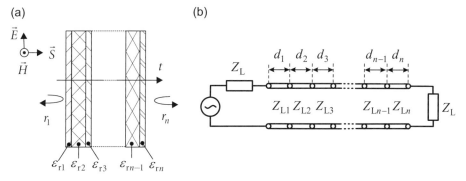

Bild 8.13 (a) Senkrechter Einfall einer ebenen Welle auf ein geschichtetes Medium, (b) Berechnung mit Leitungsabschnitten

Beispiel 8.6 Wellenausbreitung durch eine einfache dielektrische Schicht

Eine homogene ebene Welle fällt senkrecht auf eine verlustlose dielektrische Schicht ($\varepsilon_r = 4$, $\tan\delta_\varepsilon = 0$) der Dicke $d = 2{,}5$ cm. Die mit Hilfe eines Schaltungssimulators berechneten Transmissions- und Reflexionsfaktoren im Frequenzbereich von 0,1 bis 10 GHz sind in Bild 8.14 dargestellt.

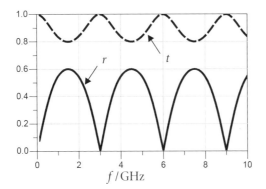 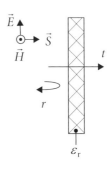

Bild 8.14 Reflexions- und Transmissionsfaktor für eine einschichtige Wand (Beispiel 8.6)

Wir erkennen ein frequenzabhängiges Verhalten mit Dämpfungsminima und -maxima. Bei Vielfachen von 3 GHz erhalten wir stets volle Transmission bei verschwindendem Reflexionsfaktor. Bei einer Frequenz von 3 GHz beträgt die Wellenlänge in der Schicht:

$$\lambda = \frac{c_0}{f\sqrt{\varepsilon_r}} = 50\,\text{mm} . \tag{8.15}$$

Die Wandstärke d entspricht hier also der halben Wellenlänge. In Abschnitt 3.1.9.2 hatten wir bei $\lambda/2$-langen Leitungen von der *Autotransformation* gesprochen. Die Eingangsimpedanz entspricht dort – unabhängig vom Leitungswellenwiderstand – gerade eben der Abschlussimpedanz. Im Falle des Einschichtenproblems mit einer Wand aus verlustlosem Material bedeutet dies, dass die Wand für Frequenzen, bei denen die Wanddicke gerade eben ein ganzzahliges Vielfaches der halben Wellenlänge ist, transparent erscheint.

■

Beispiel 8.7 Wellenausbreitung durch eine dreifach geschichtete Wand

Wir nehmen nun ein realistischeres Wandmodell mit drei verlustbehafteten Schichten. Für die drei Schichten gelte:

- erste Schicht : $d_1 = 30$ mm, $\varepsilon_{r1} = 3$, $\tan\delta_{\varepsilon_1} = 0{,}01$
- zweite Schicht : $d_2 = 115$ mm, $\varepsilon_{r2} = 4{,}5$, $\tan\delta_{\varepsilon_2} = 0{,}05$
- dritte Schicht : $d_3 = 30$ mm, $\varepsilon_{r3} = 3$, $\tan\delta_{\varepsilon_3} = 0{,}01$.

Das Ergebnis der Simulation sehen wir in Bild 8.15. Es zeigt sich ein insgesamt komplexes frequenzabhängiges Verhalten mit Resonanzen bei niedrigen Frequenzen und einer zunehmenden Dämpfung bei hohen Frequenzen.

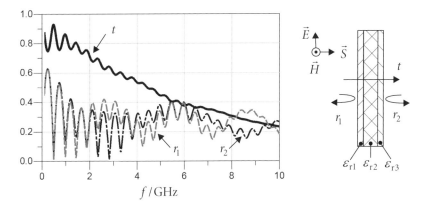

Bild 8.15 Reflexions- und Transmissionsfaktor für eine dreischichtige Wand (Beispiel 8.7)

8.3 Komplexe Umgebungen

8.3.1 Mehrwegeausbreitung

Bei einem realen Funksystem treten die vorgenannten isoliert betrachteten Wellenausbreitungsphänomene gemeinsam auf.

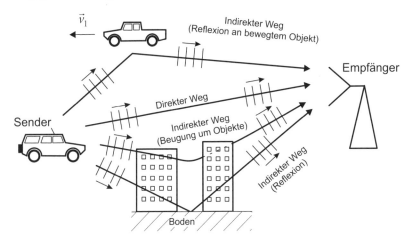

Bild 8.16 Mehrwegeausbreitung zwischen Sender und Empfänger in einer komplexen Umgebung

Bild 8.16 zeigt Sender und Empfänger in einer komplexen Umgebung. Die elektromagnetischen Wellen breiten sich hier auf einer Vielzahl von Wegen vom Sender zum Empfänger aus (Mehrwegeausbreitung). Neben der Ausbreitung auf dem direkten Weg kommt es zu Reflexionen an ruhenden und bewegten Objekten. Weiterhin werden Wellen an Objekten gebeugt. Bewegen sich nun auch noch Sender oder Empfänger, so entsteht ein orts- und zeitabhängiger Übertragungskanal, bei dem sich die Empfangseigenschaften sehr rasch ändern können.

Wir betrachten die Funkfelddämpfung zwischen einem Sender (zum Beispiel einer Mobilfunkbasisstation) und einem Empfänger in einer heterogenen Umgebung. Der Empfänger entferne sich vom Sender (Abstand r). Bei der Betrachtung der Funkfelddämpfung in einer heterogenen Umgebung können drei Anteile unterschieden werden:

- Zunächst ist da die Funkfelddämpfung nach dem Freiraummodell oder der Zweiwegeausbreitung (Bild 8.17a).
- Durch große Objekte (Gebäude, Geländeerhöhungen, Bewaldung) kommt es zu einer zusätzlichen, *langsamen* Variation der Empfangsleistung. Dieser Effekt wird als Abschattung (*Shadowing, Slow fading*) bezeichnet (Bild 8.17b).
- Die bei der Bewegung des Empfängers variierenden Weglängen sowie die Bewegungen von Objekten in der Umgebung führen zu permanenten Veränderungen der Phasenbeziehungen der Wellen auf den unterschiedlichen Wegen. Dieses Phänomen der schwankenden Empfangsleistung wird als *Fast fading* (oder *Multipath fading*) bezeichnet (Bild 8.17c). In Abständen von halben Wellenlängen ist dabei mit starken Einbrüchen des Empfangspegels zu rechnen.

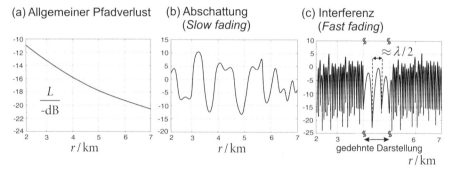

Bild 8.17 Beiträge zur Funkfelddämpfung: (a) allgemeiner Pfadverlust aufgrund der Entfernung, (b) Abschattung durch große Objekte, (c) Interferenz durch Mehrwegeausbreitung

8.3.2   Patch-Loss-Modelle

Zur Abschätzung der Reichweite realer Funksysteme reichen die in Abschnitt 8.2 vorgestellten einfachen Wellenausbreitungsmodelle oft nicht aus. In komplexen Umgebungen werden daher empirische oder erweiterte physikalische Modelle eingesetzt [Geng98] [Saun07].

Empirische Modelle

Empirische Modelle basieren auf ausgedehnten Messreihen, die in bestimmten Umgebungssituationen aufgezeichnet wurden. Aus diesen Messwerten werden mit statistischen Methoden Modelle entwickelt, die eine Vorhersage von mittleren Feldstärkewerten oder Leistungspegeln ermöglichen.

Im Bereich der Mobilfunkfrequenzen unter 2 GHz sind historisch das Okumura-Hata-Modell und seine Erweiterung, das COST-Hata-Modell, von Bedeutung. Für unterschiedliche Geländetypen (großstädtisch, kleinstädtisch, ländlich) existieren Näherungsformeln, die als Grundlage für Planungen verwendet werden können.

Durch Hinzunahme von physikalischen Zusammenhängen aus den einfachen Ansätzen in Abschnitt 8.2 (Freiraumausbreitung, Zweistrahltheorie, Kantenbeugung), können die Modelle verfeinert werden, so dass sich in Ansätzen z.B. auch Beugungseffekte infolge von Geländeerhebungen und Gebäuden berücksichtigen lassen. Die so erweiterten Modelle werden als semi-empirisch bezeichnet.

Physikalische Modelle

Physikalische Modelle beschreiben das Funkfeld auf Basis der Wellenausbreitungsphänomene. Bei Vorgabe einer Szenerie (Antennenpositionen, Geländeverlauf, Bebauung) lassen sich die relevanten Ausbreitungspfade ermitteln und auswerten. Für größere Distanzen und bei Objekten, die im Vergleich zur Wellenlänge groß sind, kann auf strahlenoptische Verfahren (*Ray tracing*, Strahlverfolgung) und die verallgemeinerte Beugungstheorie (UTD, *Uniform Theory of diffraction*) zurückgegriffen werden. Das Einbeziehen realer Geländedaten erlaubt gegenüber den empirischen und semi-empirischen Modellen eine deutliche Steigerung der Genauigkeit bei der Feldstärkeprädiktion. Der Preis, den man für die gesteigerte Genauigkeit bezahlen muss, liegt in dem hohen numerischen Aufwand bei der Simulation der Wellenausbreitungsphänomene.

Falls das Modell nur Aussagen in einem kleinen räumlichen Bereich machen soll, zum Beispiel im Inneren eines Gebäudes (so etwa zwischen zwei benachbarten Räumen oder zwischen benachbarten Geschossen), so kommen gegebenenfalls auch EM-Simulatoren in Betracht, wie wir sie in Abschnitt 6.4.2 kennengelernt haben. Die hier angestrebte Lösung der Maxwellschen Gleichungen bedeutet allerdings einen deutlich erhöhten numerischen Aufwand. Dafür erwarten wir in diesem Fall allerdings auch die akkuratesten Ergebnisse.

8.4 Übungsaufgaben

Übung 8.1

Leiten Sie den Zusammenhang in Gleichung (8.10) zur Zweiwegeausbreitung her.

Übung 8.2

Die Antennen von Sender und Empfänger ($f = 400$ MHz) befinden sich auf gleicher Höhe ($h_S = h_E = 5$ m) und im Abstand $r = 2$ km voneinander. Es gelten die Zusammenhänge für die Zweiwegeausbreitung.

Der Abstand zwischen Sender und Empfänger steige nun auf einen Wert von $r = 3$ km. Auf welche Antennenhöhe muss die Empfängerantenne gesetzt werden, wenn die Empfangsleistung sich gegenüber der ursprünglichen Position nicht ändern soll?

Übung 8.3

Betrachtet werde eine Satellitenverbindung zwischen einer Bodenstation und einem Satelliten auf einer geostationären Umlaufbahn ($r = 36\,000$ km). Die Einflüsse der Atmosphäre werden vernachlässigt. Die Frequenz beträgt $f = 10$ GHz. Die Bodenstation habe einen Gewinn von $G_B = 30$ dBi. Für den Satellit gelte $G_S = 20$ dBi.

a) Berechnen Sie die isotrope Funkfelddämpfung.

b) Wie groß ist die Empfangsleistung bei einer Sendeleistung von 1 W?

A   Anhang

A.1   Koordinatensysteme

Koordinatensysteme dienen dazu, die Lage von Objekten im Raum zu beschreiben (Bild A.1). Am gebräuchlichsten ist das kartesische Koordinatensystem. Für zylindrische oder kugelförmige Geometrien besitzen das Zylinder- und Kugelkoordinatensystem Vorteile [Blum88].

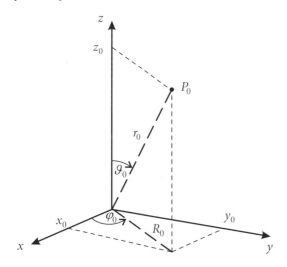

Bild A.1 Definition von kartesischen, Zylinder- und Kugelkoordinaten

A.1.1   Kartesisches Koordinatensystem

Kartesische Koordinaten: x, y, z

Einheitsvektoren: Die Einheitsvektoren $\vec{e}_x, \vec{e}_y, \vec{e}_z$ bilden ein Rechtssystem und besitzen die Länge $|\vec{e}_x| = |\vec{e}_y| = |\vec{e}_z| = 1$. Sie zeigen für jeden Punkt des Raumes immer in Richtung der Koordinatenachsen x, y und z, d.h. sie sind „raumfest".

Wegelement: $d\vec{s} = dx\,\vec{e}_x + dy\,\vec{e}_y + dz\,\vec{e}_z$ (A.1)

Flächenelement: $d\vec{A} = dy\,dz\,\vec{e}_x + dx\,dz\,\vec{e}_y + dx\,dy\,\vec{e}_z$ (A.2)

Volumenelement: $dv = dx\,dy\,dz$ (A.3)

Gradient: $\operatorname{grad}\phi = \nabla\phi = \dfrac{\partial\phi}{\partial x}\vec{e}_x + \dfrac{\partial\phi}{\partial y}\vec{e}_y + \dfrac{\partial\phi}{\partial z}\vec{e}_z$ \hfill (A.4)

Divergenz: $\operatorname{div}\vec{V} = \nabla\cdot\vec{V} = \dfrac{\partial V_x}{\partial x} + \dfrac{\partial V_y}{\partial y} + \dfrac{\partial V_z}{\partial z}$ \hfill (A.5)

Rotation: $\operatorname{rot}\vec{V} = \nabla\times\vec{V} = \left(\dfrac{\partial V_z}{\partial y} - \dfrac{\partial V_y}{\partial z}\right)\vec{e}_x + \left(\dfrac{\partial V_x}{\partial z} - \dfrac{\partial V_z}{\partial x}\right)\vec{e}_y + \left(\dfrac{\partial V_y}{\partial x} - \dfrac{\partial V_x}{\partial y}\right)\vec{e}_z$ \hfill (A.6)

Laplace-Operator: $\Delta\phi = \dfrac{\partial^2\phi}{\partial x^2} + \dfrac{\partial^2\phi}{\partial y^2} + \dfrac{\partial^2\phi}{\partial z^2}$ \hfill (A.7)

Kartesische Einheitsvektoren ausgedrückt durch Einheitsvektoren in Zylinder- und Kugelkoordinaten:

$\vec{e}_x = \vec{e}_R\cos\varphi - \vec{e}_\varphi\sin\varphi = \vec{e}_r\sin\vartheta\cos\varphi + \vec{e}_\vartheta\cos\vartheta\cos\varphi - \vec{e}_\varphi\sin\varphi$ \hfill (A.8)

$\vec{e}_y = \vec{e}_R\sin\varphi + \vec{e}_\varphi\cos\varphi = \vec{e}_r\sin\vartheta\sin\varphi + \vec{e}_\vartheta\cos\vartheta\sin\varphi + \vec{e}_\varphi\cos\varphi$ \hfill (A.9)

$\vec{e}_z = \vec{e}_z = \vec{e}_r\cos\vartheta - \vec{e}_\vartheta\sin\vartheta$. \hfill (A.10)

A.1.2 Zylinderkoordinatensystem

Zylinderkoordinaten: R, φ, z

Einheitsvektoren: Die Einheitsvektoren $\vec{e}_R, \vec{e}_\varphi, \vec{e}_z$ bilden ein Rechtssystem und besitzen die Länge $|\vec{e}_R| = |\vec{e}_\varphi| = |\vec{e}_z| = 1$. Die beiden erstgenannten Einheitsvektoren sind nicht „raumfest", denn der Einheitsvektor in radialer Richtung $\vec{e}_R$ zeigt stets von der z-Achse fort und $\vec{e}_\varphi$ zeigt stets in Umfangsrichtung.

Wegelement: $d\vec{s} = dR\,\vec{e}_R + R\,d\varphi\,\vec{e}_\varphi + dz\,\vec{e}_z$ \hfill (A.11)

Flächenelement: $d\vec{A} = R\,d\varphi\,dz\,\vec{e}_R + dR\,dz\,\vec{e}_\varphi + R\,dR\,d\varphi\,\vec{e}_z$ \hfill (A.12)

Volumenelement: $dv = R\,dR\,d\varphi\,dz$ \hfill (A.13)

Gradient: $\operatorname{grad}\phi = \nabla\phi = \dfrac{\partial\phi}{\partial R}\vec{e}_R + \dfrac{1}{R}\dfrac{\partial\phi}{\partial\varphi}\vec{e}_\varphi + \dfrac{\partial\phi}{\partial z}\vec{e}_z$ \hfill (A.14)

Divergenz: $\operatorname{div}\vec{V} = \nabla\cdot\vec{V} = \dfrac{1}{R}\dfrac{\partial(RV_R)}{\partial R} + \dfrac{1}{R}\dfrac{\partial V_\varphi}{\partial\varphi} + \dfrac{\partial V_z}{\partial z}$ \hfill (A.15)

Rotation:

$\operatorname{rot}\vec{V} = \nabla\times\vec{V} = \left(\dfrac{1}{R}\dfrac{\partial V_z}{\partial\varphi} - \dfrac{\partial V_\varphi}{\partial z}\right)\vec{e}_R + \left(\dfrac{\partial V_R}{\partial z} - \dfrac{\partial V_z}{\partial R}\right)\vec{e}_\varphi + \dfrac{1}{R}\left(\dfrac{\partial(RV_\varphi)}{\partial R} - \dfrac{\partial V_R}{\partial\varphi}\right)\vec{e}_z$ \hfill (A.16)

Laplace-Operator: $\Delta\phi = \dfrac{1}{R}\dfrac{\partial}{\partial R}\left(R\dfrac{\partial\phi}{\partial R}\right) + \dfrac{1}{R^2}\dfrac{\partial^2\phi}{\partial\varphi^2} + \dfrac{\partial^2\phi}{\partial z^2}$ \hfill (A.17)

Umrechnung auf kartesische Koordinaten:

$x = R\cos\varphi$ \hfill (A.18)

$$y = R\sin\varphi \tag{A.19}$$

$$z = z . \tag{A.20}$$

Einheitsvektoren in Zylinderkoordinaten ausgedrückt durch Einheitsvektoren in kartesischen Koordinaten und Kugelkoordinaten:

$$\vec{e}_R = \vec{e}_x\cos\varphi + \vec{e}_y\sin\varphi = \vec{e}_r\sin\vartheta + \vec{e}_\vartheta\cos\vartheta \tag{A.21}$$

$$\vec{e}_\varphi = -\vec{e}_x\sin\varphi + \vec{e}_y\cos\varphi = \vec{e}_\varphi \tag{A.22}$$

$$\vec{e}_z = \vec{e}_z = \vec{e}_r\cos\vartheta - \vec{e}_\vartheta\sin\vartheta . \tag{A.23}$$

A.1.3   Kugelkoordinatensystem

Kugelkoordinaten: r,ϑ,φ

Einheitsvektoren: Die Einheitsvektoren $\vec{e}_r, \vec{e}_\vartheta, \vec{e}_\varphi$ bilden ein Rechtssystem und besitzen die Länge $|\vec{e}_r| = |\vec{e}_\vartheta| = |\vec{e}_\varphi| = 1$. Alle Einheitsvektoren sind nicht „raumfest".

Wegelement: $d\vec{s} = dr\,\vec{e}_r + r\,d\vartheta\,\vec{e}_\vartheta + r\sin\vartheta\,d\varphi\,\vec{e}_\varphi \tag{A.24}$

Flächenelement: $d\vec{A} = r^2\sin\vartheta\,d\vartheta\,d\varphi\,\vec{e}_R + r\sin\vartheta\,dr\,d\varphi\,\vec{e}_\vartheta + r\,dr\,d\vartheta\,\vec{e}_\varphi \tag{A.25}$

Volumenelement: $dv = r^2\sin\vartheta\,dr\,d\vartheta\,d\varphi \tag{A.26}$

Gradient: $\operatorname{grad}\phi = \nabla\phi = \dfrac{\partial\phi}{\partial r}\vec{e}_r + \dfrac{1}{r}\dfrac{\partial\phi}{\partial\vartheta}\vec{e}_\vartheta + \dfrac{1}{r\sin\vartheta}\dfrac{\partial\phi}{\partial\varphi}\vec{e}_\varphi \tag{A.27}$

Divergenz: $\operatorname{div}\vec{V} = \nabla\cdot\vec{V} = \dfrac{1}{r^2}\dfrac{\partial(r^2 V_r)}{\partial r} + \dfrac{1}{r\sin\vartheta}\dfrac{\partial(V_\vartheta\sin\vartheta)}{\partial\vartheta} + \dfrac{1}{r\sin\vartheta}\dfrac{\partial V_\varphi}{\partial\varphi} \tag{A.28}$

Rotation:
$$\operatorname{rot}\vec{V} = \nabla\times\vec{V} = \dfrac{1}{r\sin\vartheta}\left[\dfrac{\partial(V_\varphi\sin\vartheta)}{\partial\vartheta} - \dfrac{\partial V_\vartheta}{\partial\varphi}\right]\vec{e}_r + $$
$$\dfrac{1}{r}\left[\dfrac{1}{\sin\vartheta}\dfrac{\partial V_r}{\partial\varphi} - \dfrac{\partial(rV_\varphi)}{\partial r}\right]\vec{e}_\vartheta + \dfrac{1}{r}\left[\dfrac{\partial(rV_\vartheta)}{\partial r} - \dfrac{\partial V_r}{\partial\vartheta}\right]\vec{e}_\varphi \tag{A.29}$$

Laplace-Operator: $\Delta\phi = \dfrac{1}{r^2}\dfrac{\partial}{\partial r}\left(r^2\dfrac{\partial\phi}{\partial r}\right) + \dfrac{1}{r^2\sin\vartheta}\dfrac{\partial}{\partial\vartheta}\left(\sin\vartheta\dfrac{\partial\phi}{\partial\vartheta}\right) + \dfrac{1}{r^2\sin^2\vartheta}\dfrac{\partial^2\phi}{\partial\varphi^2} \tag{A.30}$

Umrechnung auf kartesische Koordinaten:

$$x = r\cos\varphi\sin\vartheta \tag{A.31}$$

$$y = r\sin\varphi\sin\vartheta \tag{A.32}$$

$$z = r\cos\vartheta . \tag{A.33}$$

Einheitsvektoren in Kugelkoordinaten ausgedrückt durch Einheitsvektoren in kartesischen Koordinaten und Zylinderkoordinaten:

$$\vec{e}_r = \vec{e}_x\sin\vartheta\cos\varphi + \vec{e}_y\sin\vartheta\sin\varphi + \vec{e}_z\cos\vartheta = \vec{e}_R\sin\vartheta + \vec{e}_z\cos\vartheta \tag{A.34}$$

$$\vec{e}_\vartheta = \vec{e}_x\cos\vartheta\cos\varphi + \vec{e}_y\cos\vartheta\sin\varphi - \vec{e}_z\sin\vartheta = \vec{e}_R\cos\vartheta - \vec{e}_z\sin\vartheta \tag{A.35}$$

$$\vec{e}_\varphi = -\vec{e}_x \sin\varphi + \vec{e}_y \cos\varphi = \vec{e}_\varphi .$$ (A.36)

A.2 Logarithmische Darstellung von Größen

A.2.1 Dimensionslose Größen

Dimensionslose reelle Größen wie der Antennengewinn G oder die Beträge von Streuparametern $|s_{ij}|$ werden häufig logarithmiert angegeben. Bei *leistungsbezogenen Größen* (z.B. Gewinn G) wird der Faktor 10 vor der Logarithmusfunktion (lg=$\log_{10}$=Logarithmus zur Basis 10) und bei spannungs- oder feldstärkebasierten Größen (z.B. Streuparameter s_{ij}) der Faktor 20 gewählt.

$$G/\mathrm{dB} = 10\lg G \qquad \text{und} \qquad s_{ij}/\mathrm{dB} = 20\lg|s_{ij}|$$ (A.37)

Da die Pseudoeinheit „dB" auf die Logarithmierung hinweist, wird im Allgemeinen auf eine weitere Kennzeichnung beim Formelsymbol verzichtet, da Verwechslungen ausgeschlossen sind: Die Notationen $G = 1$ oder $G = 0$ dB beschreiben den gleichen Gewinn, einmal linear und einmal logarithmisch ausgedrückt.

Die logarithmische Darstellung bietet mehr Übersicht als die lineare Darstellung, wenn die Werte mehrere Größenordnungen überschreiten, und bewahrt auch bei kleinen Werten ein ausreichendes Auflösungsvermögen. Tabelle A.1 zeigt eine Gegenüberstellung logarithmischer und linearer Größen.

Tabelle A.1 Gegenüberstellung linearer und logarithmischer Größen

Logarithmische Größe / dB	Lineare Größe (Spannungsbezug)	Lineare Größe (Leistungsbezug)	Logarithmische Größe / dB	Lineare Größe (Spannungsbezug)	Lineare Größe (Leistungsbezug)
+40	100	$10\,000 = 10^4$	0	1	1
+30	$\approx 31{,}6$	$1\,000 = 10^3$	-3	$\approx 0{,}707$	$\approx 0{,}5$
+20	10	$100 = 10^2$	-6	$\approx 0{,}5$	$\approx 0{,}25$
+10	$\approx 3{,}16$	10	-10	$\approx 0{,}316$	$0{,}1 = 10^{-1}$
+6	≈ 2	≈ 4	-20	$0{,}1$	$0{,}01 = 10^{-2}$
+3	$\approx 1{,}41$	≈ 2	-30	$\approx 0{,}0316$	$0{,}001 = 10^{-3}$
0	1	1	-40	$0{,}01$	$0{,}0001 = 10^{-4}$

Wird statt des dekadischen Logarithmus der natürliche Logarithmus verwendet, so nutzt man die Pseudoeinheit Neper (Np). Bei leistungsbezogenen Größen wird der Vorfaktor ½ vor der natürlichen Logarithmusfunktion verwendet.

$$G/\mathrm{Np} = \frac{1}{2}\ln G \quad \text{und} \quad s_{ij}/\mathrm{Np} = \ln|s_{ij}|$$ (A.38)

Die Pseudoeinheiten Neper und dB können mit 1 Np = 20/ln(10) dB ≈ 8,686 dB ineinander umgerechnet werden.

A.2.2   Relative und absolute Pegel

Auch bei dimensionsbehafteten Größen, wie der Spannung U oder der Leistung P, ist eine logarithmische Darstellung üblich. Vor der Logarithmierung muss die Größe aber entweder auf eine Bezugsgröße (zum Beispiel das Maximum der Spannungsfunktion U_0) oder auf eine feste Referenzspannung oder Leistung normiert werden. Im ersten Fall spricht man von einem *relativen Pegel* und im zweiten Fall von einem *absoluten Pegel*. Wie bei dimensionslosen Größen wird bei *leistungsbezogenen Größen* (z.B. Leistung P, Strahlungsleistungsdichte S) der Faktor 10 und bei spannungs- oder feldstärkebasierten Größen (Spannung U, Strom I, elektrische Feldstärke E) der Faktor 20 gewählt.

$$U/\mathrm{dB} = 20\lg(U/U_0) \quad \text{bzw.} \quad P/\mathrm{dB} = 10\lg(P/P_0) \quad \text{(relative Pegel)} \tag{A.39}$$

Bei absoluten Pegeln wird an die Pseudoeinheit dB zusätzlich noch die Referenzgröße (z.B. μV) angehängt.

$$U/\mathrm{dB\mu V} = 20\lg(U/1\mu V) \quad \text{bzw.} \quad P/\mathrm{dBmW} = 10\lg(P/1\mathrm{mW}) \quad \text{(absolute Pegel)} \tag{A.40}$$

Bei der Einheit dBmW hat sich in der Praxis die Verkürzungsform dBm etabliert. Eine Leistung von $P = 3$ dBm entspricht also einer Leistung von $P = 2$ mW.

Mit relativen Pegeln können bei einem Zweitor auch Übertragungsfunktionen definiert werden, z.B. wenn das Verhältnis von Ausgangsleistung P_{out} und Eingangsleistung P_{in} betrachtet wird.

$$a = 10\lg(P_{out}/P_{in}) \tag{A.41}$$

A.2.3   Pegelplan einer Übertragungsstrecke

Mit logarithmischen Größen lassen sich sehr übersichtlich Pegelpläne aufstellen. Bild A.2 zeigt einen Pegelplan für eine Übertragungsstrecke mit Generator, Mischern, Verstärkern, Leitungen und Empfänger sowie einer Freiraumübertragung mit Antennen. Der Generator erzeugt ein Signal mit einer Leistung von 8 dBm. Die aktiven Komponenten Mischer und Verstärker besitzen positive relative Pegel (Verstärkungsfaktor und Konversionsgewinn) und heben so die Signalleistung an.

Die Leitungen und die Funkstrecke führen zu Leistungsverlusten. Die Funkstrecke im Beispiel besteht aus zwei Antennen mit den Gewinnen $G_A = 3$ dBi und $G_B = 10$ dBi sowie der isotropen Funkfelddämpfung $L_{F0} = 90$ dB. Dies ergibt für die Funkstrecke einen relativen Pegel von −77 dB. Am Empfänger erhalten wir eine Empfangsleistung von −32 dBm.

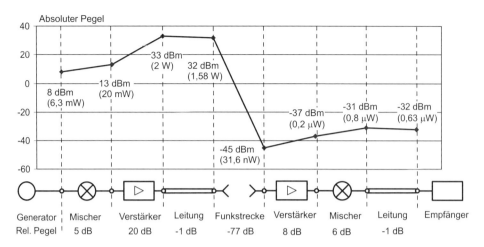

Bild A.2 Pegelplan für eine Übertragungsstrecke

Falls alle Komponenten *angepasst betrieben* werden, können die logarithmierten Transmissionsfaktoren sowie die Verstärkungswerte als relative Pegel verwendet werden, die die Ein- und Ausgangsleistungen miteinander verknüpfen. Die Verknüpfung der logarithmischen Größen ist besonders übersichtlich, da diese einfach addiert werden können.

Literaturverzeichnis

[Agil09]   *Agilent*: ADS Users Guide. Agilent, 2009

[Agil02]   *Agilent*: Multiport & Balanced Device Measurement Application Note Series, Concepts in Balanced Device Measurements, Application Note 1373-2, 2002

[Ahn06]   *Ahn, H.-R.*: Asymetric Passive Components in Microwave Integrated Circuits. John Wiley & Sons, 2006

[AWR10]   *AWR Corporation*: TX-Line Software. AWR Corporation, 2010; http://web.awrcorp.com/Usa/Products/Optional-Products/TX-Line/

[Bäch02]   *Bächtold, W.*: Mikrowellenelektronik. Vieweg, 2002

[Bäch99]   *Bächtold, W.*: Mikrowellentechnik. Vieweg, 1999

[Bala89]   *Balanis, C.A.*: Advanced Engineering Electromagnetics. John Wiley & Sons, 1989

[Bala08]   *Balanis, C.A.*: Modern Antennas Handbook. John Wiley & Sons, 2008

[Bala97]   *Balanis, C.A.*: Antenna Theory. John Wiley and Sons, 1997

[Bial95]   *Bialkowski, M.E.*: Analysis of a Coaxial-to-Waveguide Adaptor Including a Discended Probe and a Tuning Post. IEEE Trans. MTT, Vol. 43, No. 2, 1995

[Blum88]   *Blume, S.*: Theorie elektromagnetischer Felder, Hüthig, 1988

[Bowi08]   *Bowick, C.*: RF Circuit Design. Newnes, 2008

[Bron08]   *Bronstein, I.N.; Semendjajew, K.A.; Musiol, G.; Muehlig, H.*: Taschenbuch der Mathematik. Harri Deutsch, 2008

[Bund03]   *Bundesnetzagentur*: Allgemeinzuteilung von Frequenzen in den Frequenzteilbereichen gemäß Frequenzzuweisungsplanverordnung, Teil B: Nutzungsbestimmungen D138 und D150 für die Nutzung durch die Allgemeinheit für ISM-Anwendungen. Bundesnetzagentur, Vfg 76, 2003

[Bund05]   *Bundesnetzagentur*: Allgemeinzuteilung von Frequenzen für nichtöffentliche Funkanwendungen geringer Reichweite zur Datenübertragung; Nonspecific Short Range Devices (SRD). Bundesnetzagentur Vfg 92, 2005

[Bund08]   *Bundesnetzagentur*: Frequenznutzungsplan gemäß §54 TKG über die Aufteilung des Frequenzbereichs von 9 kHz bis 275 GHz auf die Frequenznutzungen sowie über die Festlegungen für diese Frequenznutzungen. Bundesnetzagentur, 2008

[CEPT09]   *CEPT/ECC*: The European Table of Frequency Allocations and Utilisations in the frequency range 9 kHz to 3000 GHz, European Conference of Postal and Telecommunications Administrations, Electronic Communications Committee, 2009

[Clen05]   *Clenet, M.*: Design and analysis of a Yagi-like antenna element buried in LTCC material for AEHF communication systems. Defence R&D Canada, 2005

[Craw04]   *Crawford, D.*: Numerische Analyse planarer Antennen. D&V Kompendium 2004/2005, S. 109-111, publish-industry Verlag, 2004

[Dell10]   *Dellsperger, F.*: Smith Chart Tool, http://www.fritz.dellsperger.net/downloads.htm

[Detl09]   *Detlefsen, J.; Siart, U.*: Grundlagen der Hochfrequenztechnik. Oldenbourg, 2009

[Deut00]   *Deutsch, B.; Mohr, S.; Roller, A.*: Elektrische Nachrichtenkabel. Grundlagen – Kabeltechnik – Kabelanlagen. Publicis Corporate Publishing, 2000

[Dobk08]   *Dobkin, D.M.*: The RF in RFID. Elsevier, 2008

[Dupo10]   *Dupont International.* http://www.dupont.com

[Elli07]   *Ellinger, F.*: Radio-Frequency Integrated Circuits and Technologies. Springer, 2007

[Empi10]   *Empire*: Users Guide. IMST GmbH, 2010

[Fett96]   *Fettweis, A.*: Elemente nachrichtentechnischer Systeme. Teubner, 1996

[Fink08]   *Finkenzeller, K.*: RFID Handbuch. Hanser, 2008

[Garg01]   *Garg, R.; Bhartia, P.; Bahl, I.; Ittipiboon, A.*: Microstrip Antenna Design Handbook. Artech House, 2001

[Geng98]   *Geng, N.; Wiesbeck, W.*: Planungsmethoden für die Mobilkommunikation. Springer, 1998

[Göbe99]   *Göbel, J.*: Kommunikationstechnik. Hüthig, 1999

[Goli08]   *Golio, M.; Golio, J.*: The RF and Microwave Handbook, Second Edition. CRC Press, 2008

[Gron01]   *Gronau, G.*: Höchstfrequenztechnik. Springer, 2001

[Gros05]   *Gross, F.*: Smart Antennas for Wireless Communications. McGraw-Hill, 2005

[Gust06]   *Gustrau, F.; Manteuffel, D.*: EM Modeling of Antennas and RF Components for Wireless Communication System. Springer, 2006

[Hage09]   *Hagen, Jon B.*: Radio-Frequency Electronics: Circuits and Applications. Cambridge University Press; 2. Auflage, 2009

[Hert04]   *Herter, E.; Lörcher, W.*: Nachrichtentechnik. Hanser, 2004

[Heue09]   *Heuermann, H.*: Hochfrequenztechnik. Vieweg, 2009

[Hilb81]   *Hilberg, W.*: Impulse auf Leitungen. Oldenbourg, 1981

[IEEE02]   *IEEE*: IEEE Std 521-2002 Standard Letter Designations for Radar-Frequency Bands. IEEE, 2002

[ITU00]   *ITU*: ITU-R Recommendation V.431: Nomenclature of the frequency and wavelength bands used in telecommunications. International Telecommunication Union, 2000

[Jans92]   *Jansen, W.*: Streifenleiter und Hohlleiter. Hüthig, 1992

[Kark10]   *Kark, K.*: Antennen und Strahlungsfelder. Vieweg, 2010

[Klin03]   *Klingbeil, H.*: Elektromagnetische Feldtheorie: ein Lehr- und Übungsbuch. Teubner, 2003

[Leuc05]   *Leuchtmann, P.*: Einführung in die elektromagnetische Feldtheorie. Pearson, 2005

[Ludw08]   *Ludwig, R.; Bogdanov, G.*: RF Circuit Design: Theory and Applications. Prentice Hall, 2008

[Maas88]   *Maas, S.A.*: Nonlinear Microwave Circuits. Artech House, 1988

[Maas98]   *Maas, S.A.*: The RF and Microwave Circuit Design Cookbook. Artech House, 1998

[Macn10]   *Macnamara, T.*: Introduction to Antenna Placement and Installation. Wiley, 2010

[Mant04]   *Manteuffel, D.; Gustrau, F.*: EM-Feldsimulationen in der Ingenieurausbildung und zur Entwicklung von Komponenten der Mobilfunktechnik. In ITG Fachbericht 184: Mobilfunktechnik: Stand der Technik und Zukunftsperspektiven. VDE, 2004

[Matl10]   *MatLab*: MathWorks, 2010

[Matt80]   *Matthaei, G.L.; Young, L.; Jones, E.M.T.*: Microwave Filters, Impedance-Matching Networks, and Coupling Structures. Artech House, 1980

[Mein92]   *Meinke, H.; Gundlach, F.W.*: Taschenbuch der Hochfrequenztechnik. Springer, 1992

[Mich81]   *Michel, H.-J.*: Zweitor-Analyse mit Leistungswellen. Teubner, 1981

[Pehl92]   *Pehl, E.*: Mikrowellen in der Anwendung. Hüthig, 1992

[Poza98]   *Pozar, D.M.*: Microwave Engineering. John Wiley & Sons, 1998

[Rame03]   *Ramesh, M.; Yip, K.*: Design Formula for Inset Fed Microstrip Patch An-
             tenna. Journal of Microwave and Optoelectronics, Vol. 3, p. 5-7, 2003

[Roge10]   *Rogers Corporation.* http://www.rogerscorp.com

[Sain96]   *Sainati, R.A.*: CAD of microstrip antennas for wireless applications. Artech
             House, 1996

[Saun07]   *Saunders, S.R.; Aragón-Zavala, A.*: Antennas and propagation for wireless
             communication systems. John Wiley & Sons, 2007

[Schi05]   *Schiffner, G.*: Optische Nachrichtentechnik: Physikalische Grundlagen –
             Entwicklung – moderne Elemente und Systeme. Vieweg+Teubner, 2005

[Schi99]   *Schiek, B.*: Grundlagen der Hochfrequenz-Messtechnik. Springer, 1999

[Schm06]   *Schmidt, L.-P.; Schaller, G.; Martius, S.*: Grundlagen der Elektrotechnik 3.
             Netzwerke. Pearson Studium, 2006

[Schw02]   *Schwab, A.*: Begriffswelt der Feldtheorie: Praxisnahe, anschauliche Einfüh-
             rung. Elektromagnetische Felder, Maxwellsche Gleichungen, Gradient,
             Rotation, Divergenz. Springer, 2002

[Stin07]   *Stiny, L.*: Handbuch passiver elektronischer Bauelemente. Franzis, 2007

[Stra03]   *Strassacker, G.; Süsse, R.*: Rotation, Divergenz und Gradient. Leicht ver-
             ständliche Einführung in die elektromagnetische Feldtheorie. Teubner,
             2003

[Swan03]   *Swanson, D.G. jun.; Hoefer, W.J.R.*: Microwave Circuit Modeling Using
             Electromagnetic Field Simulation. Artech House, 2003

[Thum98]   *Thumm, M.; Wiesbeck, W.; Kern, S.*: Hochfrequenzmesstechnik – Verfah-
             ren und Messsysteme. Vieweg+Teubner, 1998

[Voge04]   *Voges, E.*: Hochfrequenztechnik. Hüthig, 2004

[Wade91]   *Wadell, B.C.*: Transmission Line Design Handbook. Artech House, 1991

[Weil08]   *Weiland, T.; Timm, M.; Munteanu, I.*: A Practical Guide to 3-D Simulation.
             IEEE Microwave Magazine, Vol. 9, No. 6, S. 62-73, Dez. 2008

[Whee78]   *Wheeler, H.A.*: Transmission-Line Properties of a Strip Line Between Par-
             allel Planes. IEEE Trans. MTT, Vol. 26, No. 11, 1978

[Youn72]   *Young, L.*: Microwave Filters Using Parallel Coupled Lines. Artech House,
             1972

[Zink00]   *Zinke, O.; Brunswig, H.*: Hochfrequenztechnik 1. 6. Auflage, Springer, 2000

Sachwortverzeichnis